大学计算机基础

王崇霞 主编

张剑妹 李艳玲 赵晓丽 马强 编

清华大学出版社

北京

内 容 简 介

　　本书根据教育部非计算机专业计算机课程指导委员会制定的《高等学校非计算机专业计算机基础课基本要求》，结合目前高校计算机公共课现状编写。全书共分 9 章，主要内容包括：计算机基础知识、计算机输入基本操作、Windows XP 操作系统、Office 2003 办公软件（Word、Excel、PowerPoint、FrontPage），计算机网络基础与 Internet 应用、计算机系统安全与防护等。本书从案例式教学思路出发，既注重基本原理和方法的阐述，又注重实践能力的培养，以理论与实践相结合的方式培养学生的应用能力。每章不仅配置了习题和相应的习题答案，还在习题中配置了上机操作题。

　　本书结构合理清晰，内容丰富，图文并茂，在知识的阐述上注重循序渐进。既可作为高等学校非计算机专业本科学生的计算机基础课程教材，也可作为各类人员和计算机爱好者的自学教材或培训教材。

图书在版编目（CIP）数据

大学计算机基础/王崇霞主编；张剑妹等编．--北京：清华大学出版社，2012.1
ISBN 978-7-302-26416-3

Ⅰ．①大…　Ⅱ．①王…　②张…　Ⅲ．①电子计算机—高等学校—教材　Ⅳ．①TP3

中国版本图书馆 CIP 数据核字（2011）第 160813 号

责任编辑：马　珂　李　嬡
责任校对：赵丽敏
责任印制：李红英

出版发行：清华大学出版社		地　　址：北京清华大学学研大厦 A 座	
http://www.tup.com.cn		邮　　编：100084	
社　　总　　机：010-62770175		邮　　购：010-62786544	
投稿与读者服务：010-62776969，c-service@tup.tsinghua.edu.cn			
质　量　反　馈：010-62772015，zhiliang@tup.tsinghua.edu.cn			

印　刷　者：北京市人民文学印刷厂
装　订　者：三河市兴旺装订有限公司
经　　销：全国新华书店
开　　本：185×260　　印　张：20.25　　字　数：492 千字
版　　次：2012 年 1 月第 1 版　　印　次：2012 年 1 月第 1 次印刷
印　　数：1～3000
定　　价：40.00 元

产品编号：043424-01

随着计算机技术与网络、通信技术的飞速发展与融合，计算机技术已经渗透到各个学科领域。同时，社会各行业的信息化进程不断加速，计算机技术已向高度集成化、网络化和多媒体化迅速发展。面对此种形式，大学计算机基础教学应如何开展，如何将学生培养成适应社会发展的人才，已成为大学计算机教学工作者需要认真研究，并不断改进的重要议题。为了适应新时期计算机课程的教学需要，编者认真总结了多年来的教学经验，并结合新的教学需求，组织撰写了本教材。

本书是依据计算机学科和技术的新发展，兼顾不同专业对信息技术应用的不同需求，并参考了《高等学校非计算机专业计算机基础课基本要求》中相关内容和模块的调整，按照计算机基础教学大纲的要求组织编写的。本书从实际应用出发，结合学生的学习兴趣，全方位、深入浅出地阐述了大学计算机基础的相关内容。编者遵循案例式教学的编写思路，在每章课后的习题中添加了上机操作题，并要求在教学中实施，以提高学生的创新和实践能力。尽管本书还存在一些问题，但依据上述编写原则，再辅以教学环节的创新与改革，相信本书一定会为普及、推广计算机基础知识，加强学生的计算机应用和实践能力发挥积极作用。

本书共分 9 章，从基本概念、基础技术到应用技术，对计算机基础知识进行了充分的阐述。

基本概念包括：计算机的起源与发展、计算机在信息社会中的应用、计算机系统的组成与工作原理等。

基础技术包括：计算机基本输入法，Office 2003 办公软件（Word、Excel、PowerPoint 和 FrontPage）。

应用技术包括：计算机网络基础知识以及计算机信息安全等。

使用本书时，教师可为不同基础和不同专业的学生设计不同课时及教学内容，建议在课堂上注重引导，在自学的基础上注重上机实践和学习效果测验。

　　本书是高等教育(矿业)"十二五"规划教材。编者大多是从事计算机教学工作多年的教师,具有丰富的教学经验。本书由王崇霞老师主编,其中第1、7章由张剑妹老师编写,第3、6章由李艳玲老师编写,第4、9章由赵晓丽老师编写,第2、5章由王崇霞老师编写,第8章由马强老师编写。全书由王崇霞老师负责统稿。

　　由于时间仓促,编者水平有限,不足和疏漏之处在所难免,恳请广大读者、专家批评指正。

编　者

2011 年 5 月

目 录

第 1 章

计算机基础知识

本章介绍计算机的基础知识，主要包括计算机的起源及发展、微处理器与微型计算机的发展、计算机系统的组成及应用、数制与信息编码、文件系统与多媒体计算机。

【学习要求】

◆ 了解计算机的起源与发展；
◆ 了解微处理器及微型计算机的发展；
◆ 了解计算机的应用与发展趋势；
◆ 掌握计算机的硬件组成，了解各种硬件的主要功能及技术指标；
◆ 掌握计算机软件的概念及分类；
◆ 掌握数制的概念及各种数制之间的转换方法；
◆ 掌握计算机中各种信息的表示方法；
◆ 掌握文件和文件目录的概念，了解几种常见的文件系统；
◆ 了解多媒体技术的基本概念及多媒体计算机系统的组成。

【重点难点】

◆ 存储器的层次结构；
◆ 各种数制之间的转换；
◆ 计算机中各种信息的表示方法。

1.1　计算机概述

电子计算机是一种能够快速、准确进行信息处理的电子设备，是 20 世纪最伟大的发明之一。伴随着网络技术的飞速发展，计算机已经渗透到人类生活的各个领域，对人类社会的发展产生着极其深远的影响。本章主要介绍计算机的一些基本知识，包括计算机的发展与应用、计算机系统的组成以及计算机中信息的表示等。

1.1.1　计算机的起源

1946 年，为了设计弹道，在美国陆军总部的支持下，由美国宾夕法尼亚大学的莫希莱和埃克等人研制出了世界上第一台电子数字积分机与计算机(ENIAC)。这台计算机体积庞大,由 18 000 只电子管组成,占地面积 1 500 平方英尺,重 30 吨,每小时用电 140 千瓦,运行速度每秒 5 000 次。ENIAC 虽然十分笨重,工作也不太稳定,但由于它的运算速度比以前的计算工具提高了近千倍,特别是其具有划时代意义的设计思想和最新的电子技术,树立起了科学技术发展的一个新的里程碑,开创了电子计算机时代。

1944 年,ENIAC 还未竣工,人们已经意识到 ENIAC 计算机存在着明显的缺陷:没有存储器,用布线接板进行控制,甚至要搭接电线。这些都极大地影响了计算速度。

1945 年,ENIAC 的顾问,美籍匈牙利数学家约翰·冯·诺依曼在为一台新的计算机 EDVAC(Electronic Discrete Variable Automatic Computer)所制定的计划中首次提出了存储程序的概念,即将程序和数据一起存放在存储器中,这将使编程更加方便。

由于种种原因,EDVAC 机器无法被立即研制。直到 1951 年,EDVAC 计算机才宣告完成。它不仅可以应用于科学计算,还可以用于信息检索。EDVAC 只用了 3 563 只电子管和 10 000 只晶体二极管,并采用 1 024 个 44 比特的水银延迟线装置来存储程序和数据,耗电和占地面积只有 ENIAC 的 1/3,速度却比 ENIAC 提高了 240 倍。

以存储程序概念为基础的计算机称为冯·诺依曼计算机。冯·诺依曼计算机的特点如下:

(1) 计算机由 5 大部件组成,运算器、控制器、存储器、输入设备和输出设备。

(2) 采用"存储程序"的思想。由程序控制计算机按顺序执行指令,自动完成规定的任务。

(3) 计算机的指令和数据一律采用二进制。

(4) 机器以运算器为中心,输入、输出设备与存储器之间的数据传送通过运算器完成。

至今为止,大多数计算机采用的依然是冯·诺依曼计算机的组织结构。人们把冯·诺依曼计算机当作现代计算机的重要标志,并把冯·诺依曼誉为"计算机之父"。

1.1.2　计算机发展

从第一台计算机问世以来,计算机的迅猛发展使人类社会发生了巨大的变化。根据计算机所采用的元件以及它的功能、体积、应用等,可将计算机的发展分为电子管、晶体管、集成电路、大规模和超大规模集成电路 4 个发展阶段。

第一代电子计算机是电子管计算机(约 1946—1957)。这一代计算机采用电子管作为逻辑元件,数据表示主要是定点数,用机器语言或汇编语言编写程序。由于当时电子技术的限制,每秒运算速度仅为几千次到几万次,内存容量仅有几 KB。体积庞大,成本很高,主要用于军事和科学研究。代表机型有 IBM 650(小型机)、IBM 709(大型机)。

第二代电子计算机是晶体管电路电子计算机(约 1958—1964)。这一代计算机的逻辑元件由晶体管代替了电子管,内存所使用的器件大都是由铁淦氧磁性材料制成的磁芯存储器。外存储器有了磁盘、磁带,外设种类也有所增加。运算速度达每秒几十万次,内存容量扩大到几十 KB。与此同时,计算机软件也有了较大的发展,出现了 FORTRAN、COBOL、ALGOL 等高级语言。与第一代计算机相比,晶体管电子计算机体积小、成本低、功能强、可靠性大大提高。除了用于科学计算外,还用于数据处理和事务处理。代表机型有 IBM 7094、CDC 7600。

第三代电子计算机是集成电路计算机(约 1965—1970)。随着固体物理技术的发展,集成电路工艺已可以在几个平方毫米的单晶硅片上集成由十几个甚至上百个电子元件组成的逻辑电路。这一代计算机的逻辑元件采用小规模集成电路(Small Scale Integration,SSI)和中规模集成电路(Middle Scale Integration,MSI)。第三代电子计算机的运算速度可达每秒几十万次到几百万次,存储器进一步发展。这一时期,计算机设计的基本思想是标准化、模块化、系列化,这使得计算机的兼容性更好,成本进一步降低,体积进一步缩小。同时高级程序设计语言也有了很大发展,并出现了操作系统和会话式语言,计算机开始广泛应用在各个领域。代表机型有 IBM 360。

第四代电子计算机是大规模集成电路计算机(约从 1971 年至今)。进入 20 世纪 70 年代以来,计算机逻辑器件采用大规模集成电路(Large Scale Integration,LSI)和超大规模集成电路(Very Large Scale Integration,VLSI)技术,在硅半导体上集成了大量的电子元件。集成度很高的半导体存储器代替了服役达 20 年之久的磁芯存储器。计算机的可靠性和运算速度提高,体积缩小,成本降低,大型计算机的运算速度可达每秒几千万次,甚至上亿次。操作系统不断完善,而且出现了数据库管理系统和通信软件等。同时计算机的发展进入了以计算机网络为特征的时代。

从 20 世纪 80 年代开始,日、美等一些发达国家开展了新一代称为"智能计算机"的计算机系统的研制,企图打破已有的体系结构,使计算机具有思维、推理和判断能力,并称为第五代计算机,但目前尚未有突破性进展。计算机最重要的核心部件是芯片。由于磁场效应、热效应、量子效应以及物理空间的限制,以硅为基础的芯片制造技术的发展是有限的,必须开拓新的制造技术。目前,生物 DNA 计算机、量子计算机和光子计算机正在研制当中。

1.1.3　微处理器与微型计算机的发展

1971 年,美国 Intel 公司成功地将计算机的控制单元和运算单元集成到一个芯片上,研制出了世界上第一个微处理器芯片 Intel 4004。微处理器也被称为中央处理器(Central Processing Unit,CPU)。微处理器的发明是计算机发展史上的又一个里程碑。用微处理器装配的计算机称为微型计算机,又称个人计算机(Personal Computer,PC),简称为微机。微型计算机的发展取决于其核心——微处理器的发展。

40 年来,微处理器几乎以每三年在性能和集成度上翻两番的速度发展着,微型计算机系统和应用技术也随之飞速发展。按 CPU 字长、集成度和功能,可将微处理器和微型机的发展分为以下几个阶段:

第一阶段(1971—1973),这一代微型机采用 4 位和低档 8 位微处理器。典型产品是 1971 年 Intel 公司生产的 MCS-4(采用 4 位微处理器芯片 Intel 4004)和 MCS-8(采用 8 位微处理器芯片 Intel 8008)。

第二阶段(1974—1977),这一代微型机采用中高档 8 位微处理器。典型产品为 Intel 公司生产的 Intel 8080、Motorola 公司生产的 M6800 和 ZILOG 公司生产的 Z80。集成度为每片 4 000～10 000 个晶体管,时钟频率为 2.5～5 MHz。

第三阶段(1978—1984),这一代微型机采用 16 位微处理器。典型产品为 Intel 公司生产的 Intel 8086/80286、Motorola 公司的 M6800 和 ZILOG 公司生产的 Z8000。集成度为每片 2 万～7 万个晶体管,时钟频率为 4～10 MHz。

美国 IBM 公司(国际商业机器公司)于 1981 年成功推出了 IBM PC,该微型计算机选用 Intel 8088 作为微处理器。紧接着,1982 年又推出了扩展型的个人计算机 IBM PC/XT,它对内存进行了扩充并增加了一个硬盘驱动器。1984 年 IBM 公司推出了以 80286 为核心的 16 位增强型个人计算机 IBM PC/AT。由于 IBM 公司在发展 PC 时采用了技术开放的策略,PC 得以风靡世界。

第四阶段(1985—1992),这一代微型机采用 32 位微处理器。典型产品为 Intel 公司的 80386/80486、Motorola 公司的 M68030/68040 等。其特点是采用 HMOS 或 CMOS 工艺,集成度高达每片 100 万个晶体管,具有 32 位地址线和 32 位数据线,时钟频率已经可以达到 100 MHz。

第五阶段(1993—现在),这一代微型机采用 64 位微处理器。典型产品是 Intel 公司的 Pentium 系列芯片,集成度高达每片 900 万～4 200 万个晶体管,主时钟频率为 1.8～2.4 GHz,最高主频已达到 3.2 GHz。

1.1.4　计算机的应用

第一台计算机问世后的 30 余年的时间里,计算机一直被作为大学和研究机构的娇贵设备。20 世纪 70 年代中后期,随着集成技术的成熟,微处理器的性能按几何级数提高,而价格也以同样的速度下降,计算机走出实验室渗透到各个领域,乃至走进了普通百姓的家中。除了计算机的价格迅速降低以外,计算机软件技术也日臻完善,尤其是近年来计算机技术与通信技术的融合使得计算机的应用范围从科学计算、数据处理扩展到办公自动化、多媒体、电子商务、远程教育等,遍及人类社会的政治、经济、军事、教育、科技以及其他一切领域。

1. 科学计算

利用计算机解决科学研究和工程设计等方面的数学计算问题,称为科学计算或数值计算。科学计算的特点是计算量大、精确度高、结果可靠。利用计算机可以实现人工无法实现的各种科学计算。例如,建筑设计中的计算;各种数学、物理问题的计算;气象预报中气象数据的计算;地震预测;利用计算机进行多种设计方案的比较,选择最佳设计方案等。

2. 信息处理

信息处理又称数据处理,指对大量信息进行存储、加工、分类、统计、查询等操作,从而形成有价值的信息。进行信息处理的方法比较简单,但涉及的数据量比较大,包括数据的采集、记载、分类、排序、计算、加工、传输、统计分析等方面的工作,处理结果一般以表格或文件的形式存储或输出。信息处理泛指非科学计算方面的、以管理为主的所有应用。例如,企业管理、财务会计、统计分析、仓库管理、商品销售管理、资料管理、图书检索等。

3. 实时控制(或称过程控制)

实时控制指用计算机及时采集、检测被控对象运行情况的数据,通过计算机的分析处理,按照某种最佳的控制规律发出控制信号,控制对象过程的进行。由于这类控制对计算机的要求并不高,通常使用微控制器芯片或低档处理芯片,并做成嵌入式的装置。只有在特殊情况下,才使用高级的独立计算机进行控制。

实时控制在机械、冶金、石油、化工、电力、建筑、轻工等各个部门都得到了广泛的应用。卫星、导弹发射等尖端国防科学技术领域更是离不开计算机的实时控制。

4. 计算机辅助设计和辅助教学

计算机辅助技术包括计算辅助设计(CAD)、计算机辅助制造(CAM)、计算机辅助测试(CAT)和计算机辅助教学(CAI)等。

计算机辅助设计(CAD)是设计人员利用计算机进行设计。计算机辅助设计广泛用于船舶、飞机、建筑工程、大规模集成电路、机械零件、电路板布线等设计工作中,使得设计工作可以自动化或半自动化。

计算机辅助制造(CAM)是利用计算机进行生产设备的管理、控制和操作。例如,在产品的制造过程中,利用计算机来控制机器的运行,处理生产过程中所需要的数据,控制和处理材料的流动,对产品进行产品测试和检验等。

计算机辅助教学(CAI)是教师利用计算机辅助进行教学。教师把教学内容编成各种课件,如各种教学软件、试题库、专家系统等,学生可以根据自身程度选择不同的内容,从而使教学内容多样化、形象化,便于因材施教。

计算机辅助测试(CAT)是利用计算机进行测试。例如,在大规模集成电路的生产过程中,由于逻辑电路复杂,人工测试往往比较困难,不但效率低,而且容易损坏产品。利用计算机进行测试,不仅可以自动测试集成电路的各种参数、逻辑关系等,而且可以实现产品的分类和筛选。将 CAD、CAM、CAT 技术有效地结合起来,就可以使设计、制造、测试全部由计算机完成,大大减轻了科技人员和工人的劳动强度。

5. 多媒体技术

多媒体(Multimedia)又称为超媒体(Hypermedia),是一种以交互方式将文本、图形、图像、音频、视频等多种媒体信息,经过计算机设备的获取、操作、编辑、存储等综合处理后,以单独或合成的形态表现出来的技术和方法。特别是它将图形、图像和声音结合起来表达客观事物的方式非常生动、直观,易被人们接受。

多媒体技术以计算机技术为核心,将现代声像技术和通信技术融为一体,追求更自然、更丰富的接口界面。其应用领域十分广泛,不仅覆盖了计算机的绝大部分应用领域,还开拓了新的应用领域,如可视电话、视频会议系统等。实际上,多媒体技术以极强的渗透力已进入人类工作和生活的各个领域,改变着人类的生活和工作方式,并成功地塑造了一个绚丽多彩的划时代的多媒体世界。

6. 计算机网络

计算机网络是现代计算机技术与通信技术高度发展和密切结合的产物。是利用通信线路,按照通信协议,将分布在不同地点的计算机连接起来,以功能完善的网络软件实现网络中资源共享和信息传递的系统。

随着网络技术的飞速发展,计算机网络广泛应用于科研、教育、企业管理、信息服务、数据检索、金融和商业电子化、工业自动化、办公自动化和家庭生活等各个方面。人们通过计算机网络可以方便地浏览各种信息,收发电子邮件;还可以通过网络视频点播功能收听音乐,观赏电影;也可以进入聊天室与远在异地的朋友聊天。此外,电子银行、电子购物、网络广告等各种网络服务迅速发展,使得人们足不出户便可以在网上轻松购物,进行现金交易等。

7．虚拟现实

当代的虚拟现实是利用计算机生成的一种模拟环境,通过多种传感设备使用户"投入"到该环境中,实现用户与环境直接进行交互的目的。这种模拟环境是用计算机构成的具有表面色彩的立体图形,它可以是某一特定现实世界的真实写照,也可以是纯粹构想出来的世界。

目前,虚拟现实获得了迅速的发展和广泛的应用,出现了"虚拟工厂"、"数字汽车"、"虚拟人体"、"虚拟演播室"、"虚拟主持人"等许多虚拟的东西。所以有人说,未来是一个虚拟现实的世界。

8．人工智能

人工智能是计算机应用研究的前沿学科,是探索计算机模拟人的感觉和思维规律,如感知、推理、学习和理解方面的理论和技术的科学。它是控制论、计算机科学、心理学等多种学科的综合产物。机器人的出现是人工智能研究取得进展的标志。人工智能研究的应用领域包括模式识别、自然语言理解与生成、自动定理证明、联想和思维机理、数据智能检索、专家系统、自动程序设计等。神经网络技术是人工智能的前沿技术,它要解决人工感觉(包括计算机视觉与听觉)、带有大量需要相互协调动作的智能机器人在复杂环境下的决策问题。

1.1.5　计算机的发展趋势

从 1946 年第一台计算机诞生至今,计算机已经走过了 60 多年的发展历程。未来计算机将朝着巨型化、微型化、网络化、智能化和多媒体化等多方向发展。

1．巨型化

巨型化并非指计算机的体积大,而是指发展高速、存储容量更大和功能更强大的巨型机。巨型机的主要应用领域是尖端科学技术领域。巨型机的研制是反映一个国家科学技术水平的重要标志,也反映了一个国家的经济和科技实力。

2．微型化

微型化是计算机技术中发展最为迅速的技术之一。由于微型计算机可以进入仪表、家用电器和导弹头等中小型计算机无法进入的领域,所以发展小、巧、轻、价格低、功能强的微型计算机是计算机发展的一个重要方面。目前,微型计算机在处理能力上已与传统的大型机不相上下,加上众多新技术的支持,微型计算机的性价比越来越高,极大地促进了微型计算机的普及与应用。

3．网络化

网络化是计算机发展的一大趋势。目前,世界各国都在规划和实施自己的国家基础设施(National Information Infrastructure,NII)。NII 是指一个国家的信息网络,能使任何人在任何时间、任何地点,将文字、图像、声音和电视信息传递给其他任何地点的任何人。NII 可以把政府机构、科研机构、教育机构、企业等部门的各种资源连接在一起,被全体公民所共享。

4．智能化

智能化是指让计算机模拟人的感觉、行为和思维过程,从而使计算机具备人的某些智能行为,并具备一定的学习和推理能力。这是第五代计算机发展的目标。目前,一些发达国家正在对第五代计算机进行深入的研究,新的研究成果不断出现。有理由相信,智能型、超智能型计算机的出现将为人类生活带来翻天覆地的变化。

5. 多媒体化

多媒体化是指让计算机能更有效地处理文字、图形、图像、动画、音频、视频等多种形式的信息,从而使人们更方便、灵活地使用信息。随着多媒体技术的发展,现代计算机已经具备综合处理文字、声音、图形和图像的能力。多媒体化也是未来计算机发展的一个重要趋势。

1.2　计算机系统的组成

1.2.1　计算机系统的基本组成

一个完整的计算机系统是由硬件系统和软件系统两部分组成的,如图 1-1 所示。硬件系统是组成计算机系统的各种物理设备的总称,是计算机系统中看得见、摸得着的物理装置、机械器件与电子线路等设备,如中央处理器、存储器、输入设备、输出设备等。软件系统是指在计算机上运行的、为了管理和维护计算机而编制的各种程序以及开发、使用和维护程序所需的所有文档的集合,如操作系统、语言处理系统、办公软件等。

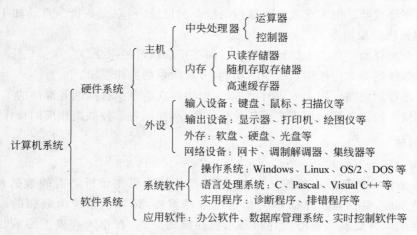

图 1-1　计算机的系统组成

没有任何软件的计算机称为裸机,裸机只能识别由 0 和 1 组成的机器代码。实际上,用户所面对的是经过若干层软件"包装"的计算机。计算机的功能不仅取决于硬件系统,更大程度上是由所安装的软件系统所决定。

1.2.2　计算机的硬件系统

1. 中央处理器(CPU)

CPU 是计算机硬件系统的核心部件,一般由高速电子线路组成。微型计算机上的CPU 都集成在一块芯片上,称为微处理器。CPU 一般安插在主板的 CPU 插槽上,是判断计算机性能的首要标准。CPU的主要功能是负责算术和逻辑运算,并将运算结果送到内存或其他部件,以控制计算机的整体运作。从逻辑结构上说,CPU由运算器和控制器两大部分组成。

1) 运算器

运算器又称算术逻辑单元(Arithmetic and Logic Unit,ALU),其主要功能是算术运算和逻辑运算。计算机中最主要的工作是运算,大量的数据运算任务是在运算器中进行的。

在计算机中,算术运算是指加、减、乘、除等基本运算;逻辑运算是指逻辑判断、关系比较以及其他基本逻辑运算,如与、或、非等。但不管是算术运算还是逻辑运算,都只是简单的基本运算。也就是说,运算器只能做这些最简单的运算,复杂的计算都要通过基本运算一步步实现。然而,运算器的运算速度却快得惊人,因而计算机才有高速的信息处理功能。

运算器中的数据取自内存,运算的结果又送回内存。运算器对内存的读/写操作是在控制器的控制之下进行的。

2) 控制器

控制器是计算机的神经中枢和指挥中心,只有在它的控制之下整个计算机才能有条不紊地工作。控制器的功能是依次从存储器取出指令、分析指令,向其他部件发出控制信号,指挥计算机各部件协同工作。

控制器由程序计数器(PC)、指令寄存器(IP)、指令译码器(ID)、时序控制电路以及微操作控制电路组成。其中:

(1) 程序计数器。用来存放将要执行的指令的地址,每取一条指令自动加1,从而保证控制器能够依次读取指令。

(2) 指令寄存器。在指令执行期间暂时保存正在执行的指令。

(3) 指令译码器。用来识别指令的功能,分析指令的操作要求。

(4) 时序控制电路。用来生成时序信号,以协调在指令执行周期各部件的工作。

(5) 微操作控制电路。用来产生各种操作命令,控制各部件做出相应的操作。

2. 存储器

1) 存储器的层次结构

存储器是计算机系统中的记忆设备,用于存放计算机工作所必需的数据和程序。随着计算机的发展,存储器在系统中的地位越来越重要,计算机系统由最初的以运算器为核心逐渐变成以存储器为核心。存储器系统性能的好坏,在很大程度上影响计算机系统的性能。

存储器有三个主要的性能指标:速度、容量和每位价格(简称位价)。一般来说,速度越高位价越高,容量越大位价越高,但容量越大速度越低。人们往往追求大容量、高速度、低位价的存储器,但这是很难达到的。因此,在微机系统中,通常采用多种性能不同的存储器来组成一个层次结构的存储器,如图1-2所示。

图 1-2　层次结构的存储器

最上层的寄存器集成在CPU芯片内。寄存器中的数据可直接参与运算。CPU内可以有几个甚至几十个寄存器,它们的速度最快,位价最高,容量最小。主存储器(简称主存)用来存放当前要参与运算的程序和数据,其速度与 CPU 速度差距较大。为了解决 CPU 与主存的速度匹配问题,在主存与 CPU 之间引入一个比主存速度更快、容量更小的高速缓冲存储器(cache)。辅助存储器(简称辅存)用来存放 CPU 暂时不用的程序和数据,其容量比主存大得多,速度和位价比主存小得多。

2) 主存储器

主存储器也称为内部存储器(简称内存或主存),是计算机系统的重要组成部件。CPU要执行的程序和数据必须先存入内存中,CPU 处理的中间结果和最后结果也被放在内存中。现代计算机系统的内存都是由半导体集成电路构成,因此也称为半导体存储器。内存按功能可以分为只读存储器和随机存取存储器。

只读存储器(Read Only Memory,ROM)中的信息一旦被写入就固定不变了,在程序执行过程中只能读出不能写入,即使断电信息也不会丢失。因此,ROM 中常保存一些长久不变的信息。例如,在 IBM-PC 系列微机中,厂家将磁盘引导程序、自检程序和某些 I/O 驱动程序写入 ROM 中,避免丢失破坏。目前常用的 ROM 芯片有掩膜 ROM、PROM、EPROM、EEPROM 和闪速存储器等几类。

随机存取存储器(Random Access Memory,RAM)是一种既可以读又可以写的存储器,因此,RAM 用来存储 CPU 正在执行的程序和正在处理的数据。RAM 是一种易失性存储器,一旦断电,RAM 中的信息将全部丢失。按照其信息存储原理,RAM 分为动态 RAM(DRAM)和静态 RAM(SRAM)。SRAM 以触发器原理来存储信息,只要不掉电,信息就不会丢失。其优点是不必周期性地刷新就可以保存数据,缺点是集成度不高、功耗较大,适用于对存储容量需求不大的单片机中。DRAM 是以电容充放电原理来存储信息,由于电容器容易漏电,故 DRAM 需要动态刷新来保存数据。DRAM 芯片集成度高、功耗小,适用于对存储容量需求较大的计算机。微机中主存储器一般都采用 DRAM 芯片。

3) 高速缓冲存储器

在 32 位、64 位微型计算机中,为了加快运算速度,普遍在 CPU 与常规主存储器之间增设一级或两级高速小容量存储器,称之为高速缓冲存储器(简记为 cache)。

Cache 是由双极型 SRAM 构成的,其存储周期一般为几纳秒,比 DRAM 的存储周期(10ns 左右)快得多。cache 的容量相对于主存要小得多。CPU 在访问指令或数据时,首先要看其是否在 cache 中。若在,就立即读取;否则,就要做常规的主存储器访问,同时将所访问内容所在的数据块复制到 cache 中。这样,CPU 的大部分时间是在访问 cache,极大减少了 CPU 访问内存的时间。

4) 辅助存储器

辅助存储器也称为外存储器(简称外存或辅存),用于存放 CPU 暂时不用的程序和数据。它们的特点是容量大、速度缓慢、具有永久性存储功能。常用的外存储器有软盘、硬盘、光盘和可移动的外存储器等。

(1) 软盘存储器

软盘是在聚酯塑料薄膜上涂一层磁性材料制成的圆型盘片,被封装在一个方形塑料保护套内,软盘可以在保护套内旋转,保护套保护磁盘不受污染。保护套上面有驱动轴孔、磁头读/写槽、定时孔和写保护缺口。

常用的软盘直径为 3.5 英寸,信息在磁盘上按磁道和扇区来存放。磁道是盘片上一组呈同心圆的环形信息记录区,它们由外向内编号,高密度盘 0～79 道,低密度盘 0～39 道。每道被划分成若干相等的区域,称为扇区,一般为 9 扇区、15 扇区、18 扇区等,每个扇区可存储信息 512 B。常用的 3.5 英寸软盘的存储容量为 1.44 MB。一个软盘的存储容量可以由下面公式求出:

$$存储容量 = 磁盘面数 \times 磁道数 \times 扇区数 \times 每扇区字节数$$

例如,3.5 英寸软盘有 2 个记录面,每个面 80 道,每道 18 个扇区,每扇区 512 B,则

$$软盘存储容量 = 2 \times 80 \times 18 \times 512\ B = 1\ 474\ 560\ B \approx 1.41\ MB。$$

(2) 硬盘存储器

硬盘存储器由若干个同样大小的涂有磁性材料的铝合金圆片组合而成。硬盘存储器通常采用温彻斯特技术,把磁头、盘片及执行机构都密封在一个腔体内,与外界环境隔绝。因此,这种硬盘也称为温彻斯特盘。硬盘具有多个盘片,硬盘的容量越大,盘片就越多,且每个盘片对应两个磁头,因此磁头数是盘片数的两倍。

硬盘的两个主要性能指标是硬盘的平均寻道时间和内部传输速率。一般而言,转速越高,硬盘的寻道时间就越短,内部传输速率也越高。目前,硬盘的转速有 5 400 r/min、7 200 r/min 等几种,最快的平均寻道时间为 8 ms,内部传输速率最高为 190 Mb/s。

与软盘一样,硬盘的每个记录面被分为若干个磁道,每个磁道被分为若干个扇区。每个记录面的同一道形成一个圆柱面,简称为柱面。硬盘存储容量的计算公式如下:

$$存储容量 = 磁头数 \times 柱面数 \times 扇区数 \times 每扇区字节数$$

(3) 光盘存储器

光盘存储器是指利用光学方式读写信息的圆盘,简称为光盘。计算机系统中所使用的光盘存储器是在激光视频唱片(又称电视光盘)和数字音频唱片(又称激光唱片)的基础上发展起来的。用激光在某种介质上写入信息,然后再利用激光读出信息的技术称为激光技术。如果存储介质使用磁性材料,则利用激光在磁性介质上存储信息,就称为磁光存储器。

光盘存储器记录密度高,存储容量大,信息保存时间长,在适宜条件下,可存放 50 年以上。光盘主要有 4 种类型:只读光盘(CD-ROM)、可重写光盘(CD-RW)、一次写入光盘(CD-R)和 DVD-ROM。

(4) 可移动的外存储器

闪存盘(U 盘)采用一种可读写、非易失的半导体存储器——闪速存储器作为存储媒介,通过通用串行总线接口(Universal Serial Bus,USB)与主机相连,可以像使用软、硬盘一样在该盘上读写,传送文件。目前闪速存储器产品可擦写次数在 100 万次以上,数据至少可保存 10 年,存取速度至少比软盘快 15 倍以上。

U 盘虽具有高性能、小体积、耐用等优点,但对于需要较大存储空间的情况,U 盘则无法满足需求。这时可使用一种存储容量更大的可移动硬盘,即采用 USB 接口的 USB 硬盘,其容量一般在 10～100 GB 之间,使用方法与 U 盘类似。

3. 输入设备

输入设备是用来将用户输入的原始信息转换为计算机所能识别的信息并存入计算机内存的设备。常见的输入设备有键盘、鼠标、光笔、手写板、触摸屏、扫描仪、麦克风、数字化仪、数码相机、传真机、条码阅读机等。其中键盘和鼠标是最基本的和使用最多的输入设备。

1）键盘

键盘（Keyboard）是计算机输入设备中使用最普遍的设备，通过一个有 6 个引脚的圆形插头与计算机主机箱的插槽相连。现代微型机的标准键盘为 101 个键的键盘，而现在使用较多的是具有 Windows 功能键的 104 个键的键盘。标准键盘结构分为 4 部分：主键盘（Typewriter Key）、功能键（Function Key）：F1-F12、数字键（Numeric Key）、控制键（Control Key）。

2）鼠标

鼠标器（Mouse）简称为鼠标，是一种比传统键盘的光标移动键使用更加方便的输入设备。在计算机中，鼠标通过一个有 5 个引脚的圆形插头（或一个 9 针扁平插头）与主机箱的插槽相连，它通过 RS-232 串行口与主机通信（也有采用 USB 接口的鼠标）。

3）扫描仪

进行图片输入的主要设备是扫描仪，它能将一幅画或一张照片转换成图形存储到计算机中。利用相关的图形软件可对输入到计算机中的图形进行编辑、处理、显示或打印。

4. 输出设备

输出设备是计算机系统用以与外部世界沟通的重要外部设备，它用来将存储于计算机内存的处理结果或其他信息，以人们能识别的或其他计算机能接受的形式输出。常用的输出设备有显示器、打印机、绘图仪等。

1）显示器

显示器又称为监视器（Monitor），是计算机系统最基本的输出设备之一。它能够把计算机输出的信息直接转换成人们能够直接观察和阅读的形式输出，也能直观快速地显示计算机输入的原始信息和运算结果。按显示器所用的器件分类，显示器可分为阴极射线管显示器（Cathode Ray Tube，CRT）、液晶显示器（Liquid Crystal Display，LCD）和气体等离子显示器。

CRT 按显示效果分为单色显示器和彩色显示器。这些显示器具有体积大、功耗高、重量大和不适于便携等缺点。LCD 和等离子显示器刚好弥补了 CRT 的缺点。近年来，LCD 发展速度很快，各种技术指标有很大提高，使得 LCD 广泛使用在微机上。气体等离子显示器因使用气体等离子技术而得名。气体等离子显示器可做得很大，显示质量高，但价格昂贵。

显示器的主要技术指标有像素、点距和分辨率。显示器显示的文字和图形是由许许多多"点"组成的，这些点称为像素。屏幕上相邻两个像素之间的距离叫点距，它是决定图像清晰度的重要因素，点距越小，图像越清晰，细节也越清楚。分辨率是指屏幕上所能显示的点阵（像素）数目。分辨率越高，屏幕可显示的内容越丰富，图像越清晰。目前的显示器都支持 800×600、1 024×768、1 280×1 024 等规格的分辨率。

2）打印机

打印机（Printer）是计算机常采用的基本输出设备之一，采用打印机专用连线通过串行口（COM1 或 COM2）与主机相连。目前计算机系统使用的打印机设备种类繁多，性能各异，结构上差别也很大。从印字方式上可把打印机分成两大类：击打式打印机和非击打式打印机。

目前最常用的击打式打印机是点阵打印机,其打印头由若干针组成(现在一般使用的都是 24 针)。打印时,使响应的点(针)接触色带击打纸面来完成打印。缺点是噪声较大、质量差。非击打式打印机能克服这一缺点,如喷墨打印机、激光打印机。

3) 绘图仪

绘图仪(Plotter)是一种能输出图形的硬拷贝设备。在绘图软件的支持下,绘图仪能绘制出复杂、精确的图形。在进行计算机辅助设计(CAD)工作时,绘图仪是不可缺少的输出设备。

1.2.3　计算机的软件系统

1. 系统软件

系统软件是为了让计算机系统能够正常高效地工作而为其所配备的各种管理、监控和维护程序及相关资料。主要包括:操作系统,各种程序设计语言的解释程序、编译程序和连接程序,服务性程序(系统维护程序和诊断程序等),数据库管理系统和网络通信软件等。

1) 操作系统

操作系统(Operating System,OS)是管理计算机软、硬件资源,控制程序运行,改善人机界面和为应用软件提供支持的系统软件。是计算机系统中必不可少的基本系统软件,任何其他软件都必须在操作系统的支持下才能运行。操作系统负责对计算机系统进行统一控制、管理、调度和监督,合理组织计算机的工作流程,为其他软件的开发提供必要的服务和相应接口。其目标是提高各类资源利用率,并方便用户使用。常见的操作系统软件有Windows NT/2000/XP/Vista、UNIX、Linux、Xenix 等。

2) 程序设计语言

程序设计语言是人与计算机交流信息的语言,是人与计算机之间交换信息的工具。程序设计语言从诞生到现在,经历了从机器语言、汇编语言到高级语言的发展历程。

机器语言由计算机硬件可以直接执行的指令构成,指令是由一串“0”或“1”所组成的二进位代码。机器语言是硬件唯一能直接理解的语言。其优点是占用内存少、执行速度快;缺点是通用性差,不易阅读和记忆,编程工作量大且难以维护。

汇编语言与机器语言相当接近,它是利用助记符来表示机器指令的符号语言。优点是比机器语言易学易记;缺点是通用性差。汇编语言与机器语言都是一种低级语言。

高级语言更接近于人们日常所使用的书面语言,是用来编制程序的语言,如 Fortran、Visual C++、Java 等。其优点是通用性强,程序简短易读,便于维护。高级语言极大提高了程序设计的效率和可靠性。

3) 数据库管理系统

随着社会的飞速发展,产生了大量的事务性数据,为了有效地利用、保存和管理这些数据,20 世纪 60 年代末产生了数据库系统(Data Base System,DBS)。利用数据库系统能够有效地对数据进行存储、查询、修改、排序、统计等操作,并能保证数据的安全,实现数据的共享。数据库系统主要由计算机硬件、数据库(Data Base)、数据管理系统(Data Base Management System,DBMS)、操作系统和数据库应用程序组成。

比较常用的数据库管理系统有 Visual FoxPro、Oracle、SQL Server、DB2、Access 等。

4）服务性程序

服务性程序又称为实用程序,是支持和维护计算机正常处理工作的一种系统软件。服务性程序在计算机软、硬件管理工作中执行某个专门功能,如诊断程序、装配连接程序、系统维护程序等。

诊断程序(包括调试程序)负责对计算机设备的故障及某个程序中的错误进行检测,以便操作者排除和纠正。常见的诊断程序有 DEBUG、QAPLUS 等。

装配连接程序用来对用户分别编译得到的目标模块进行装配连接,使这些目标模块连接组成一个更大的、完整的目标程序。

系统维护程序帮助用户在计算机系统运行中进行维护工作,在系统出现故障时提供系统恢复的手段,如 PCTools 和 Norton 等。

2. 应用软件

应用软件是为解决各种实际问题而编制的应用程序及有关资料的总称。应用软件可以在市场上购买,也可以自己开发。常用的应用软件包括:文字处理软件,如 WPS、Word、PageMaker 等;电子表格软件,如 Excel 等;绘图软件,如 AutoCAD、3Ds、PaintBrush 等;课件制作软件,如 PowerPoint、Authorware、ToolBook 等;网页制作软件,如 FrontPage、Dreamweaver 等。

除了以上典型的应用软件外,还有一些专用的应用软件,如教育培训软件、娱乐软件、财务管理软件、学生成绩管理软件等。

1.3　计算机中信息的表示

1.3.1　进位记数制

进位记数制也称为记数制或数制,是使用一组数字符号和统一的规则来表示数值的方法。日常生活中人们就在使用多种数制,如表示年份的十二进制、表示时间的六十进制、表示星期的七进制、进行计算的十进制等。

数制中有数位、基数(Base)和位权(Weight)三要素。数位是指数码在一个数值中所处的位置;基数是指在某种数制中,每个数位上所能使用的数码的个数;位权是指数码在不同数位上所表示的数值的大小。若用 R 表示基数,则 R 进制具有下列性质:

在 R 进制中,能使用 R 个数字符号,它们是 $0,1,2,\cdots,(R-1)$;

在 R 进制中,由低位到高位是按"逢 R 进一"的规则进行计数;

在 R 进制中,整数部分第 i 位的位权为"R^{i-1}",小数部分第 i 位的位权为"R^{-i}",并约定整数最低位的序号为 $i=0(i=n,\cdots,2,1,0,-1,-2,\cdots)$。

不同进位制具有不同的基数。对某一进位制,不同数位上的相同数码的"权"不相同。例如,十进制数的基数为 10,在 65 536 中有两个 5,左面一个 5 表示 5 000,右面一个 5 表示 500;再如,二进制数的基数为 2,在 1 010 中有两个 1,左面一个 1 表示 8,右面一个 1 表示 2。另外,相同数码在不同进位制中权值也不相同。为了便于区分,通常用圆括号外的右下标值 10、2、8、16 表示括号内的数是十进制、二进制、八进制和十六进制,或者在数的最后加字母 D、B、O、H 表示该数是十进制、二进制、八进制和十六进制。例如,$(456)_8$ 和 456O 表示

456 是一个八进制数,它不等于十进制数 456,而与十进制数 302 等值。

计算机是由电子逻辑元件组成,这些电子逻辑元件大多具有两种稳定状态,如电压的高低、晶体管的导通与截止、电容的充电与放电、电源的开关,脉冲的有无等。使用由 0、1 组成的二进制数可以恰当地描述这些电子逻辑元件的两种稳定状态,且二进制数表示和运算简单,为此计算机中采用二进制数。任何信息必须按照一定的规则转换成二进制数才能被计算机接收和处理。为了表示和书写方便,计算机中也采用八进制和十六进制。需要强调的是,十六进制数使用"0~9,A,B,C,D,E,F"16 个数字符号。

1.3.2　不同进制间的转换

1. R 进制数转换成十进制数

对于一个基数为 R 的数 N,将每位的数字与位权的乘积相加,即为 N 所对应的十进制数。例如,

$$(1011)_2 = 1 \times 2^3 + 0 \times 2^2 + 1 \times 2^1 + 1 \times 2^0 = 11_{10}$$

$$(207)_8 = 2 \times 8^2 + 0 \times 8^1 + 7 \times 8^0 = 135_{10}$$

$$(12F)_{16} = 1 \times 16^2 + 2 \times 16^1 + 15 \times 16^0 = 303_{10}$$

2. 十进制数转换成 R 进制数

将十进制数转换为 R 进制数时,可将此数分成整数与小数两部分分别转换,然后拼接起来即可。

整数部分转换成 R 进制数采用除 R 取余法,即将十进制整数不断除以 R 取余数,直到商为 0。余数从右到左排列,首次取得的余数排在最右。

小数部分转换成 R 进制数采用乘 R 取整法,即将十进制小数不断乘以 R 取整,直到小数部分为 0 或达到所求的精度为止(小数部分可能永远不会得到 0)。所得整数从小数点开始自左往右排列,取有效精度,首次取得的整数排在最左。

例如,将 $(57)_{10}$ 转换成二进制数:

```
2 | 57                      余数  低位
  2 | 28        … … … 1
    2 | 14      … … … 0
      2 | 7     … … … 0
        2 | 3   … … … 1
          2 | 1 … … … 1
            0   … … … 1    高位   所以(57)₁₀=(111001)₂
```

将 $(0.325)_{10}$ 转换为二进制数:

		整数	高位
0.325×2	=0.65	… … … 0	
0.65×2	=1.25	… … … 1	
0.25×2	=0.5	… … … 0	
0.5×2	=1.0	… … … 1	低位　所以(0.325)₁₀=(0.0101)₂

若将 $(57.325)_{10}$ 转换成二进制数,则整数部分和小数部分分别转换后,将它们拼接在一起即可。所以 $(57.325)_{10} = (111001.0101)_2$。

3. 非十进制数之间的转换

1）二进制数转换成八、十六进制数

由于二进制数和八、十六进制数的位权之间有内在的联系，即 $2^3=8$、$2^4=16$，因而每位八进制数相当于 3 位二进制数，每位十六进制数相当于 4 位二进制数。因此，将二进制数转换成八或十六进制数时，只需以小数点为界，分别向左和右，每 3 或 4 位二进制数分为一个位组，不足 3 位或 4 位时用 0 补足（整数在高位补 0，小数在低位补 0），然后将每个位组分别转换成一位八进制数或十六进制数。

例如，把 $(11010101.0100101)_2$ 转换成八进制数：

$(011\quad 010\quad 101.010\quad 010\quad 100)_2$

$(\ 3\quad\ \ 2\quad\ \ 5\ .\ 2\quad\ \ 2\quad\ \ 4\ )_8$　　　　因此 $(11010101.0100101)_2=(325.224)_8$

把 $(1011010101.0111101)_2$ 转换成十六进制数：

$(0010\quad 1101\quad 0101.0111\quad 1010)_2$

$(\ 2\quad\ \ D\quad\ \ 5\ .\ 7\quad\ \ A\ )_{16}$　　　　因此 $(1011010101.0111101)_2=(2D5.7A)_{16}$

2）八、十六进制数转换成二进制数

如前所述，一位八进制数相当于 3 位二进制数，一位十六进制数相当于 4 位二进制数，因此只要将每位八进制数用相应的 3 位二进制数替换，每位十六进制数用相应的 4 位二进制数替换，即可完成转换。

例如，把 $(652.307)_8$ 转换成二进制数：

$(\ 6\quad\ \ 5\quad\ \ 2\ .\ 3\quad\ \ 0\quad\ \ 7\ )_8$

$(110\quad 101\quad 010.011\quad 000\quad 111)_2$　　　　因此 $(652.307)_8=(110101010.011000111)_2$

把 $(1C5.1B)_{16}$ 转换成二进制数：

$(\ 1\quad\ \ C\quad\ \ 5\ .\ 1\quad\ \ B\ )_{16}$

$(0001\quad 1100\quad 0101.0001\quad 1011)_2$　　　　因此 $(1C5.1B)_{16}=(111000101.00011011)_2$

1.3.3　数据存储单位

计算机内的所有信息，无论是程序还是数据（包括数值数据和字符数据），都是以二进制形式存放的。二进制只有两个数码 0 和 1，任何形式的数据都要靠 0 和 1 来表示。为了能有效地表示和存储不同形式的数据，人们使用了不同的数据单位。在计算机中，数据表示的基本单位有位（bit）、字节（byte）和字（word）。

1. 位（bit）

计算机存储信息的最小单位是"位"，即二进制数中的一个数位，一般称之为比特值"0"和"1"。CPU 处理信息一般是将一组二进制数码作为一个整体进行的。

2. 字节（byte）

通常将 8 位二进制位编为一组作为数据处理的基本单位，称为一个字节，简记为 B。

计算机中存储信息也是以字节作为基本单位，每个字节都有一个地址，通过地址可以找到这个字节，进而能存取其中的数据。

计算机存储器容量的大小是以字节数来度量的。字节这个单位非常小，为了便于描述大容量的存储器，一般采用 KB（千字节）、MB（兆字节）、GB（吉字节）、TB（太字节）和 PB（拍

字节)来表示。它们之间的换算关系如下：

$$1\text{ KB}=1\ 024\text{ B}=2^{10}\text{ B}$$
$$1\text{ MB}=1\ 024\text{ KB}=2^{10}\text{ KB}=2^{20}\text{ B}$$
$$1\text{ GB}=1\ 024\text{ MB}=2^{10}\text{ MB}=2^{30}\text{ B}$$
$$1\text{ TB}=1\ 024\text{ GB}=2^{10}\text{ GB}=2^{40}\text{ B}$$
$$1\text{ PB}=1\ 024\text{ TB}=2^{10}\text{ TB}=2^{50}\text{ B}$$

3. 字(word)

字是位的组合。计算机中通常把字作为一个独立的信息单位进行处理,又称为计算机字。一个字的二进制位数称为字长,不同计算机系统内部的字长是不同的。字长一般由数据总线的位数和参加运算的寄存器位数所决定,它也代表了机器的精度。计算机中常用的字长有 8 位、16 位、32 位、64 位等,较长的字长可以处理更多的信息,字长是衡量计算机性能的一个重要指标。

1.3.4　数值数据的编码

通常数值性数据有正负数之分,而计算机无法表示正负号。因此,在计算机中,将数的最高位设置为符号位,并规定"0"表示正数,"1"表示负数,这种把正负号数字化的数称为机器数。机器数所表示的数的真实值称为真值。在现代计算机中,数的表示有三种方法:原码表示法、反码表示法和补码表示法。

1. 原码表示法

原码表示法是把二进制数与它的符号放在一起,使之成为统一的一组数码。给定一个数 x,$[x]_原$ 表示 x 的原码,则 $[x]_原$ 的最高位用"0"、"1"表示正、负,数值位等于 x 的绝对值。

例如,$x_1=+10101011$,　$[x_1]_原=010101011$
　　　$x_2=-10101011$,　$[x_2]_原=110101011$

用原码表示一个数时,符号位需要单独运算,因而当加减运算复杂时,会使机器结构和控制线路变得大为复杂,计算时间大大增加。

2. 反码表示法

正数的反码与其原码相同,负数的反码等于其原码除符号位以外各位取反,即"0"变为"1","1"变为"0"。

例如,$x_1=+10101011$,　$[x_1]_原=010101011$,　$[x_1]_反=010101011$
　　　$x_2=-10101011$,　$[x_2]_原=110101011$,　$[x_2]_反=101010100$

3. 补码表示法

正数的补码与其原码相同,负数的补码等于其反码末位加"1"。

例如,$x_1=+10101011$,　$[x_1]_原=010101011$,　$[x_1]_补=010101011$
　　　$x_2=-10101011$,　$[x_2]_原=110101011$,　$[x_2]_补=101010101$

有了补码表示法后,符号位可以一起参加运算,同时可以将减法运算转换为加法运算,从而降低了运算的复杂度,大大提高了计算机的运算速度。

4. 小数表示

计算机中,关于小数的表示方法有两种,定点数和浮点数。

定点数是小数点固定的数,一般把小数点以隐含的方式固定在最高数值位之前或最低数值位之后。这种表示方法只能表示纯整数或纯小数。

浮点数是小数点位置不固定的数。类似于科学计数法,把一个数转换成 $M = \pm S \times 2^P$ 的形式,在计算机中,浮点数由尾数部分(含数符)和阶码部分(含阶符)组成,如图 1-3 所示。

阶符	阶码 P	数符	尾数 S
阶码部分		尾数部分	

图 1-3 浮点数表示格式

其中,尾数 S 是绝对值小于 1 的纯小数,阶码是整数。浮点数的精度由尾数部分决定,数值的表示范围由阶码决定。此外,阶码和尾数可以用原码、反码或补码表示。

5. BCD 码

实际计算问题中使用的原始数据大多是十进制数,这些数据不能直接送入计算机中参与运算,因此,数据在输入/输出时,必须采用一种编码来进行十进制数和二进制数之间的转换,这就是 BCD(Binary Code Decimal)码。BCD 码是采用二进制数编码表示的十进制数,它把每一位十进制数用 4 位二进制数编码表示。最常用的是 8421BCD 码,4 个二进制位自左向右每位的权分别是 2^3、2^2、2^1、2^0,即 8、4、2、1,故简称为 8421BCD 码。表 1-1 列出了十进制数 0～15 对应的 8421BCD 码。

表 1-1 8421BCD 码与十进制数的对应关系

十进制数	8421BCD 码	十进制数	8421BCD 码
0	0000	8	1000
1	0001	9	1001
2	0010	10	0001 0000
3	0011	11	0001 0001
4	0100	12	0001 0010
5	0101	13	0001 0011
6	0110	14	0001 0100
7	0111	15	0001 0101

需要注意的是,BCD 码不是二进制数,它仍然采用 10 个不同的数字符号,逢十进一,所以它是十进制数。例如,

23D=10111B, 23D=0010 0011BCD

1.3.5 字符的编码

由于计算机信息是以二进制的形式存储和处理,因此字符必须按特定的规则进行二进制编码后才能进入计算机。字符编码的方法很简单,首先确定需要编码的字符总数,然后将每一个字符按顺序编号,编号值的大小无意义,仅作为识别与使用这些字符的依据。字符的多少决定编码的位数。

1. ASCII 字符集

美国国家信息交换标准代码"American National Standard Code for Information Interchange"是目前微型计算机中最普遍采用的字符编码集。ASCII 字符集是以 8 位二进制数对每个字符进行编码,其中最高位设置为"0",有效位 7 位,可以表示 $2^7 = 128$ 个字符,

其中包括 10 个阿拉伯数字(0~9),52 个大小写英文字母(A~Z,a~z),32 个标点符号、运算符和 34 个控制码。ASCII 字符集如表 1-2 所示。

表 1-2　ASCII 字符集

高 4 位 低 4 位		0000	0001	0010	0011	0100	0101	0110	0111
		0	1	2	3	4	5	6	7
0000	0	NUL	DEL	SP	0	@	P	`	p
0001	1	SOH	DC1	!	1	A	Q	a	q
0010	2	STX	DC2	”	2	B	R	b	r
0011	3	ETX	DC3	#	3	C	S	c	s
0100	4	EOT	DC4	$	4	D	T	d	t
0101	5	ENQ	NAK	%	5	E	U	e	u
0110	6	ACK	SYN	&	6	F	V	f	v
0111	7	BEL	ETB	’	7	G	W	g	w
1000	8	BS	CAN	(	8	H	X	h	x
1001	9	HT	EM	)	9	I	Y	i	y
1010	A	LF	SUB	*	:	J	Z	j	z
1011	B	VT	ESC	+	;	K	[	k	{
1100	C	FF	FS	,	<	L	\	l	|
1101	D	CR	GS	—	=	M	]	m	}
1110	E	SO	RS	.	>	N	^	n	~
1111	F	SI	US	/	?	O	_	o	DEL

要确定某个字符的 ASCII 码,需先在表中查找其位置,再分别读出它的高 4 位和低 4 位编码,然后按高低顺序将高 4 位编码与低 4 位编码连在一起,即是所查字符的 ASCII 码。例如,大写字母 A 的 ASCII 码为 01000001(相当于十进制数 65),小写字母 a 的 ASCII 码为 01100001(相当于十进制数 97),数字 3 的 ASCII 码为 00110011(相当于十进制数 51)。

2. 汉字编码

汉字也是字符。与西文字符相比较,汉字数量大,字形复杂,同音字多,这使得汉字在计算机内部的存储、传输、交换、输入和输出比西文字符复杂得多。汉字编码可分为输入码、内码和字形码三大类。输入码解决汉字的输入和识别问题;内码是由输入码转换而来的,只有内码才能在计算机内部进行加工处理;字形码完成汉字的显示和打印输出。汉字处理包括汉字输入、汉字存储和汉字输出三部分。

1) 汉字的输入

采用西文标准键盘输入汉字时,必须先对汉字进行编码,即用字母、数字串代替汉字输入。汉字输入码主要有三类:数字编码、拼音码和字形码。

(1) 数字编码

数字编码就是用字串代表一个汉字,常用的有国标码。1980 年,中国国家标准总局制定了《中华人民共和国信息交换汉字编码国家标准》,代号为 GB 2312—80(又称为 GB 2312)。该编码集规定了计算机使用的汉字和图形符号总数为 7 445 个,其中汉字 6 763 个,图形符号 682 个。GB 2312—80 将这些汉字和符号组成 94×94 的矩阵,其中一行称为一个"区",一列称为一个"位"。采用两个 7 位二进制数分别给每个区、每个位编码,两个 7 位二进制数高位补零,形成了两个字节的区位码,一般采用 4 位十六进制数书写。在一个汉字的区码和位码上分别加上十六进制数 20,即构成该汉字的国标码。例如,"啊"的区位码为 1601D(即 1001H),位于 16 区 01 位,对应的国标码则为 3021H。国标码的编码难以记忆,因此,使用国标码输入汉字时,必须先在国标码表中查找汉字并找出对应代码才能输入。其优点是没有重码,且输入码与内码的转换比较方便。

（2）拼音码

拼音码是以汉语拼音为基础的。由于汉字同音字太多,输入的重码率高,因此拼音输入后还必须进行同音字的选择,影响输入速度。目前常用的拼音码有：全拼拼音输入法、智能 ABC 输入法、微软拼音输入法、搜狗拼音输入法等。

（3）字形码

字形码是由汉字形状确定的。由于汉字是由笔画构成的,而笔画又是有限的,同时汉字的结构也可以归结为几类,因此把汉字的笔画和部件用数字和字母编码后,在按笔画书写顺序依次输入编码就可以构成一个汉字。常用的字形码有五笔字型输入码,目前这种编码的输入效率是最高的。

2）汉字的存储

汉字的存储包括汉字内码的存储和汉字字形码的存储。

（1）汉字内码

汉字内码是汉字信息在机内进行存储、交换、检索时所使用的机内代码,通常用两个字节表示。一个汉字的国标码占两个字节,每个字节最高位为"0";英文字符的机内代码是 7 位 ASCII 码,最高位也为"0"。为了在计算机内部能够区分是汉字编码还是 ASCII 码,将国标码的每个字节的最高位由"0"变为"1",变换后的国标码称为汉字内码。由此可知汉字内码的每个字节都大于 128,而每个西文字符的 ASCII 码值均小于 128。例如,

汉字	汉字国标码	汉字内码
中	8680H＝01010110 01010000B	11010110 11010000B＝D6D0H
华	942H＝00111011 00101010B	10111011 10101010B＝BBAAH

要想查看汉字内码,可以利用记事本先输入汉字,接着把文件保存,然后再切换到 DOS 模式,使用 Debug 程序中的 D(dump)命令来查看。

（2）汉字字形码

汉字字形码是用点阵表示的汉字字形代码,也称字模码,它是汉字的输出形式。根据输出汉字的要求不同,点阵的大小也不同,常见的有 16×16 点阵、24×24 点阵、32×32 点阵、48×48 点阵等。图 1-4 给出了一个 16×16 点阵的字模。字模点阵需要占用的存储空间很大,只能用于构成汉字字库,不能用于机内存储。

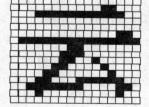

图 1-4　16×16 点阵字模

汉字字库中存储了每个汉字的点阵代码,汉字依照 GB 2312—80 排序。当需要显示汉字时,先将汉字内码转换为国标码,根据国标码到汉字字库中查找其字形码,输出字模点阵即得到汉字字形。

1.3.6　其他信息的编码

1. 声音

1) 声音信号的数字化

声音是一种连续变化的模拟信号，我们可以通过模/数转换器对声音信号按固定时间进行采样，并把它转变成数字量。一旦转变成数字形式，便可把声音存储在计算机中，并进行处理。声音转换成数字信号需要经过采样、量化和编码三个阶段。

采样是对模拟信号每隔一个固定时间取一个样本值。采样频率是一秒钟内对模拟声波信号采样的次数，单位 Hz(赫兹)。奈奎斯特(Harry Nyquist)采样理论对采样频率做了明确规定：采样频率必须高于输入信号最高频率的两倍，才能根据采样信号重构原始信号。采样频率越高，声音保真度就越好，声音的还原就越真实自然，但产生的数据量也就越大，占用存储空间就越多。按照对声音的不同要求，目前常用的采样频率有 22.05 kHz、44.1 kHz、48 kHz 三个等级，22.05 kHz 能达到 FM 广播的声音品质，44.1 kHz 则是理论上的 CD 音质的界限，48 kHz 则可达到高保真效果。数字广播节目可以根据不同音质播出的需要进行选择。

在实际应用中，量化和编码是同时进行的，即把各个时刻的采样值用二进制数来表示。量化精度指对每个采样值编码时所用的二进制数据的位数，它对声音的音质也有很大影响，位数越多，还原的音质越细腻。由于人耳对声音幅度比较敏感，所以音频信号量化级常取 16 比特，甚至 32 比特。编码后的信号称为脉冲编码调制(PCM)信号。

2) 声音文件

目前主要使用的声音文件有以下几种：

(1) Wave 格式文件

Wave 波形文件由外部音源(如麦克风、录音机)录制后，经声卡转换成数字化信息，以扩展名.wav 存储。播放时还原成模拟信号由扬声器输出。Wave 格式文件直接记录了真实声音的二进制采样数据，通常文件较大。

(2) MIDI 格式文件

MIDI 是乐器数字接口(Musical Instrument Digital Interface)的英文缩写。MIDI 文件是为了把电子乐器与计算机相连而制定的一个规范，是数字音乐的国际标准。

与波形文件不同的是，MIDI 文件(扩展名为.mid)存放的不是声音采样信息，而是将乐器弹奏的每个音符，记录为一连串的数字。声卡上的合成器根据这些数字代表的含义进行合成后由扬声器放出声音。相对于保存真实采样数据的 Wave 文件，MIDI 文件显得更加紧凑，其文件尺寸通常比声音文件小得多。同样 10 分钟的立体声音乐，MIDI 文件长度不到 79 KB，而声音文件要 100 KB 左右。在多媒体应用中，一般 Wave 文件存放的是解说词，MIDI 文件存放的是背景音乐。

(3) MPEG 音频文件

MPEG 音频文件指的是采用 MPEG 音频压缩标准进行压缩的文件。MPEG 音频文件根据对声音的压缩质量和编码的复杂程度的不同可分为三层，分别对应扩展名为.mp1、.mp2 和.mp3 这三种格式文件。MPEG 音频文件具有很高的压缩率，mp1、mp2、mp3 文件的压缩率分别为 4∶1、6∶1～8∶1 和 10∶1～12∶1，也就是说一分钟 CD 音质的音乐，未经压缩需要 10 MB 存储空间,而经过 mp3 文件压缩编码后只要 1 MB 左右,同时其音质基本保持不失真。因此,目前使用最多的是 mp3 文件格式。

2. 图像

1) 图像

图像是由一个个像素构成的,每一个像素必须用若干二进制位进行编码,以表示图像的颜色。当将图像分解为一系列像素,每个像素用若干二进制位表示时,则这幅图像就被数字化了。

用计算机进行图像处理,对机器的性能要求是很高的。描述图像的重要属性有:图像分辨率和颜色深度。

图像分辨率是用每英寸中有多少个像素点表示。分辨率越高,图像越精细。像素的颜色深度为每一个像素点表示颜色的二进制位数。例如,单色图像的颜色深度为 1,则用一个二进制位表示纯白、纯黑两种情况;通过调整黑白两色的程度——颜色灰度来有效地显示单色图像。一般灰度级别为 256 级(值为 0~255),因此每个像素的颜色深度为 8,占一个字节。彩色图像显示时,由红、绿、蓝三色通过不同的强度混合而成。当强度分成 256 级(值为 0~255)时,占 24 位,就构成了 16 777 216 种颜色的“真彩色”图像。当要表示一个分辨率为 640×480 的“真彩色”图像时,需要 640×480×3＝900 KB 的容量。

2) 图形图像文件格式

在图形图像处理中,可用于图形图像文件存储的格式非常多,现分类列出常用的几种文件格式。

(1) BMP 和 DIB 格式文件

BMP(bitmap,位图)是一种与设备无关的图像文件格式,是 Windows 环境中经常使用的一种位图格式。这种格式的特点是包含的图像信息较丰富,几乎不进行压缩,由此导致它占用磁盘空间过大的缺点。目前 BMP 格式在单机上比较流行。DIB(device independent bitmap)格式与 BMP 格式本质一致,是为了跨平台交换而使用的一种格式。

(2) GIF 格式文件

GIF(Graphics Interchange Format,图形交换格式)是美国联机服务商 CompuServe 针对网络传输带宽的限制,开发出的一种图像格式。GIF 格式的特点是压缩比高、磁盘空间占用较少,但不能存储超过 256 色的图像。GIF 格式是 Internet 是 WWW 中的重要文件格式之一。

(3) JPEG 格式文件

JPEG(Joint Photographic Experts Group,联合图片专家组)是利用 JPEG 方法压缩的图像格式,压缩比高,但压缩/解压缩算法复杂,存储和显示速度慢。

同一图像的 BMP 格式的大小是 JPEG 格式的 5~10 倍。GIF 格式最多只存储 256 色,因此当处理 256 色以上的大幅面图像时,JPEG 格式就成了 Internet 最受欢迎的图像格式。

JPEG 2000 格式是 JPEG 格式的升级版,其压缩率比 JPEG 格式高 30％左右。与 JPEG 格式不同的是,JPEG 2000 格式同时支持有损和无损压缩,而 JPEG 格式只能支持有损压缩。无损压缩对保存一些重要图片是十分有用的。

(4) PNG 格式文件

PNG(Portable Network Graphics,可携式网络图像)是一种新兴的网络图像格式。它有如下 4 个特点：①PNG 格式是目前最不失真的格式，它汲取了 GIF 格式和 JPEG 格式二者的优点，存储形式丰富，兼有 GIF 格式和 JPEG 格式的色彩模式。②PNG 格式能把图像文件压缩到极限，以网络传输，但又能保留与图像品质有关的所有信息。因为 PNG 格式是采用无损压缩方式来减小文件的大小，这一点与以牺牲图像品质来换取高压缩率的 JPEG 格式有所不同。③PNG 格式显示速度很快，只需下载 1/64 的图像信息就可以显示出低分辨率的预览图像。④PNG 格式支持透明图像的制作，这样可让图像和网页背景很和谐地融合在一起。PNG 格式的缺点是不支持动画应用效果。

Macromedia 公司的 Fireworks 软件的默认格式就是 PNG 格式。现在，越来越多的软件开始支持这一格式，而且在网络上也越来越流行。

（5）WMF 格式文件

WMF 是比较特殊的图元文件，属于位图与矢量图的混合体。Windows 中的许多剪贴画图像就是以该格式存储的。WMF 格式广泛应用于桌面出版印刷领域。

3. 视频

1）视频（video）信息的数字化

视频是图像的动态形式。动态的图像是由一系列的静态画面按一定的顺序排列组成。每一幅称为"帧（frame）"，这些帧以一定的速度连续地投射到屏幕上，由于视觉暂留现象而产生动态效果。通常，视频图像还配有同步的声音。所以，视频信息需要巨大的存储容量。

所谓视频信息数字化是对视频信号源（如电视机、摄像机等）采用同音频相似的方式，在一定的时间内以一定的速度对单帧视频信号进行采样后，将形成的数字化数据供计算机处理的过程。通常的视频信号是模拟量，在进入计算机前必须进行数字化处理，即进行模数转换和彩色空间变换等，其采样深度可以是 8 位、16 位或 24 位等。采样深度是经采样后每帧所包含的颜色位，颜色位越多，每帧所包含的颜色就越丰富。

对视频信号进行数字化后，则可以对数字视频进行编辑或加工，如复制、删除、特殊变换和改变视频格式等，还可还原成图像信号加以输出。

视频中有以下技术参数：

（1）帧速

即每秒钟播放多少幅视频图像，以帧/秒为单位表示。根据电视制式的不同有 30 帧/秒、25 帧/秒等，有时为了减少数据量而减慢帧速。当帧速达到 12 帧/秒以上时，就可以显示比较连续的视频图像。

（2）数据量

如果不加以压缩，数据量的大小是帧数乘以每幅图像的数据量。例如，要在计算机上连续显示分辨率为 1 280×1 024 的"真彩色"高质量的电视图像，按 30 帧/秒计算，显示 1 分钟，则需要：

$$1\ 280×1\ 024×3(B)×30×60＝6.6\ GB$$

一张 650 MB 的光盘只能存放 6 秒左右的电视图像，这就带来了图像数据的压缩问题，也成为多媒体技术中一个重要的研究课题。

2）视频文件格式

视频文件可以分成两大类：影像视频文件和流媒体视频文件。

（1）影像视频文件格式

日常生活中接触较多的 VCD、多媒体 CD 光盘中的动画都是影像视频文件。影像视频文件不仅包含了大量图像信息，同时还包含了大量音频信息。

① AVI 格式文件：AVI（Audio-Video Interleaved，音频-视频交错）格式文件将视频与音频信息交错地保存在一个文件中，从而较好地解决了音频与视频的同步问题。AVI 格式文件是 Video for Windows 视频应用程序使用的格式，目前已成为 Windows 视频标准格式文件。该格式文件数据量较大，要压缩。AVI 格式文件一般用于保存电影、电视等影像信息。有时它出现在因特网上，主要用于让用户欣赏新影片的精彩片段。

② MOV 格式文件：MOV 格式文件是在 QuickTime for Windows 视频应用程序中使用的视频文件。原来在 Macintosh 系统中运行，现已移植到 Windows 平台。利用它可以合成视频、音频、动画、静止图像等多种素材。该格式文件数据量较大，要压缩。

③ MPEG 格式文件：MPEG 格式文件是按照 MPEG 标准压缩的全屏视频的标准文件。目前很多视频处理软件都支持这种格式的文件。

④ DAT 格式文件：DAT 格式文件是 VCD 专用的格式文件，文件结构与 MPEG 文件格式基本相同。

（2）流媒体文件格式

流媒体格式是支持采用流式传输及播放的媒体格式。Internet 上所传输的多媒体格式中，基本上只有文本、图形可以按照原格式在网上传输。

1.4　文 件 系 统

1.4.1　文件

1. 文件

所谓文件，是指存放在磁盘、磁带或光盘等辅助存储器上，具有唯一名字的一组信息的集合。例如，把一封信、一个报告、一篇文章、一段程序或一组数据存入磁盘，再赋以唯一的一个名字，便形成一个文件。实际上，计算机中的所有信息都是以文件的形式存储的。操作系统的各个程序模块、用户的应用程序都是以文件的形式存放在磁盘上的。因此，这些文件通常称为磁盘文件。文件具有如下特性：

（1）文件名是唯一的，即在相同磁盘的相同文件夹下不能有相同文件名的文件。

（2）文件内容的多样性，即在文件中可以存放字母、数字、图片和声音等多种信息。

（3）文件的可携带性，即文件可以从一个磁盘复制到另一个磁盘，或者从一台计算机复制到另一台计算机。可以将文件通过存储设备携带到任何地方。

（4）文件的可修改性，即文件不是固定不变的，文件可以修改、减少或增加，甚至可以完全删除。

（5）文件在存储设备（如软盘、硬盘或光盘等）上有其固定的位置。文件的位置非常重要，在使用过程中经常需要给出文件的路径以确定文件的位置。

2. 文件命名

计算机系统中有众多不同内容或用途的文件，为了便于区分就要为它们各起一个名字，我们称其为文件名。文件名一般由主文件名和扩展名组成,其中主文件名亦称为文件标识符,扩展名用来对文件进行辅助性的说明。完整的文件名格式如下:

　　<主文件名>[.<扩展名>]

其中主文件名是必需的,而扩展名是可选的。通常,扩展名由 1~3 个合法字符组成,附加在主文件名之后并用一个圆点隔开,用来标识文件的类型。Windows XP 中对文件命名时需注意以下几点:

(1) 支持长文件名,文件名最长可由 255 个字符组成。

(2) 文件名中可使用数字、字母、汉字、下划线、空格符和一些特殊符号。如"XML 数据1"、"离散数学"、"JiaoYu"等,最好是能见名知意。

(3) 文件名不区分大小写,命名时大小写都可以。

(4) 文件名中有些特殊符号不能使用,如/、\、?、"、*、:、<、>等。

3. 文件类型

文件中存放的数据有不同的性质和用途,有的存放程序,有的存放文字,有的存放图像等。另外,存放相似内容的文件,在不同应用软件的管理下,其内部格式上也会有差异。为便于使用和管理,在 Windows 中,用文件类型来区分这些文件的不同性质、用途和格式,并用"扩展名"来表示文件的不同类型。不同文件类型可以用不同的应用软件打开。下面介绍几种常用的文件。

1) 程序文件

程序文件是由可选择的代码组成的。当用户查看程序文件的内容时,则会看到一些无法识别的符号。在计算机系统中,程序文件的扩展名一般为.com 或.exe 等。在 Windows中,每个应用程序文件名前都会有其特定图标。

2) 文本文件

文本文件通常由字母、字符和数字组成。一般情况下,文本文件的扩展名为.txt。应用程序的大多数 Readme 文件都是文本文件。

3) 图像文件

图像文件是指存放图片信息的文件,图像文件的格式很多。Windows XP 中的"画图"应用程序可以创建位图文件,并以扩展名.bmp 来命名所创建的位图文件。可以创建图像文件的还有 Photoshop、CorelDRAW 等图像处理软件。

4) 多媒体文件

多媒体文件是指存放数字形式的声音和影像的文件。在 Windows 中,多媒体文件有许多。例如,录音机生成的波形文件,其扩展名为.wav。用媒体播放器和 CD 播放器等都可以播放声音文件,目前最为流行的声音文件是.mp3 文件。

5) 字体文件

Windows 系统带有很多字体,Windows XP 的字体都存放在 Fonts 文件夹中,其扩展名为.ttf。

6) 数据文件

数据文件一般包含数字、名字、地址和其他由数据库和电子表格等程序创建的信息。最通用的数据文件格式可以被一系列不同的程序所识别。例如,一个 FoxPro 数据文件可以被 Microsoft Word 或 Windows XP 中的记事本应用程序作为输入文件。

Windows 中用文件的扩展名来识别文件类型。大多数文件在存盘时,若不指定文件的扩展名,应用程序会自动为其添加默认的扩展名。常见的文件扩展名如下:

.com	命令文件	.bak	后备文件
.dat	数据文件	.ovl	程序覆盖文件
.exe	可执行文件	.obj	目标程序文件
.hlp	支持(帮助)文件	.sys	系统配置文件
.bat	DOS 的处理文件	.lib	库文件
.lst	源程序列表文件	.dgc	设备诊断文件
.bas	BASIC 语言源程序文件	.prg	FoxBASE 程序文件或命令文件
.for	FORTRAN 语言源程序文件	.dbf	关系数据库文件
.pas	PASCAL 语言源程序文件	.doc	Word 文档文件
.c	C 语言源程序文件	.pic	图形文件
.cob	COBOL 语言源程序文件	.txt	文本文件
.asm	汇编语言源程序文件	.tif	图形文件

1.4.2　文件夹和路径

1. 文件夹

文件夹也称为目录,用于存放文件或下一级子文件夹。在 Windows 中,文件夹由一个包装图标和一个文件夹名字组成,用鼠标双击文件夹即可将其打开,并显示其中的所有文件和文件夹。

为了实现对文件的统一管理,同时也为了方便用户,Windows 采用树状目录结构对磁盘上的所有文件进行组织和管理。磁盘就像树的根,不同的磁盘分区好比是树的各个树干,不同磁盘分区上的文件夹是树干的树枝,文件夹中的一个个文件就是树枝上的叶子。由于文件夹中可以包含文件和文件夹,这样一直延续下去所形成的树状目录结构就构成了计算机的文件系统。

2. 路径

文件在目录树上的位置称为文件的路径。文件的路径是由用反斜杠"\"隔开的一系列文件夹名或文件名组成的,它反映了文件在目录树中的具体路线。路径中的最后一个文件夹就是文件所在的文件夹。例如,"C:\Windows\temp\test.txt"表示文件 test.txt 位于 temp 文件夹下,而 temp 又是 C 盘上 Windows 文件夹下的一个子文件夹。

路径的基本形式有两种,即绝对路径和相对路径。

(1) 绝对路径:从根文件夹开始构成的路径。

(2) 相对路径:从当前文件目录开始构成的路径。

1.4.3　常用文件系统简介

文件系统就是在硬盘上存储信息的格式。在所有的计算机系统中,都存在一个相应的文件系统,它规定了计算机对文件和文件夹进行操作的各种标准和机制。因此,对所有文件和文件夹的操作都是通过文件系统来完成的。常见的文件系统有 FAT12、FAT16、

FAT32、NTFS 格式 4 种类型。这 4 种文件系统的区别主要体现在与操作系统的兼容性、使用效率、安全性和支持的磁盘容量几个方面。

FAT12 是用在软盘上的一种文件系统；FAT16 是早期 DOS 下的文件系统，它支持的最大文件是 2 GB；FAT32 是 Windows 98 中出现的一种文件系统，它降低了簇的大小，节约了磁盘空间，扩大了单个分区的最大容量。而 NTFS 早在 Windows NT 时就有，它有强大的文件索引功能和自定义簇大小功能，最主要的特点是它支持活动目录。目前使用的 NTFS 是在 Windows NT 系统的基础上升级的文件系统。

1.5　多媒体计算机

通常所说的媒体（Medium）包括两种含义：一种是指信息的载体，即存储和传递信息的实体，如书本、挂图、磁盘、光盘、磁带以及相关的播放设备等；另一种是指信息的表现形式或传播形式，如文字、声音、图像和动画等。多媒体计算机中所说的媒体是指后者。

1.5.1　多媒体技术的基本概念

多媒体一词来源于英文"Multimedia"，该词是由"Multiple"和"Media"复合而成的，从字面上理解，即为多种媒体的集合。人类在社会生活中要使用各种信息和信息载体进行交流，多媒体就是融合两种或者两种以上媒体的一种以人机交互式进行信息交流和传播的媒体，包括文字、图形、图像、声音、动画和视频等。

20 世纪 80 年代以来，多媒体技术成为人们关注的热点并迅速发展起来。从不同的角度来看，多媒体技术有不同的定义，这里把多媒体技术定义为：

多媒体技术就是计算机综合处理多种媒体信息（文字、图形、图像、声音和视频等），使多种信息建立逻辑连接，集成为一个系统并具有交互性的技术。应该指出的是，随着技术的进步，多媒体和多媒体技术的含义和范围还会继续扩展。

1.5.2　多媒体计算机系统的组成

多媒体计算机系统是一套复杂的由硬件、软件有机结合的综合系统。它把音频、视频等媒体与计算机系统融合起来，并由计算机系统对各种媒体进行数字化处理。与计算机系统类似，多媒体计算机系统由多媒体硬件系统和多媒体软件系统构成。

1. 多媒体硬件系统

多媒体硬件系统由主机、多媒体外部设备接口卡和多媒体外部设备构成。多媒体计算机的主机可以是大/中型计算机，也可以是工作站，用得最多的还是微机。多媒体外部设备接口卡根据获取、编辑音频、视频的需要插接在计算机上，常用的有声卡、视频压缩卡、VGA/TV 转换卡、视频捕捉卡、视频播放卡和光盘接口卡等。多媒体外部设备十分丰富，按功能分为视频/音频输入设备、视频/音频输出设备、人机交互设备、数据存储设备 4 类。

视频/音频输入设备包括摄像机、录像机、影碟机、扫描仪、话筒、录音机、激光唱盘和 MIDI 合成器等；视频/音频输出设备包括显示器、电视机、投影电视、扬声器、立体声耳机等；人机交互设备包括键盘、鼠标、触摸屏和光笔等；数据存储设备包括 CD-ROM、磁盘、打印机、可擦写光盘等。

2. 多媒体软件系统

多媒体软件系统按功能可分为系统软件和应用软件。

系统软件是多媒体系统的核心,它不仅具有综合使用各种媒体、灵活调度多媒体数据进行传输和处理的能力,而且还要控制各种媒体硬件设备协调工作。多媒体系统软件主要包括多媒体操作系统、多媒体素材制作软件及多媒体函数库、多媒体制作工具与开发环境、多媒体外部设备驱动软件与驱动器接口程序等。

下面仅对多媒体开发工具作一介绍。多媒体开发工具是多媒体开发人员用于获取、编辑和处理多媒体信息,编制多媒体应用程序的一系列工具软件的统称。利用多媒体开发工具可以对文本、图形、图像、动画、音频和视频等多媒体信息进行控制和管理,并把它们按要求连接成完整的多媒体应用软件。多媒体开发工具大致可分为多媒体素材制作工具、多媒体制作工具和多媒体编程语言三类。

多媒体素材制作工具是为多媒体应用软件进行数据准备的软件,包括文字特效制作软件 Word(艺术字)、COOL 3D,图形图像编辑与制作软件如 CorelDRAW、Photoshop,二维和三维动画制作软件如 Animator Studio、3D Studio MAX,音频编辑与制作软件如 Wave Studio、Cakewalk,以及视频编辑软件如 Adobe Premiere 等。

多媒体制作工具又称为多媒体创作工具,它是利用编程语言调用多媒体硬件开发工具或函数库来实现的,并能被用户方便地用来编制程序,组合各种媒体,最终生成多媒体应用程序的工具软件。常用的多媒体制作工具有 PowerPoint、Authorware、ToolBook 等。

多媒体编程语言可用来直接开发多媒体应用软件,不过对开发人员的编程能力要求较高。但它有较大的灵活性,适应于开发各种类型的多媒体应用软件。常用的多媒体编程语言有 Visual Basic、Visual C++、Delphi 等。

应用软件是在多媒体创作平台上设计开发的面向应用领域的软件系统,通常由应用领域的专家和多媒体开发人员共同协作、配合完成。如教育软件、电子图书等。

3. VCD 制作系统

随着多媒体技术的飞速发展,VCD 光盘的制作已越来越普遍。由于光盘可以较长久地保存各种资料,所以许多单位和个人都将珍贵的录像资料和个人照片刻录到光盘上。

VCD 制作系统是指能够制作和刻录 VCD 光盘的系统。它通常是在普通 PC 的基础上,增加视频压缩卡、光盘刻录机和扫描仪等硬件设备组合而成的,再配以相应的控制和编辑软件就可以完成 VCD 光盘的制作。VCD 制作系统还可以包括一些家电设备,如录像机或电视机等。如果还有数字摄像机或数字相机等数字化产品,视频文件的采集和照片的输入就方便多了。

4. 多媒体计算机系统的层次结构

多媒体计算机系统的层次结构与计算机系统的层次结构在原则上是相同的,都是由底层的硬件系统和其上的各层软件系统组成,只是考虑到多媒体的特性在各层次中的内容有所不同。

第一层为多媒体外围设备,包括各种媒体、视听输入输出设备及网络。

第二层为多媒体计算机硬件主要配置与各种外部设备的控制接口卡,其中包括多媒体实时压缩和解压缩专用电路卡。

第三层为多媒体驱动程序、操作系统。该层软件为系统软件的核心,除与硬件设备打交道(驱动、控制这些设备)外,还要提供输入输出控制界面程序,即 I/O 接口程序。操作系统则提供对多媒体计算机硬件、软件的控制与管理。

第四层是多媒体制作平台和多媒体制作工具软件,支持应用开发人员创作多媒体应用软件。设计者利用该层提供的接口和工具采集、制作多媒体数据。常用的有图像设计与编辑系统,二维、三维动画制作系统,声音采集与编辑系统,视频采集与编辑系统以及多媒体公用程序与数字剪辑艺术系统等。

第五层为多媒体编辑与创作系统。该层是多媒体应用系统编辑制作的环境,根据所用工具的类型,有的是脚本语言及解释系统,有的是基于图标导向的编辑系统,还有的是基于时间导向的编辑系统。通常除编辑功能外,该层还具有控制外设播放多媒体的功能。设计者可以利用这层的开发工具和编辑系统来创作各种教育、娱乐、商业等应用的多媒体节目。

第六层为多媒体应用系统的运行平台,即多媒体播放系统。该层可以在计算机上播放硬盘上的节目,也可以单独播放多媒体产品,如消费性电子产品中的 CD-I 等。多媒体应用系统存放到存储介质中,如光盘,就成为多媒体产品,可作为商品销售。

1.5.3　Windows 多媒体功能

随着计算机多媒体技术的蓬勃发展,多媒体技术的应用已经渗透到了人类社会的诸多领域,下面简单介绍一些主要的应用领域。

1. 家庭娱乐

(1) 电子影集。人们可以自行在多媒体计算机上制作出工作和家庭生活的图片簿——电子影集。这种影集不但记录了美好的瞬间,同时可以将该照片的前后经历,甚至有意义的事件一一记录下来,以供日后他人和子女欣赏和借鉴,也可以作为自己的美好回忆。

(2) 娱乐、游戏。影视作品的游戏产品是家庭娱乐的一个重要方面。随着多媒体技术的不断发展和人们娱乐需求的不断增加,面向家庭娱乐的多媒体软件产品在数量和质量上都有了极大的发展。音乐、影视、游戏光盘给人们带来快乐的同时,也可启迪儿童的智慧、丰富成年人的精神生活。

(3) 电子旅游。现实的旅游需要足够的时间和费用,而多媒体光盘的出现可以使人们足不出户即可"置身"于自己心中向往的旅游胜地,轻轻松松地"周游世界"。

2. 教育与培训

多媒体技术最有发展前途的应用领域之一就是教育培训。随着多媒体计算机技术的发展,多媒体信息丰富的表现形式以及传播信息的巨大能力赋予现代化的教育培训以崭新的面目。它不仅改变了传统的教学思想、教学手段、教学内容和教学过程,而且也将引起传统的教学模式和教育体制的根本变革,是教育领域的重大飞跃。幻灯机、投影机、录音机、录像机、计算机等教学媒体先后运用到了课堂教学中,使教学手段变得灵活多样,从而使内容丰富多彩,对提高教学质量和效率起到了极大的推动作用。利用多媒体技术编制教学课件或计算机辅助教学软件,不仅可以创造出丰富多彩的教学环境和交互的操作方式,而且这些电子课件和软件也易于修改、变换。利用教学课件和辅助教学软件进行学习,从学生方面来说,可以充分结合自己的实际情况和爱好有选择性地学习,实现不受时间限制的个性化学习。

特别是以互联网为基础的计算机远程教学,更是改变了传统集中式的教学模式,使师生之间可以突破时空的限制,实现信息交流、资源共享。

3. 商业应用

商业的竞争已从单纯的价格竞争,转移到服务的竞争。如何方便用户、更好地为用户服务、让用户满意,是更多商家要解决的问题。

(1) 商场导购系统。大型商场中,商家可以利用多媒体技术开发商场导购系统,如顾客可以利用电子触摸屏向计算机咨询,不仅方便、快捷,同时能给顾客以新鲜感。

(2) 电子商场、网上购物。随着网络技术的发展,因特网已走进千家万户,许多商家紧跟时代潮流步伐,纷纷上网,介绍自己的商品范畴、销售价格、服务方式等。这样,不仅扩大了商家的知名度,起到宣传作用;同时使那些喜欢上网的顾客足不出户即可选到满意的商品。

(3) 辅助设计。在建筑领域,多媒体将建筑师的设计方案变成具有三维效果的仿真模型,让期房客户提前看房;在装饰业客户可以将自己的要求告诉装饰公司,公司利用多媒体技术将其方案设计出来,让客户从各个角度欣赏,如不满意可重新设计,直到满意后再施工,避免了不必要的劳动浪费。

4. 网络通信

(1) 远程医疗。以多媒体为主体的综合医疗信息系统,可以使医生远在千里之外就可以为病人看病。病人不仅可以身临其境地接受医生的诊断还可以从计算机中及时得到处方。对于疑难病例,各路专家还可以联合会诊。这样不仅为病重的病人赢得了宝贵的时间,同时也使专家们节约了大量的时间。

(2) 视频会议。多媒体视频会议使与会者不仅可以共享图像信息,还可以共享已存储的数据、图形的图像、动画和声音文件。在网上的每一会场中都可以通过窗口建立共享的工作空间,互相通报和传递各种信息,同时也可以对接收的信息进行过滤,并可在会谈中动态地断开和恢复彼此的联系。

5. 办公自动化

办公自动化的主要内容是处理信息,办公系统也可以认为是一种信息系统,多媒体技术在办公自动化中的应用主要体现在声音和图像的信息处理上。

(1) 声音、信息的应用。一方面是自动语音识别或声音数据的输入,目前通过语音自动识别系统,即可将人的语言转换成相应的文字。另一方面是语音的合成,即给出一段文字后,计算机会自动将其翻译成语音并将其读出来。这一技术将被广泛用于文稿校对上。

(2) 图像识别。图像识别技术可以实现手写汉字的自动输入和图像扫描后的自动识别,即通过光学字符识别(Optical Character Recognition,OCR)系统,将扫描的图像分别以图形、表格、文字的格式存储,供用户使用。

习 题 1

一、单项选择题

1. 多媒体计算机常用 CD-ROM 作外存储器,它是( )。
   A) 只读内存　　　　B) 只读软盘　　　　C) 只读硬盘　　　　D) 只读光盘

2. ( )是可以被计算机硬件直接执行的。
   A) 程序设计语言　　　　　　　　　B) 机器语言
   C) 汇编语言　　　　　　　　　　　D) 高级语言

3. 断电会造成( )中存储的信息全部丢失。
   A) RAM　　　　　　B) 硬盘　　　　　　C) ROM　　　　　　D) 软盘

4. 第四代计算机的逻辑器件采用( )。
   A) 晶体管　　　　　　　　　　　　B) 中小规模集成电路
   C) 大规模或超大规模集成电路　　　D) 电子管

5. 我们通常使用的计算机属于( )。
   A) 巨型机　　　　　B) 工作站　　　　　C) 小型计算机　　　D) 个人计算机

6. 计算机的内存储器比外存储器( )。
   A) 更便宜　　　　　　　　　　　　B) 存储容量大
   C) 存取速度更快　　　　　　　　　D) 虽然贵但存储信息更多

7. ( )能随时与 CPU 直接交换数据。
   A) 内存　　　　　　B) 外存　　　　　　C) 磁盘　　　　　　D) 磁盘驱动器

8. 十进制数 397 转换成十六进制数应记为( )。
   A) 18D　　　　　　B) 18E　　　　　　C) 277　　　　　　D) 361

9. 计算机中所有的信息都以( )数据表示。
   A) 二进制　　　　　B) 八进制　　　　　C) 十六进制　　　　D) 十进制

10. 计算机中用 bit 表示存储单位,其意义是( )。
    A) 计算机字　　　　B) 字节　　　　　　C) 字长　　　　　　D) 二进制位

二、填空题

1. 世界上第一台电子计算机是_____年制造的,它的名字叫_____。

2. 若以电子器件来划分电子计算机的年代,则第一代电子计算机使用的是_____;第二代电子计算机使用的是_____;第三代电子计算机使用的是_____;第四电子计算机使用的是_____。

3. 根据冯·诺依曼原理,电子计算机至少应由_____、_____、_____、_____和_____五个部分组成。

4. 常用的汉字编码标准是_____。

5. 一个完整的电子计算机系统,应包含_____系统和_____系统。

6. 十进制数 547 的二进制数表示为_____,八进制数表示为_____,十六进制数表示为_____。

7．CPU 的中文意思_____，它由_____和_____组成。

8．ROM 的中文名称是_____，RAM 的中文名称是_____。

三、简答题

1．字长与字节有什么区别？

2．汉字编码有几种？汉字国标码和汉字区位码有何不同？

3．计算机内存和外存有哪些区别？

4．显示器的主要技术指标有哪些？

5．简述存储器的层次结构。

第 2 章

计算机输入的基本操作

本章主要介绍微型计算机中键盘的基本操作以及常用的中文输入方法。当前常用的汉字输入方法有：智能 ABC 输入法、五笔字型输入法及搜狗拼音输入法。通过本章的学习读者应达到以下的学习目的。

【学习要求】

◆ 熟悉计算机键盘的布局及各区域的功能；

◆ 熟悉正确的录入姿势、指法和击键要领；

◆ 了解汉字输入法的种类，及常用的中文输入方法；

◆ 初步掌握智能 ABC 输入法的特点和使用；

◆ 初步掌握五笔输入法的特点和使用；

◆ 掌握搜狗拼音输入法的特点和使用。

【重点难点】

◆ 运用智能 ABC 输入汉字的基本操作方法；

◆ 智能 ABC 的词组输入；

◆ 五笔输入法的基本操作方法。

2.1 键 盘 指 法

目前键盘打字是计算机输入的主要方式，并且越来越成为人们日常生活中必不可少的一项内容。要想迅速掌握打字技巧，成为一名打字高手，进行专门的训练是必要的，因此首先需要了解键盘的基本常识。

2.1.1 键盘指法概述

1. 打字姿势

开始打字之前一定要端正坐姿。如果坐姿不正确，不但会影响打字的速度，而且还会很容易疲劳、出错。正确的坐姿应该是：

（1）两脚平放，腿部挺直，两臂自然下垂，两肘贴于腋边。

（2）身体可略倾斜，离键盘的距离约为 20～30 厘米。

（3）打字教材或文稿放在键盘的左边，或用专用夹固定在显示器旁边。

（4）打字时眼观文稿,身体不要跟着倾斜。

2．打字指法

准备打字时,除拇指外的 8 个手指分别放在基本键上,即 A、S、D、F、J、K、L、▢ 键,拇指放在空格键上,十指分工,包键到指,分工明确。每个手指除了指定的基本键外,还负责其他的字键,这些称为它的范围键,如图 2-1 所示。

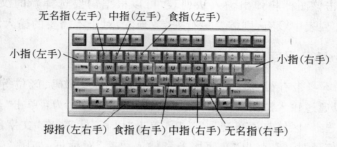

图 2-1　手指管辖范围

3．键盘分布

整个键盘分为 5 个小区:上面的一行是功能键区和状态指示区;下面的 5 行是主键盘区、编辑键区和辅助键区,键盘分布如图 2-2 所示。

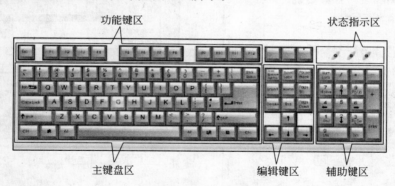

图 2-2　键盘分布

2.1.2　指法练习

初学打字要适当地掌握打字方法,这对于提高打字速度,成为一名打字高手是必要的。练习打字时要注意以下几点:

（1）一定把手指按照分工放在正确的键位上。

（2）有意识地慢慢记忆键盘中各个字符的位置,体会不同键位上的字键被敲击时手指的感觉,逐步养成不看键盘的输入习惯。

（3）进行打字练习时必须集中精力,做到手、脑、眼协调一致;尽量避免边看原稿边看键盘,这样容易分散记忆力。

（4）初级阶段的练习即使速度慢,也一定要保证输入的准确性。

2.2　中文 Windows XP 汉字输入法

中文 Windows XP 系统提供英文输入法和汉字输入法,安装时自动安装英文输入法和部分汉字输入法。对于正常安装的中文 Windows XP 系统,在任务栏右边会出现输入法的图标**En**,用鼠标单击该图标将弹出输入法列表,可以根据需要选择新的汉字输入法。如果所需要的输入法在列表中没有,则需要另行安装;当然,对于不需要的输入法,可以删除。

2.2.1　Windows XP 汉字输入法的添加与删除

Windows XP 本身带有很多输入法,如全拼、智能 ABC、郑码、区位等。这些输入法的添加和卸载都可以通过输入法的设置窗口进行设置。具体方法为:单击"开始"→"设置"→"控制面板"选项,选择"区域与语言选项"选项,单击"语言"标签,在"文字服务和输入语言"框架中单击"详细信息"按钮,弹出"文字服务和输入语言"对话框,如图 2-3 所示。单击"添加"按钮,出现如图 2-4 所示的对话框,选择需要添加的输入法即可。

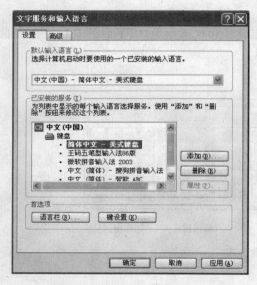

图 2-3　文字服务和输入语言

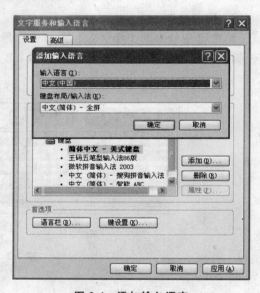

图 2-4　添加输入语言

在"文字服务和输入语言"对话框中的文本框中选择任一不需要的输入法,单击文本框右边的"删除"按钮,即可将该输入法从输入法菜单中删除。

2.2.2　输入法的选用

单击任务栏右边的**En**图标,选定输入法后,弹出汉字输入法状态框。按组合键 Ctrl+空格键,可在英文/中文(EN/CH)输入方式之间进行切换;按组合键 Ctrl+Shift,可在各种汉字输入法之间进行切换。当选中一种汉字输入法时,会出现一个输入法状态框(以五笔型输入法为例),如图 2-5 所示。

图 2-5　输入法状态框

在输入法状态框中(如图 2-5 所示),左边的第一个按钮是"中/

英文输入切换"按钮,单击"中/英文输入切换"按钮,可实现中文和英文输入方式之间的切换;左起第二个是"输入方法框";第三个是"半角/全角切换"按钮,单击"半角/全角切换"按钮,可实现字符的全角与半角之间切换;第四个是"中/英文标点切换"按钮,单击"中/英文标点切换"按钮,可实现中文和英文标点符号之间切换;第五个是"显示/隐藏模拟键盘"按钮,单击这个按钮可在屏幕上显示或隐藏模拟键盘,右击将弹出模拟键盘菜单,可从中选择不同类型的键盘。

常见汉字输入法有三种:音码(拼音)、形码(字形)与音形码。拼音输入法包括全拼、双拼、智能 ABC 输入法等。形码输入法最常用的是五笔字型输入法,五笔字型输入法的基本思想是把汉字分成笔划、字根和单字三个层次,笔划组成字根,基本字根组成单字。输入汉字时,依据汉字的字型结构,将汉字拆分成若干个基本部件(字根)进行编码,一个汉字的输入码最多 4 个,这样重码很少。五笔字型输入法的简码包括了大部分常用字,加上常用词组,汉字输入的效率很高。音形码是把笔形与音形相结合而产生的输入法。

2.3　智能 ABC 输入法

智能 ABC 输入法(又称标准输入法)是中文 Windows 95/98 和 Windows XP 中自带的一种汉字输入法,由北京大学的朱守涛先生发明。它具有简单易学、快速灵活、操作方便、智能处理等特点,因此深受广大用户的青睐。但是在日常使用中,许多用户并没有真正掌握这种输入法,而仅仅是将其作为拼音输入法的翻版来使用,使其强大的功能与便利未能得到充分的发挥。

下面介绍一下智能 ABC 输入法的特点,通过这些特点的学习便可以了解智能 ABC 输入法的强大功能。

1. 内容丰富的词库

智能 ABC 输入法的词库以《现代汉语词典》为蓝本,同时增加了一些新的词汇,共收集了大约六万个词条。其中单音节词和词素占 13%;双音节词和词素占很大的比重,约有 66%;三音节词和词素占 11%;四音节词和词素占 9%;五～九音节词和词素占 1%。词库不仅包含一般的词汇,也收入了一些常见的方言词语和专门术语,例如人名有"周恩来"等中外名人的名字,约三百多个;地名有国家名称及大都市、名胜古迹和中国的城市、地区一级的地名,约 2 000 条。此外还有一些常用的口语、数词和序数词。熟悉词库的结构和内容有助于恰当地断词和选择效率高的输入方式。

2. 允许输入长词或短句

智能 ABC 输入法允许输入 40 个字符以内的字符串。

这样,在输入过程中能输入很长的词语甚至短句,如图 2-6 所示,还可以使用光标移动键进行插入、删除、取消等操作。

图 2-6　在智能 ABC 输入法中输入短句

3. 自动记忆功能

智能 ABC 输入法能够自动记忆词库中没有的新词,这些词都是标准的拼音词,可以和基本词汇库中的词条一样使用。智能 ABC 允许记忆的标准拼音词的最大长度为 9 个字。下面是使用自动记忆功能的两个注意事项。

（1）刚被记忆的词并不立即存入用户词库中，至少要使用三次后才有资格长期保存。新词栖身于临时记忆栈之中，如果记忆栈已经满时它还不具备长期保存的资格，就会被后来者挤出。

（2）刚被记忆的词具有高于普通词语，但低于常用词语的频度。

4．强制记忆

强制记忆一般用来定义那些非标准的汉语拼音词语和特殊符号。利用该功能，只需输入词条内容和编码两部分，就可以直接把新词加到用户库中。允许定义的非标准词的最大长度为 15 个字符；输入码最大长度为 9 个字符；最大词条容量为 400 条。在打开着的词条上右击，在弹出的菜单中选择"定义新词"一项，然后填写弹出的"定义新词"对话框，如图 2-7 所示。

例如在写一篇论文时，需要经常使用特殊符号，如表示序号的符号"№"，而每次输入这一符号时，都必须使用特殊符号的输入工具，十分繁琐。这时可以采用强制记忆的方法，将"№"定义成"n"（当然也可以是任意定义的其他编码），即在智能 ABC 输入法状态框上右击，在弹出的快捷菜单中，选择"定义新词"，弹出"定义新词"对话框，在"新词"文本框中输入"№"，在"外码"文本框中输入"n"，单击"添加"按钮，即可完成强制记忆。

用强制记忆功能定义的词条，输入时应当以"u"字母打头。例如输入"un"时，按空格键，即可得到刚刚定义的"№"符号，这中间不需要任何的切换过程；如果定义了"定义新词功能"一词，并设置外码为"y"，那么只要输入"uy"就可以了。

5．频度调整和记忆

所谓频度是指一个词使用的频繁程度。智能 ABC 输入法的标准词库中同音词的排列顺序能反映它们的频度，但对于不同使用者来说，可能有较大的偏差。所以，智能 ABC 设计了词频调整记忆功能。在输入法状态条上右击，在弹出的快捷菜单中选择"属性设置"，打开"智能 ABC 输入法设置"对话框，选择"词频调整"选项后，词频调整就开始自动进行，不需要人为干预，如图 2-8 所示。它主要调整的是默认转换结果，因为系统把具有最高频度值的候选词条作为默认转换结果。

图 2-7　定义新词

图 2-8　输入法设置

6. 中文输入中输入英文

在输入拼音的过程中（"标准"或"双打"方式下），如果需要输入英文，可以不必切换到英文方式，只需输入"v"作为标志符，后面跟着要输入的英文。例如：在输入过程中希望输入英文"windows"，输入"vwindows"后，按空格键即可，如图 2-9 所示。

7. 中文数量词简化输入

智能 ABC 输入法提供阿拉伯数字和中文大小写数字之间的转换，对一些常用量词也可简化输入。如"i"为输入小写中文数字的前导字符；"I"为输入大写中文数字的前导字符。

例如：输入"i3"，则输入"三"；输入"I3"（"I"可以通过 Shift＋"i"输入），则输入"叁"。

如果输入"i"或"I"后直接按中文标点符号键，则转换为"一"＋该标点或"壹"＋该标点。

例如：输入"i3\"，则输入"三、"；输入"I3\"，则输入"叁、"。

8. 输入特殊符号

输入 GB 2312 字符集 1～9 区中各种符号的简便方法为：在标准状态下，按字母 V＋数字（1～9），即可获得该区的符号。

例如：要输入"‰"，可以输入"v1"，再按若干下"＋"，就可以找到这个符号，如图 2-10所示。

图 2-9　智能 ABC 输入法中的 v 标志符

图 2-10　智能 ABC 输入法中输入特殊符号

9. 输入不会读的字

如何在智能 ABC 中输入不知道读音的汉字呢？可以利用笔形输入法来输入，首先在如图 2-8 所示的"智能 ABC 输入法设置"对话框中选中"笔形输入"选项，根据笔形输入法中 8 个笔形代码的含义和规则输入相应的笔形代码即可。

在笔形输入法中，按照基本的笔画形状，将笔画分为 8 类，如表 2-1 所示。

表 2-1　基本笔划形状分类

笔形代码	笔形	笔形名称	实　例	注　解
1	一	横（提）	二、要、厂、政、提	"提"也算作横
2	丨	竖	同、师、少、党、页	
3	丿	撇	但、箱、斤、月、信	
4	丶（乀）	点（捺）	冗谢、忙、定、间、辽	"捺"也算作点
5	ㄱ（㇆）	折（竖弯勾）	对、队、刀、弹、尸	顺时针方向弯曲，多折笔画，以尾折为准。如"了"
6	ㄴ	弯	匕、她、绿、以、戈	逆时针方法弯曲，多折笔画，以尾折为准。如"乙"
7	十（乂）	叉	草、希、档、地、齐	交叉笔画只限于正叉
8	口	方	国、是、吃、跃、哉	四边整齐的方框

取码时按照笔顺,最多取 6 笔。含有笔形"+(7)"和"□(4)"的结构,按笔形代码 7 或 8 取码,而不将它们分割成简单笔形代码 1～6。例如:汉字"簪"笔形描述为"314163","果"笔形描述为"87134"。

笔形输入并不方便,除非万不得已,一般情况下并不单独使用。

2.4　五笔字型输入法

1. 五笔字型输入法的基本原理

五笔字型输入法是由王永明先生研究出来的一种汉字输入法,所以又简称"王码",是我国目前应用最广、在国内外影响最大的一种汉字输入技术。

汉字都是由笔划或部首组成的。为了输入这些汉字,把汉字拆成一些最常用的基本单位,叫做字根,字根可以是汉字的偏旁部首,也可以是部首的一部分,甚至是笔画或是单字。取出这些字根后,把它们按一定的规律分类,再把这些字根依据科学原理分配在键盘上,作为输入汉字的基本单位;当要输入汉字时,就按照汉字的书写顺序依次按键盘上与字根对应的键,组成一个代码;系统根据输入字根组成的代码,在五笔输入法的字库中检索出所要的字。在五笔字型输入法中,一个汉字的输入码最多四个,因此重码少,再加上简码和词组的输入,其汉字输入的效率很高。

2. 键盘分区和区位号

任何汉字都是由各种笔画组成的,按书写的运笔方向,汉字可分为横、竖、撇、捺和折 5 种基本的笔画,所有的字根都是由这 5 种笔画组成的。在五笔中还把"点"归为笔划"捺"。

按照每个字根的起笔笔画,把这些字根分为 5 个区,每个区又有 5 个键。以横起笔的在 1 区,在键盘上对应字母 G、F、D、S、A 5 个键;以竖起笔的在 2 区,在键盘上对应字母 H、J、K、L、M 5 个键;以撇起笔的在 3 区,在键盘上对应字母 T、R、E、W、Q 5 个键;以捺起笔的在 4 区,在键盘上对应字母 Y、U、I、O、P 5 个键;以折为起笔的在 5 区,在键盘上对应字母 N、B、V、C、X 5 个键。

为了方便记忆,可以把这些字根按特点分区。以横起笔的字根都在 1 区,但以横起笔的字根也很多,比如一、二、大、木、七等,将近 40 个。这些字根分布在 1 区的各个键位上。为了便于区分,把每个区划分为 5 个位置,并按一定的顺序编号,形成区位号。比如 1 区的顺序是从 G 到 A,G 为 1 区第 1 位,它的区位号就是 11;F 为 1 区第 2 位,它的区位号就是 12。记住每个字母的区位号,对五笔字型的学习有很大帮助。以竖起笔的为第 2 区,2 区的顺序是从字母 H 开始的,H 的区位号为 21,J 的区位号为 22,L 的区位号为 24,M 的区位号为 25。以撇起笔的为第 3 区,3 区是从字母 T 开始的,T 的区位号是 31,R 的区位号是 32,Q 的区位号是 35。以捺(点)起笔的为第 4 区,4 区从字母 Y 开始,Y 是 41,U 是 42。以折起笔的为第 5 区,5 区是从字母 N 开始,N 的区位号就是 51,B 的区位号是 52,X 的区位号是 55。如图 2-11 所示。

图 2-11　键盘分区与区位号

3. 汉字的三种字形

根据汉字字根之间的位置关系,汉字有三种字形结构:左右形、上下形和杂合形。每种字形的代码分别是 1、2、3。

左右形结构:汉字分为左右两个部分或左中右三个部分,各部分之间有一定的距离。如:汉、忆、例、构、根等。

上下形结构:汉字分为上下两个部分或上中下三个部分,各部分之间有着明显的界线。如:字、型、思、着等。

杂合形结构:左右形和上下形之外的结构均可归为杂合形,它是指汉字的各个部分之间没有简单明确的左右或上下关系。如:国、书、成、出、区等。

4. 键名字根

在每个区位中选取一个最常用的字根作为键的名字。键名字根既是使用频率很高的字根,同时又是很常用的汉字。比如 G,区位号为 11,它的基本字根有王、㇐、五、一等,因此选取"王"作为键名字根。键名字根的分布如图 2-12 所示。

图 2-12　键名字根分布图

各个区位均有键名字根,1 区的键名字根从右向左分别为:王、土、大、木、工;2 区的键名字根是:目、日、口、田、山;3 区是以撇开头的,它的键名字根是:禾、白、月、人、金;4 区是以捺开头的,它的键名字根是:言、立、水、火、之;5 区是以折开头的,它的键名字根是:已、子、女、又、纟。五笔字型的基本字根有 130 种,这些字根对应到键盘的 25 个键上。

5. 字根的键盘分布规律

在五笔字型中,把那些组字能力很强(组字频度高),而且在日常文字中出现次数很多,并按照一定的规律组合成相对不变的结构的字根,称做基本字根。五笔字型共有 130 个字根,如图 2-13 所示。

图 2-13　五笔字型字根总表

由于字根太多，为了便于理解记忆，可采用下面这首字根歌帮助记忆。

11：王旁青头戋五一　　　　　　　　21：目具上止卜虎皮

12：土士二干十寸雨　　　　　　　　22：早日两竖与虫依

13：大犬三羊古石厂　　　　　　　　23：口与川，字根稀

14：木丁西　　　　　　　　　　　　24：田甲方框四车力

15：工戈草头右框七　　　　　　　　25：山由贝，下框几

31：禾竹一撇双人立　　　　　　　　41：言文方广在四一
　　　反文条头共三一　　　　　　　　　　高头一捺谁人去

32：白手看头三二斤　　　　　　　　42：立辛两点六门病（疒）

33：月彡（衫）乃用家衣底　　　　　43：水旁兴头小倒立

34：人和八，三四里　　　　　　　　44：火业头，四点米

35：金勺缺点无尾鱼，犬旁　　　　　45：之宝盖，摘 礻（示）衤（衣）
　　　留儿一点夕，氏无七（妻）

51：已半巳满不出己；左框折尸心和羽

52：子耳了也框向上

53：女刀九臼山朝西（彐）

54：又巴马，丢矢矣（厶）

55：慈母无心弓和匕；幼无力（幺）

学好五笔，一定要反复默写吟诵字根歌，把它记熟了，才能进行拆字打字。

6. 汉字拆分的基本原则

当要输入一个汉字时，首先要学会拆分汉字，即将汉字分成几个单独的字根。拆分汉字应遵循以下的拆分原则：

1）"从左到右，从上到下，从外到内"的原则

按书写汉字的顺序拆分，拆分的字根应为键盘上有的基本字根。例如：

　　　　　按 ＝ 扌 ＋ 宀 ＋ 女　　（从左到右，左右形）

　　　　　字 ＝ 宀 ＋ 子　　　　　 （从上到下，上下形）

　　　　　困 ＝ 囗 ＋ 木　　　　　 （从外到内，杂合形）

2）"取大优先"原则

在拆分汉字时，拆分出来的字根的笔画数量要尽量多。例如：

　　　　　果 ＝ 日 ＋ 木 ＝ 日 ＋ 一 ＋ 小 ＝ 日 ＋ 十 ＋ 八

根据"取大优先"的原则,应该拆分成"日+木"。

3)"能连不交"原则

能拆分成互相连接的字根时就不拆分成互相交叉的字根。例如:

$$天 = 一 + 大$$
$$= 二 + 人$$

拆分成"一+大"时两个字根互相连接,因此取此种拆分法;而拆分成"二+人"时两个字根互相交叉,故不取此种拆分法。

4)"能散不连"原则

拆分时能拆分成散结构的字根时就不拆分成连接的字根。例如:

$$午 = 𠂉 + 十$$
$$= 丿 + 干$$

拆分成"𠂉+十"时两个字根是散开的,因此取此种拆分法;而拆分成"丿+干"时两个字根相连,故不取此种拆分法。

5)"兼顾直观"原则

拆分出来的字根要符合一般人的直观感觉。

7. 汉字的输入

(1) 键名汉字的输入:输入方法是把字根所在的键连续敲四下,例,金=QQQQ。

(2) 成字字根的输入:输入方法是"键名+首笔代码+次笔代码+末笔代码",例,贝=MHNY。

(3) 由四个或四个以上字根组成的汉字输入:输入方法是该汉字的"第一码+第二码+第三码+第末码"。

例　字	分　解	编　码
续	纟十乙大	X F N D
紧	刂又纟小	J C X I
属	尸丿口、	N T K Y

(4) 由四个以下字根组成的汉字:输入方法一般情况是按书写顺序取所有的字根所在键的编码,再加空格键结束。

例　字	分　解	编　码
真	十目八	F H W 空格
如	女口	V K 空格
格	木夂口	S T K 空格

有些汉字可能会出现重码,即不同的汉字分解出相同的字根。例如:"只"和"叭"字,分解后都得到编码"KW";"无"和"元"字,分解后都得到编码"FQ"等。这时就不能只加空格键结束,而要增加一个区分重码的末笔字形识别码。这时的识别码由该字的末笔笔画代码和字形结构代码组成。末笔有横、竖、撇、捺、折 5 种,其代码分别为 1、2、3、4、5。字型结构有三种,即左右形、上下形和杂合形,其代码分别为 1、2、3。因此识别码一共有 15 个。

加入末笔识别码的方法为:"末笔笔画代码+字型代码"组合成一个两位数,这个两位数则对应一个键名。比如:"只"字末笔笔画为捺,代码为 4;字形结构为上下形,代码为 2;则识别码为 42,对应键是 U,整个编码为"KWU"。

所以四个字根以下的汉字的输入方法综合为:按书写顺序取所有的字根所在的键的编码＋末笔识别码,如果还不足四码则加入空格。

(5) 简码的输入

① 一级简码的输入:输入方法为汉字所在的键再加入空格即可输入对应的汉字。

一级简码又称高频字,是汉字中最常用的 25 个汉字,熟练掌握这些对提高汉字输入速度很有帮助。

② 二级简码:输入方法为汉字的"第一码＋第二码＋空格",即可输入对应的汉字。

二级简码共 600 个左右,在汉字输入中所占的比例极大,是高速输入的基础,须熟练掌握。

③ 三级简码:三级简码有 3 000 个左右,可以用空格替代末字根或识别码,这给输入带来很大的方便。

三级简码的输入方法为汉字的"第一码＋第二码＋第三码＋空格",即可输入对应的汉字。

④ 无简码字:无简码字 2 000 多个,大都要敲 4 个键,属于较难输入的汉字。

(6) 词组的输入

① 双字词:输入方法为"第一个汉字的前两个字根＋第二个汉字的前两个字根"。例如,开始:GAVC;对话:CFYT;汉字:ICPB 等。

② 三字词:输入方法为"第一、二个汉字的第一个字根＋第三个汉字的前两个字根"。例如,计算机:YTSM;电视机:JPSM;存储器:DWKK 等。

③ 四字词:输入方法为"输入各个字的第一个字根"。例如,小农经济:IPXI;知识分子:TYWB;心安理得:NPGT;冠冕堂皇:PJIR 等。

④ 多字词:输入方法为"第一、二、三汉字的第一个字根＋末字的第一个字根"。例如,中华人民共和国:KWWL;中国人民解放军:KLWP;四个现代化:LWGW 等。

一个词组只须输入四个键,打字时经常输入词组,可以大大提高汉字输入速度。

2.5　搜狗拼音输入法

1. 搜狗拼音输入法简介

搜狗拼音输入法是搜狗公司推出的一款基于搜索引擎技术的新一代输入法产品。虽然从外表上看起来搜狗拼音输入法与其他输入法相似,但是其内在的核心大不相同。传统输入法的词库是静态的、陈旧的,而搜狗输入法的词库是网络的、动态的。在搜狗输入法中应用了多项先进的搜索引擎技术。

拼音输入法中最基本的两个问题是:

(1) 词库。如何建立最新、最全的词库,特别是互联网上特有的、刚刚出现的新词。

(2) 词频。如何提高对于同音词的词频统计和排序的准确性。

搜狗拼音输入法结合搜索引擎,顺利地解决了这两个问题。在研发搜索引擎的过程中,搜狗公司抓取了互联网上 40 亿的网页,其中一个副产品就是利用程序不间断地发现和整理的互联网新词热词,并且统计这些词汇的出现频率。基于这些宝贵且不断更新的数据,输入法的两个关键性问题——词库和词频,得到了突破性的进展。由于获得了最全的网络词库和最精确的网络词频,无论是最新的歌手、电视剧、电影名、游戏名,还是球星、软件名、动漫、歌曲、电视节目,搜狗拼音输入法都能够顺利地输入。搜狗拼音输入法由网络而生,专为网络设计,所以特别适合上网使用。

2. 使用指南

1）切换出搜狗输入法

将鼠标移到要输入的地方,并单击,使系统进入到输入状态,然后按 Ctrl＋Shift 组合键切换输入法,直到搜狗拼音输入法出来。当系统中仅有一种输入法或者搜狗输入法为默认的输入法时,按下 Ctrl＋空格键即可切换出搜狗输入法。

2）翻页选字

搜狗拼音输入法默认的翻页键是逗号(，)、句号(。)。输入拼音后,按句号(。)进行向下翻页选字,相当于 PageDown 键,找到所选的字后,按其相对应的数字键即可输入。推荐使用这两个键翻页是因为用逗号或句号时手不用移开键盘的主操作区,效率最高,也不容易出错。

搜狗输入法使用的翻页键还有减号(－)、等号(＝),左右方括号([]),这些可以通过“设置属性”→“按键”→“翻页键”来进行设定。

3）简拼

搜狗输入法现在支持的是声母简拼和声母的首字母简拼。例如：想输入“张靓颖”时,只要输入“zhly”或者“zly”即可。同时,搜狗输入法支持简拼全拼的混合输入,例如：输入“srf”、“sruf”、“shrfa”都可以得到“输入法”。

请注意：这里的声母的首字母简拼的作用和模糊音中的“z,s,c”相同。但是,这属于两回事,即使没有选择设置里的模糊音,同样可以用“zly”输入“张靓颖”。有效地用声母的首字母简拼可以提高输入效率,减少误打。

4）输入切换

输入法默认按下 Shift 键就切换到英文输入状态,再按一下 Shift 键就会返回中文状态。用鼠标单击状态栏上面的中字图标也可以切换输入状态。

除了使用 Shift 键切换以外,搜狗输入法也支持回车输入英文和 V 模式输入英文。在输入较短的英文时使用这种模式,能省去切换到英文状态下的麻烦。具体使用方法是：

回车输入英文：输入英文,直接敲 Enter 键即可。

V 模式输入英文：先输入“V”,然后再输入要输入的英文,可以包含@＋＊/－等符号,然后敲空格键即可。

5）修改候选词的个数

可以通过在状态栏上面右击,在弹出的菜单里选择“设置属性”→“外观”→“候选项数”来修改选词的个数,选择范围是 3～9 个。

输入法默认的是 5 个候选词,搜狗的首词命中率和传统输入法相比已经大大提高,第一页的 5 个候选词能够满足绝大多数时候的输入。推荐选用默认的 5 个候选词。如果候选词太多会造成查找时的困难,导致输入效率下降。

6) 方便地输入网址

搜狗输入法特别为网络设计了多种方便的网址输入模式,让你能够在中文输入状态下就可以输入几乎所有的网址。规则主要有:

输入以"www."、"http:"、"ftp:"、"telnet:"等开头的内容时,自动识别并进入到英文输入状态,可以直接输入网址,例如 www.sogou.com,ftp://sogou.com 类型的网址,如图 2-14 所示。

输入以非"www."开头的网址时,可以直接输入,例如 abc.abc 即可,但是不能输入 abc123.abc 类型的网址,因为句号被当作默认的翻页键。

输入邮箱时,可以输入前缀不含数字的邮箱,例如 leilei@sogou.com,如图 2-15 所示。

7) 自定义短语

自定义短语是通过特定字符串来输入自定义好的文本,可以通过在输入框上的拼音串上的"添加短语"来定义,如图 2-16 所示。

或者在"设置"选项的"高级"选项卡中,单击"自定义短语设置",添加自定义的短语。其界面如图 2-17 所示。

图 2-14　网址自动识别

图 2-15　邮箱的输入

图 2-16　自定义短语

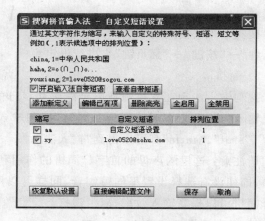

图 2-17　自定义短语

设置自定义短语可以提高输入效率,例如使用 aa,1=自定义短语设置后,输入 aa,然后按下空格键就输入了"自定义短语设置"。使用 xy,1=love0520@sohu.com 后,输入 xy,然后按下空格键就可以输入 love0520@sohu.com。

也可以进行添加、删除、修改自定义短语的操作。经过改进后的自定义短语支持多行、空格,以及指定位置输入。

8) 设置固定首字

搜狗可以帮助您实现把某一拼音下的某一候选项固定在第一位,即固定首字功能。输入拼音,找到要固定在首位的候选项,鼠标悬浮在候选字词上之后,有固定首位的菜单项将出现,如图 2-18 所示。

也可以通过上面的自定义短语功能来进行修改。

目前的 22 个固定首字母的高频字是:

a＝啊　b＝吧　c＝才　d＝的　f＝飞　g＝个

h＝好　j＝就　k＝看　l＝了　m＝吗　n＝你

o＝哦　p＝平　q＝去　r＝人　s＝是　t＝他

w＝我　x＝想　y＝一　z＝在

9) 快速地进行生僻字的输入——拆分输入

有没有遇到过类似于靐,夒,犇这样的一些字? 这些字看似简单但是又很复杂,知道组成这个文字的部分,却不知道这个文字的读音,只能通过笔画输入,可是笔画输入又较为繁琐,所以搜狗输入法提供了便捷的拆分输入,化繁为简,生僻的汉字可以轻易地输出,直接输入生僻字的组成部分的拼音即可,如图 2-19 所示。

图 2-18　固定首字

图 2-19　拆分输入

10) U 模式笔画输入

U 模式是专门为输入不会读的字所设计的。在按下 U 键后,然后依次输入一个字的笔顺,笔顺为: h 横、s 竖、p 撇、n 捺、z 折,就可以得到该字,同时小键盘上的 1、2、3、4、5 代表 h、s、p、n、z。这里的笔顺规则与普通手机上的五笔画输入是完全一样的。其中点也可以用 d 来输入。

值得一提的是,"忄"的笔顺是点点竖(nns),而不是竖点点,输入"unns"即可。

例如,输入"槿"字,输入"uhspdz"(不用再按了,这里就出现了)选择 3,此外还会告诉你读音。

11) 笔画筛选

笔画筛选用于在输入单字时,用笔顺来快速地定位该字。使用方法是输入一个字或多个字后,按下 Tab 键(Tab 键如果是翻页的话也不受影响),然后用 h 横、s 竖、p 撇、n 捺、z 折依次输入第一个字的笔顺,一直找到该字为止。五个笔顺的规则同上面的笔画输入的规则。要退出笔画筛选模式,只需删掉已经输入的笔画辅助码即可。

例如,快速定位"珍"字,输入了 zhen 后,按下 Tab 键,然后输入珍的前两笔"hh",就可定位该字。

12) V 模式中文数字(包括金额大写)

V 模式中文数字是一个功能组合,包括多种中文数字的输入。V 模式只能在全拼状态下使用。

(1) 中文数字金额大小写:输入"v424.52"后,输出"肆佰贰拾肆元伍角贰分";

(2) 罗马数字:输入 99 以内的数字,例如"v12",输出"Ⅻ";

(3) 年份自动转换:输入"v2008.8.8"或"v2008-8-8"或"v2008/8/8"后,输出"2008 年 8 月 8 日";

(4) 年份快捷输入:输入"v2006n12y25r"后,输出"2006 年 12 月 25 日"。

13）插入当前日期时间

插入当前日期时间的功能可以方便地输入当前的系统日期、时间、星期，并且还可以插入函数以构造动态的时间。此功能是用输入法内置的时间函数，通过自定义短语功能来实现的。由于输入法的自定义短语默认不会覆盖用户已有的配置文件，所以要想使用插入当前日期时间的功能，需要恢复自定义短语的默认配置，即如果已经自定义短语"rq"为"日企"，则输入 rq 时系统就不会输出系统日期，而是"日企"。

恢复自定义短语的默认配置的操作为：选择"设置属性"→"高级"→"自定义短语设置"→"恢复默认配置"即可。注意：恢复默认配置将丢失已有的自定义配置。输入法内置的插入项有：

（1）输入"rq"（日期的首字母），输出系统日期"2006 年 12 月 28 日"；

（2）输入"sj"（时间的首字母），输出系统时间"2006 年 12 月 28 日 19：19：04"；

（3）输入"xq"（星期的首字母），输出系统星期"2006 年 12 月 28 日 星期四"。

14）拆字辅助码

拆字辅助码可以快速地定位到一个单字，使用方法如下：

想输入一个汉字"娴"，但是该字非常靠后，找不到，那么输入"xian"，然后按下 Tab 键，再输入"娴"的两部分"女"和"闲"的首字母"nx"，就可以看到只剩下"娴"字了。输入的顺序为 xian＋Tab＋nx。

独体字由于不能被拆成两部分，所以独体字是没有拆字辅助码的。

15）快速输入表情以及其他特殊符号——表情 & 符号输入

搜狗输入法还提供了输入类似于 o(∩_∩)o 的丰富的表情符号、特殊符号库以及字符画，可以随意选择自己喜欢的表情、符号、字符画。

具体操作为：在"设置属性"选项选择"高级"选项卡，打开"高级"选项卡，选择其中的"表情 & 符号"选项，如图 2-20 所示。

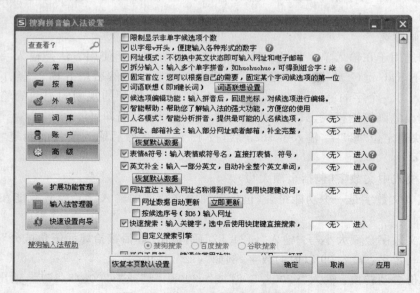

图 2-20　输入法中的"高级"选项卡

进入表情 & 符号输入面板,输入需要的表情 & 符号,如图 2-21 所示。

图 2-21　表情 & 符号输入

习 题 2

一、单项选择题

1. 汉字的外码又称(　　)。

　　A) 交换码　　　　　　B) 输入码　　　　　　C) 字形码　　　　　　D) 国标码

2. "汉"字的识别码是(　　)。

　　A) Y　　　　　　　　B) U　　　　　　　　C) I　　　　　　　　D) 不用识别码

3. 对包围型的汉字,识别码由被包围的那一部分的末笔而定。所以"国"、"因"的识别码应为(　　)。

　　A) I　　　　　　　　B) U　　　　　　　　C) G　　　　　　　　D) H

4. 以下说法中,正确的是(　　)。

　　A) 汉字的内码与所用的输入法有关

　　B) 汉字的内码与字型有关

　　C) 在同一操作系统中,采用的汉字内码是统一的

　　D) 汉字的内码与汉字字体及大小有关

5. 汉字国标码(GB 2312—80)定义了图形符号、数字及西文字母(共 682 个)和汉字(　　)个。

　　A) 3 755　　　　　　B) 6 763　　　　　　C) 7 445　　　　　　D) 3 008

6. 对下列汉字输入码,既不属于音码又不属于形码的是(　　)。

　　A) 全拼码　　　　　　　　　　　　B) 五笔字型码

　　C) 智能 ABC 输入码　　　　　　　D) 区位码

7. 输入法切换应该用的组合键是(　　)。

　　A) Ctrl+Shift　　　　　　　　　　B) Ctrl+空格键

　　C) Shift+空格键　　　　　　　　　D) Alt+Shift

8. 五笔字型码输入法属于(　　)。

　　A) 音码输入法　　　　　　　　　　B) 形码输入法

　　C) 音形结合输入法　　　　　　　　D) 联想输入法

二、填空题

1. 键盘的 5 个区是_____、_____、_____、_____和_____。

2. 键盘的 8 个基准键位是_____。

3. 汉字编码方案大致可分为音码、形码和音形码三大类。"五笔字型"输入法属于

_____类,拼音输入法属于_____类。

4. "五笔字型"输入法中的 5 种笔画是_____、_____、_____、_____和_____。提笔应归到_____笔画,点应归到_____笔画,竖钩应归到_____笔画。

5. "五笔字型"输入法中,汉字拆分原则,除按书写顺序外,还应遵守_____、_____、_____和_____ 4 种基本原则。

6. "五笔字型"输入法中,非键名成字字根的编码规则为_____。

三、简答题

1. 简单描述你所使用的键盘的布局。

2. 简述 Windows XP 中汉字输入法的添加和删除过程。

3. 在智能 ABC 输入法中如何在中文输入中输入英文?

4. 请简述"五笔字型"输入法的基本原理。

5. 请简单描述"五笔字型"输入法的基本字根表。

四、上机操作题

1. 按正确的英文指法及数字输入方法录入一篇 100 个字符以上的英文文章。

2. 用智能 ABC 输入法及搜狗拼音输入法录入以下内容。

HTML 简介:

HTML(Hyper Text Markup Language 超文本标记语言)是一种用来制作超文本文档的简单标记语言。与常见的文字处理文件不同,Web 页以超文本标识语言编排格式。

HTML 文档(即 Homepage 的源文件)是一个放置了标记的 ASCII 文本文件,通常它带有.html 或.htm 的文件扩展名。生成一个 HTML 文档主要有以下三种途径:

(1) 手工直接编写(例如用你所喜爱的 ASCII 文本编辑器或其他的 HTML 编辑工具)。

(2) 通过某些格式转换工具将现有的其他格式文档(如 Word 文档)转换成 HTML 文档。

(3) 由 Web 服务器(或称 HTTP 服务器)实时动态地生成。

3. 用五笔字型输入法完成以下汉字的录入。

1) 录入下面三组汉字

一级简码字:

| 一 | 地 | 主 | 产 | 为 |
| 这 | 民 | 经 | 发 | 我 |

二级简码字:

| 参 | 此 | 事 | 理 | 卫 |
| 降 | 牙 | 玉 | 宽 | 离 |

三级简码字:

| 缟 | 码 | 乌 | 位 | 看 |
| 带 | 视 | 超 | 自 | 序 |

2）输入以下词组

计算	程序	电脑	处理
管理	解放军	运动员	电视机
莫斯科	国务院	科学技术	精兵简政
叶公好龙	振兴中华	中国共产党	军事委员会
广西壮族自治区			

3）输入一段话

在全球经济一体化的发展趋势下，越来越多的公司在全球各地拥有多个分部。在每个分部的内部，通常具备一定规模的专用网络或内部网（Intranet）。这些分部之间经常需要以安全的方式交流内部机密信息，同时作为公司的整体管理，也需要以某种方式把这些分布于世界各地的子网有效地联系到一起。VPN（虚拟专用网）技术便在这种情况下产生了。通过采用专用的网络加密和通信协议，虚拟专用网可以在公共网络上建立虚拟的加密隧道，构筑虚拟的、安全的专用网络。企业的跨地区的部门或出差人员可以从远程经过公共网络，通过虚拟的加密隧道与企业内部的网络连接，而公共网络上的用户则无法穿过虚拟隧道访问企业的内部网络。由此，家庭办公便真正实现了。

第 3 章

中文 Windows XP 操作系统

操作系统是控制和管理计算机软硬件资源并方便用户使用计算机的系统软件。从用户角度看,操作系统是用户使用计算机硬件系统的接口,是对硬件功能的首次扩充。本章以中文 Windows XP 操作系统为例,深入浅出地介绍了其基本特性、基本设置和基本操作。

【学习要求】

◆ 了解操作系统的基本概念和主要功能;

◆ 了解 Windows XP 的基本知识;

◆ 掌握 Windows XP 的启动、关闭以及窗口和菜单的操作;

◆ 掌握创建、重命名和删除文件的方法;

◆ 掌握复制和移动文件的方法;

◆ 掌握文件属性的设置;

◆ 掌握程序的安装方法;

◆ 掌握任务管理器的使用;

◆ 了解 Windows XP 中常用工具的使用。

【重点难点】

◆ "我的电脑"、Windows 资源管理器的使用;

◆ Windows XP 的文件管理功能;

◆ Windows XP 的程序管理功能。

3.1 操作系统概述

操作系统是控制和管理计算机中系统资源的程序的集合,是紧挨着硬件的第一层软件,属于系统软件的范畴。目前,用户使用较多的是 Microsoft 公司的 Windows 操作系统,尤其是中文版的 Windows XP,它在中国得到了广泛的应用。

3.1.1 操作系统的定义

没有任何软件支持的计算机,即只有硬件的计算机是很难使用的。所以在早期,没有强大的软件支撑,使用计算机和开发程序的人都是专家。计算机要被广泛应用,必须编写操作系统这个"程序"来控制和管理计算机,以方便用户操作。

　　操作系统是计算机系统中控制和管理计算机系统资源、合理组织计算机工作流程、提高资源利用率和方便用户使用计算机系统的计算机程序的集合。

3.1.2　操作系统的功能

　　计算机中的系统资源常被分为四类:处理器、存储器、I/O 设备以及信息(程序和数据)。因此,操作系统的主要功能是针对这四类资源进行有效的管理,可归纳为处理器管理、存储器管理、设备管理、文件管理和接口管理 5 大功能。

1. 处理器管理

　　处理器管理是根据选定的分配策略实施处理机的分配和回收,即如何将 CPU 真正合理地分配给每个进程。因为在计算机系统中,处理机是非常重要的资源,它是硬件的核心,任何程序只有占有了 CPU 才能运行。因此,操作系统要按照一定的调度策略来协调各进程之间的关系,使 CPU 资源得到更充分的利用。

2. 存储器管理

　　存储器管理实质上是对存储空间的管理,主要指对内存的分配和回收,因为程序在运行的时候,必须调入内存,只有被装入主存储器的程序才有可能去竞争中央处理机。因此,内存是非常宝贵的资源,有效地利用内存可保证多道程序设计技术的实现,也就保证了中央处理机的使用效率。

3. 设备管理

　　外部设备种类繁多,且各设备的物理特性相差很大,在操作上也各不一样。因此,操作系统的设备管理往往很复杂,所以设备管理的目的就是为用户提供一个统一的接口,这样用户使用设备就变得很简单,不管使用什么设备,都采用同样的方式。

4. 文件管理

　　文件管理又称为信息管理,是操作系统对计算机系统中软件资源的管理,包括对文件存储空间的管理、文件的共享和保护。

5. 用户接口

　　用户接口是用户和操作系统之间的接口,主要分为命令接口和程序接口。命令接口也称为作业级的接口,主要是指系统提供了作业控制命令以组织和控制作业的运行。程序级的接口简单地说就是指系统调用,即提供一组广义指令供用户和其他系统程序使用。

3.1.3　操作系统的分类

　　由于硬件技术的迅速发展,同时面对计算机系统日益网络化、分布式的趋势,对操作系统提出了不同的、更高的要求,从而形成了多种类型的操作系统,主要可分为批处理操作系统、分时操作系统、实时操作系统、网络操作系统和分布式操作系统等。

1. 批处理系统

　　批处理系统(Batch Processing System)的特点是用户的作业成批提交,系统集中处理,从而能够提高系统处理信息的能力。批处理系统的缺点是交互能力差,用户一旦将程序交给系统后,就失去了对程序的控制权。

2. 分时处理系统

分时处理系统(Time-Sharing Processing System)是指采用分时技术进行处理机的分配。一台分时计算机系统连有若干台终端,多个用户可以在各自的终端上向系统发出服务请求,等待计算机的处理结果并决定下一步的处理。操作系统接收每个用户的命令,采用时间片轮转的方式处理用户的服务请求。多个用户可以同时在自己的终端上使用计算机,好像独占机器一样。

3. 实时操作系统

所谓实时是指计算机能对随时发生的外部事件作出及时的响应和处理,而这个响应时间是由控制对象确定的。实时操作系统(Real Time Operating System)主要用于控制方面,例如导弹发射、宇宙飞船飞行等,它们有各种各样的探测器,探测器探测到数据后,必须送入计算机进行处理。由于这些设备的运行速度很快,要求计算机在很短的时间内必须作出响应。

4. 网络操作系统

网络操作系统(Network Operating System)是基于计算机网络的操作系统,是用于控制管理网络通信和资源共享,协调各个主机上任务的执行,并向用户提供统一的网络接口的软件的集合。网络操作系统可以实现网络中计算机之间的通信和资源安全。

5. 分布式操作系统

分布式操作系统(Distributed Operating System)是能够通过通信网络将物理上分布的具有自治功能的数据处理系统和计算机系统连接起来,实现信息交换和资源共享,协作完成任务的操作系统。现在,分布式系统的应用比较广泛,很多系统都有分布式的计算功能。

目前用户使用最广泛的操作系统有:

(1) DOS(Disk Operating System)系统,是单用户单任务的操作系统,有 MS-DOS 和 PC-DOS 两种主流的 DOS 系统。

(2) Windows,是多任务的实时操作系统。它具有友好的图形用户界面,允许用户同时打开和运行多个应用程序,且速度较快,可靠性较强。

(3) UNIX,是目前使用最广泛的多用户、多任务的会话式分时操作系统之一,具有批处理能力和分时系统功能,是高档微机的标准操作系统。目前很多小型机都使用 UNIX 操作系统。

(4) Linux,简单地说,Linux 是由 UNIX 克隆的操作系统,在源代码上兼容绝大部分 UNIX 标准,是一个支持多用户、多进程、多线程、实时性较好的操作系统。它是免费的软件,因此其装机率很高。

实际上,操作系统具有很强的通用性,具体使用哪一种操作系统,要视硬件环境及用户开发产品的需求而定。

3.2　中文 Windows XP 操作系统概述

Windows XP 是微软公司发布的一款视窗操作系统。它发行于 2001 年 10 月 25 日,原来的名称是 Whistler。字母 XP 表示英文单词的 experience 的简写。微软最初发行了两个版本,家庭版(Home)和专业版(Professional)。家庭版的消费对象是家庭用户,专业版则在家庭版的基础上添加了一些新的特性,如家庭版只支持 1 个处理器,而专业版则支持 2 个处理器。

3.2.1　Windows XP 简介

Windows XP 系列分为三个产品：Windows XP Professional,Windows XP Home Edition,Windows XP 64-Bit Edition。Windows XP Professional 的功能最齐全,它是面向企业、开发人员的版本,对商业用户及对系统要求高的家庭用户而言,都是最佳选择；Windows XP Home Edition 面向家庭用户,因此在功能上有一定的缩水,但对大多数家庭用户还是最佳的选择；Windows XP 64-Bit Edition 是专门为特殊的技术工作站使用者所设计的。

3.2.2　Windows XP 的特性

Windows 操作系统采用 GUI 图形化操作模式,比起指令操作系统更为人性化。与其他操作系统一样,Windows XP 操作系统同样具有如下三个特性：

(1) 从系统管理人员的角度,操作系统是计算机系统资源的管理者。它负责计算机系统中全部资源的分配、控制、调度和回收。在一个计算机系统中,通常包含了各种各样的硬件和软件资源,归纳起来可将资源分为四类：处理机、存储器、I/O 设备以及信息,因此,操作系统的主要功能也是针对这四类资源进行有效的管理。

(2) 从一般用户的角度,操作系统是用户与计算机硬件系统之间的接口,即操作系统为用户提供了友好的人机交互界面。

(3) 从发展的角度,操作系统是计算机系统功能扩展的支撑平台。操作系统隐蔽其硬件特性,为用户提供了一台等价的虚拟机,用户可不必了解计算机硬件的工作细节,为用户使用计算机提供了方便。

3.3　Windows XP 的基本操作

3.3.1　Windows XP 的桌面

成功安装 Windows XP 后,每次启动计算机时,在完成硬件自检后,系统将自动引导并成功地登录到 Windows XP 环境,如图 3-1 所示。桌面由图标、桌面背景和任务栏组成。

1. 图标说明

图标是具有明确指代含义的计算机图形。它采用各种形象的小图形,并配以文字说明来表示磁盘驱动器、文件夹、文件以及应用程序等操作对象。还可以通过操作在桌面上添加一些常用图标。具体步骤如下：

(1) 右击桌面空白区域,在弹出的快捷菜单中选择"属性"命令,如图 3-2 所示。选择"属性"命令后,将出现"显示　属性"对话框,如图 3-3 所示。在"显示　属性"对话框中单击"桌面"标签,选择"自定义桌面"按钮,将弹出如图 3-4 所示的"桌面项目"对话框。

图标

桌面背景

任务栏

图 3-1 Windows XP 的桌面

图 3-2 右击桌面选择"属性"

图 3-3 "显示 属性"对话框

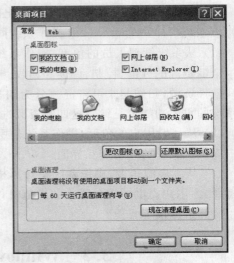

图 3-4 "桌面项目"对话框

（2）在"桌面图标"栏内勾选欲在桌面上显示的项目,这里为全部勾选,然后单击"确定"按钮即可,结果如图 3-1 所示。

①"我的文档"图标。它用于管理"我的文档"下的文件和文件夹,可以保存信件、报告和其他文档,它是系统默认的文档保存位置。

②"我的电脑"图标。通过该图标可以实现对计算机硬盘驱动器、文件夹和文件的管理,在其中可以访问连接到计算机的硬盘驱动器、照相机、扫描仪和其他硬件以及有关信息。

③"网上邻居"图标。该项中提供了网络上其他计算机上文件夹和文件的访问以及有关信息,在双击展开的窗口中可以进行查看工作组中的计算机、查看网络位置及添加网络位置等工作。

④"回收站"图标。在回收站中暂时存放着用户已经删除的文件或文件夹等信息,当用户还没有清空回收站时,可以从中还原已删除的文件或文件夹。

⑤ Internet Explorer 图标。用于浏览互联网上的信息,双击该图标可以访问网络资源。

2．创建桌面图标

用户可以在桌面上创建程序或文件的图标，这样使用时直接在桌面上双击该图标即可快速启动该选项。创建桌面图标的步骤如下：

（1）在桌面的空白处右击，弹出如图 3-2 所示的快捷菜单，选择"新建"命令。利用"新建"命令下的子菜单，可以创建各种形式的图标，比如文件夹、快捷方式、文本文档等。

（2）选择了所要创建的选项后，在桌面会出现相应的图标，可以为它重命名，以便于识别。

3．桌面背景

桌面背景是桌面上显示的图像，它的作用就是美化屏幕。当然，这个桌面背景是可以随意更换的，既可以是静态的图像也可以是动态的画面。

4．任务栏

任务栏即屏幕最下方的长条区域，主要作用是提示正在执行或已执行的任务。任务栏中包含"开始"按钮、快速启动栏，在任务栏的右边有"输入法指示器"按钮和"日期/时间"按钮，如图 3-5 所示。

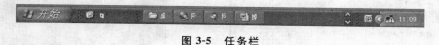

图 3-5　任务栏

单击任务栏左侧的"开始"按钮，弹出"开始"菜单，如图 3-6 所示。"开始"菜单中集成了用户可能用到的各种操作，包括启动文件快捷方式、系统命令等。"所有程序"菜单中列出了用户安装应用程序后启动文件的快捷方式，单击该快捷方式即可启动该应用程序。鼠标指针移动到"所有程序"菜单上即可显示出程序列表，如图 3-7 所示。如果安装了很多应用程序，在"所有程序"菜单项中的显示会难以识别，可以把常用的程序放在醒目的位置，操作时

图 3-6　"开始"菜单

图 3-7　"所有程序"菜单

只要选中该菜单选项,然后按下鼠标左键并拖动,这时会发现一个黑色的移动标志,到合适的位置后再松开左键,这时选取的对象便会在相应的位置出现。

系统默认的任务栏位于桌面的最下方,可以把它拖到桌面的任何边缘处并改变任务栏的宽度,通过设置任务栏的属性,可以让它自动隐藏。在任务栏的非按钮区域右击,在弹出的快捷菜单中选择"属性"命令,即可打开"任务栏"对话框,如图3-8所示。

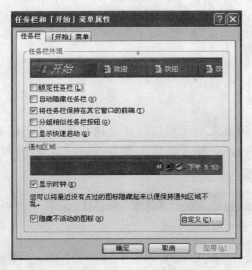

图 3-8　"任务栏"对话框

图 3-9　关机界面

3.3.2　Windows XP 的启动与关闭

1. 启动 Windows XP

接通电源,打开显示器电源开关,按下主机的 Power 按钮,就会自动启动系统,打开 Windows XP 桌面图形。如果用户设置了多个账户,则会出现登录界面,要求用户先选择账户,并在提示的密码框中输入密码,然后按下 Enter 键,才可以进入 Windows XP 桌面。

2. 退出 Windows XP

在退出操作系统之前,需要先关闭所有已经打开或者正在运行的程序。退出操作系统的操作步骤如下:

(1)单击"开始"按钮,选择"关闭计算机"命令,弹出如图3-9所示的"关闭计算机"对话框。

(2)单击"关闭"按钮,即可完成关机操作。

在如图3-9所示的"关闭计算机"对话框中还有"待机"和"重新启动"两个按钮。若单击"待机"按钮,计算机将记录当前的工作状态,CPU 等主要部件将进入低功耗状态,适用于操作人员短时间内离开的情况。在等待状态下按下主机的 Power 按钮,系统将迅速恢复到原来的状态;单击"重新启动"按钮,系统将重新启动计算机;单击"取消"按钮,系统重新返回 Windows XP 操作系统,并取消本次操作。

3.3.3　Windows XP 的窗口

Windows 的中文解释是"窗口"的意思,Windows XP 的一切操作都是基于窗口运行的。窗口在外观、风格和操作上具有高度的统一性,其中大部分都包括了相同的组件,由标题栏、菜单栏、工具栏、状态栏等几部分组成。

1. 窗口的组成

Windows XP 中有许多种窗口,如图 3-10 所示是一个标准的窗口,它由标题栏、菜单栏、工具栏、状态栏和工作区域等几部分组成。

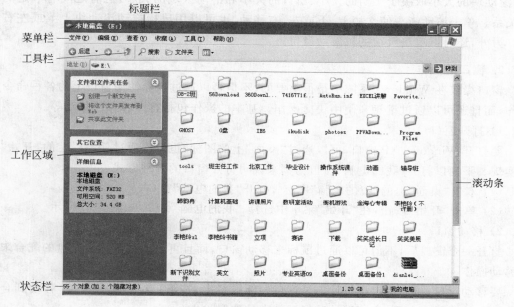

图 3-10　窗口的组成

(1) 标题栏:位于窗口的最上部,标题栏的最左边是应用程序的程序图标,单击图标会打开应用程序的控制菜单。控制菜单一般包括"还原"、"移动"、"大小"、"最小化"、"最大化"和"关闭"等命令。

程序图标的右边往往显示程序的名称以及当前打开的文档名称,标题栏的最右边有"最小化"、"最大化"和"关闭"按钮。

当一个应用程序处于活动状态时,标题栏为蓝色;对于非活动的窗口,标题栏为灰蓝色。Windows 操作系统是多任务的操作系统,用户可以同时执行多个应用程序,即打开多个应用程序窗口。但是在任何时刻,只有一个窗口可以接受用户的键盘和鼠标输入,这个窗口就是活动窗口,其余的窗口称为非活动窗口。非活动窗口不接受键盘和鼠标的输入,虽没有输入焦点,但仍在后台运行。

(2) 菜单栏:位于标题栏的下面,是用户在操作过程中用到的命令的集合。菜单栏上列出了所有的一级菜单,在菜单名后面的括号中往往有一个带下划线的字母,称为快捷键字母,用鼠标单击菜单或用键盘同时按下 Alt 键和菜单名右边的快捷键字母,就可以打开该菜单,弹出一个下拉式菜单。在下拉式菜单中包含了一系列的菜单命令,有的菜单命令又可以引出一个级联菜单。

(3) 工具栏:工具栏由一系列的命令按钮组成,它们是常用菜单命令的快捷方式,使用时可以直接从上面选择各种工具。

（4）工作区域：它在窗口中所占的比例最大，显示了应用程序界面或文件中的全部内容。

（5）状态栏：它在窗口的最底端，用来显示窗口的状态信息。

（6）滚动条：当工作区域的内容太多而不能全部显示时，窗口将自动出现滚动条，可以通过拖动水平或者垂直滚动条来查看所有内容。

滚动条由三部分组成，两侧是滚动箭头按钮，中间是滑动区域，滑动区域的中间是滚动块，滚动块的大小取决于文档的大小、窗口的大小和滑动区域的大小，三者之间有一定的比例关系。单击滚动箭头使文档上、下或左、右移动，也可以用鼠标拖动滚动块上下或左右移动。另外，还可以单击滑动区域滚动窗口。

2. 窗口的操作

窗口操作在 Windows 系统中是很重要的，不但可以通过鼠标使用窗口上的各种命令来操作，而且还可以通过键盘来使用快捷操作。基本的操作包括打开、缩放、移动等。

1）打开窗口

要打开 Windows XP 窗口，可以通过"桌面"上的图标，也可以通过任务栏上的"开始"按钮实现。下面以打开"我的电脑"窗口为例来说明打开窗口的两种方式：

（1）双击"桌面"上的"我的电脑"图标，打开"我的电脑"窗口。

（2）单击"开始"按钮，在"开始"菜单中选择"我的电脑"命令，如图 3-11 所示。

2）移动窗口

打开一个窗口后，不但可以通过鼠标来移动窗口，而且可以通过鼠标和键盘的配合来完成移动操作。

要移动窗口，可先将鼠标指针移至窗口的标题栏上，按下鼠标左键并拖动，移动到合适的位置后放开鼠标左键，窗口即被移到了指定的位置。

如果需要精确地移动窗口，可以在标题栏上右击，在打开的快捷菜单中选择"移动"命令，如图 3-12 所示。当屏幕上出现移动标志时，再通过键盘上的方向键来移动，到合适的位置后用鼠标单击或者按 Enter 键确认即可。

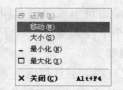

图 3-11　"我的电脑"命令　　　　　　图 3-12　移动窗口快捷菜单

注意：当窗口全屏幕（最大化）显示时，不能移动窗口。

3）调整打开窗口的大小

窗口不但可以移动到桌面上的任何位置，而且可以随时改变其大小以将其调整到合适的尺寸：

用鼠标指向窗口的边界，当指针变为双向箭头时，拖动边界。如果只需要改变窗口的宽度，则把鼠标放在窗口的垂直边界上拖动；如果只需要改变窗口的高度，则把鼠标放在水平边界上拖动；当需要对窗口进行等比缩放时，则把鼠标放在边界角上进行拖动。也可以用鼠标和键盘的配合来完成这个功能，在标题栏上右击，在打开的快捷菜单中选择"大小"命令，屏幕上出现大小标志时，通过键盘上的方向键来调整窗口的高度和宽度，调整至合适的位置后，用鼠标单击或者按 Enter 键结束即可。

3. 最大化、最小化窗口

（1）最小化按钮：在暂时不需要对窗口进行操作时，可把它最小化。单击标题栏上的最小化按钮，窗口将以按钮的形式缩小到任务栏。要将最小化的窗口还原为原来的大小，可单击它在任务栏上的按钮。

（2）最大化按钮：窗口最大化时将铺满整个桌面，这时不能再移动或者是调整窗口的大小。用户在标题栏上单击最大化按钮，即可使窗口最大化。

（3）还原按钮：当把窗口最大化后，单击还原按钮，可将窗口还原为原来的大小，也可以双击窗口的标题栏来最大化窗口或将窗口还原到原来的大小。

4. 切换窗口

打开多个窗口时，如果需要在各个窗口之间进行切换，可以使用下面两种切换方式：

（1）当窗口处于最小化状态时，在任务栏上选择所要操作的窗口的按钮，然后单击即可完成切换。当窗口处于非最小化状态时，可以在所选的窗口的任意位置单击，其标题栏的颜色将由灰蓝色变为蓝色。

（2）在键盘上同时按下 Alt 和 Tab 两个键，屏幕上将会出现切换任务栏，在其中列出了当前正在运行的窗口，用户这时可以按住 Alt 键，然后用 Tab 键从切换任务栏中选择要打开的窗口，选中后再松开两个键，这时选择的窗口即可成为活动窗口。

5. 关闭窗口

完成对窗口的操作后，要关闭窗口，有下面几种方式。

（1）单击标题栏上的"关闭"按钮。

（2）双击控制菜单按钮。

（3）使用 Alt＋F4 组合键。

在关闭窗口之前要保存所创建的文档或者所做的修改，如果忘记保存，当执行了"关闭"命令后，会弹出一个对话框。单击"是"将保存并关闭文档；单击"否"不保存文档并关闭；单击"取消"则不能关闭窗口，可以继续使用该窗口。

6. 窗口的排列

当打开多个窗口时，可对窗口进行排列，Windows XP 为用户提供了三种排列方案。在任务栏的空白处右击，弹出窗口排列快捷菜单。可以选择窗口的排列方式：层叠窗口、横向平铺窗口、纵向平铺窗口及显示桌面。

层叠窗口：当用户选择"层叠窗口"命令后，窗口将按先后顺序依次排列在桌面上，其中每个窗口的标题栏的左侧边缘是可见的，用户可以任意切换各窗口之间的顺序。如图 3-13 所示是三个文档窗口的层叠排列。

7. 窗口的显示模式

选择菜单栏中的"查看"命令，可以选择窗口显示的 5 种模式：缩略图、平铺、图标、列表和详细信息，如图 3-14 所示。

图 3-13   窗口层叠排列

图 3-14   查看命令

3.3.4   Windows XP 的菜单与操作

1. 窗口菜单

Windows XP 的程序命令包含于菜单中，每个程序都有自己的菜单。菜单名位于应用程序窗口顶部的菜单栏中。单击菜单命令，即显示其相对应的下拉菜单，从中单击某个命令项，即可执行该命令，在下拉菜单中，有"▶"标记出现时，选中此菜单，会弹出级联菜单。菜单栏中菜单后面带下划线的字母称为热键，按 Alt＋热键即可打开该菜单。

在 Windows 的菜单中，有些特殊标记，其中常见的标记的含义如下。

(1)"▶"，表明此菜单对应一个级联菜单。

(2)"…"，表明执行此菜单命令将打开一个对话框。

(3)"√"，表明该菜单是复选菜单，并处于选中状态。如果复选菜单前没有此标记，则表明此菜单未被选中。

(4)"•"，表明该菜单为单选菜单，在菜单组中，同一时刻只能有一项被选中。被选中的菜单项前会出现此标记。

另外，有的菜单项前有一个小的图标，表明此菜单命令在工具栏中有对应的命令按钮。

2. 快捷菜单

在程序窗口上右击，会弹出弹出式菜单，称为快捷菜单，从中选择某个命令项即可执行该命令。如图 3-2 所示的就是一个快捷菜单。从桌面快捷菜单可以看出：大部分有关桌面的常用操作命令都放在快捷菜单中。

3.3.5　Windows XP 的对话框与操作

对话框是用户与计算机系统之间进行信息交流的窗口，它可以接受用户的输入，也可以显示程序运行中的提示和警告信息。如图 3-3 所示是桌面的属性对话框窗口。

1. 对话框的移动和关闭

要移动对话框，可以在对话框的标题上按下鼠标左键并拖动到目标位置再松开，也可以在标题栏上右击，在弹出的快捷菜单中选择"移动"命令，通过键盘的方向键改变对话框的位置，到目标位置时，用鼠标单击或者按 Enter 键确认即可。

单击"确认"按钮或"应用"按钮即可关闭对话框，并保存修改；如果要取消所做的改动，可以单击"取消"按钮，或者直接在标题栏上单击"关闭"按钮。

2. 控件

控件实际上是一个小的窗口，它不能单独存在，只能存在于其他窗口中，对话框是由一系列控件构成的。常见的控件包括：

（1）标签控件。标签（Label）控件又称静态文本控件，是为那些不具有标题的控件提供标识。

（2）文本框。文本框是用于输入文本信息的一种矩形区域。

（3）复选框。通常是一个小正方形，其后配有相应的文字说明，当选中后在正方形框中会出现一个"√"，用户可以根据需要选择一个或多个项目，单击一个被选中的复选框则意味着取消选择。

（4）单选按钮。通常是一个小圆形，当选中后，在圆形中间出现一个小黑点。在对话框中通常是一个选项组中有多个单选按钮，当选中其中一个后，别的选项是不能选中的。

（5）命令按钮。选择命令按钮可以执行一个命令。如果命令按钮呈暗淡色，表示该按钮是不可用的，如果一个命令按钮后跟有省略号，表示将打开一个对话框。对话框中常见的命令按钮有"确定"、"应用"、"取消"等。

（6）列表框。列表框用于显示多个选项，由用户选择其中一项。当一次不能全部显示在列表框中时，系统会提供滚动条帮助用户查看其他选项。

（7）组合框。它同时包含一个文本控件和列表框控件，根据需要，用户可以从下拉列表中选择或者在文本框中输入。

（8）上下控件和滑块控件。用户可以在给定范围内设置和选择数值，如图 3-15 和图 3-16 所示。

图 3-15　上下控件

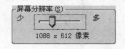

图 3-16　滑块控件

3.4　Windows XP 的文件管理

在 Windows XP 中,文件以文件夹的方式进行组织和管理,文件夹是一种层次化的逻辑结构,是按照树状结构组织的。文件夹中包含程序、文件和打印机等,同时还可以包含文件夹。无论是文件还是文件夹都有相应的名称和图标。

3.4.1　Windows 资源管理器

Windows 资源管理器以分层的方式显示计算机内所有的文件,用户不必打开多个窗口,在同一个窗口里就可以浏览所有的磁盘或文件夹。

单击“开始”按钮,打开“开始”菜单,选择“所有程序”→“附件”→“Windows 资源管理器”命令,打开资源管理器窗口,如图 3-17 所示。

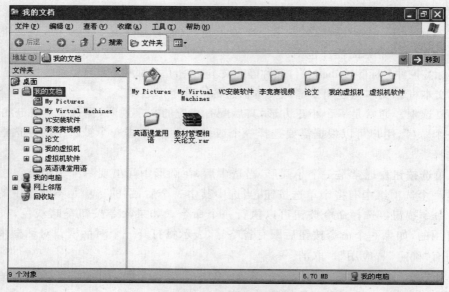

图 3-17　资源管理器窗口

Windows 资源管理器窗口的左窗格显示了所有磁盘和文件夹的列表,若磁盘或文件夹前面有加号,表明该磁盘或文件夹有下一级子文件夹,单击加号可展开其所包含的子文件夹。当展开文件夹后,加号标识会变成减号标识,表明文件夹已展开,单击减号可折叠已展开的内容。

Windows 资源管理器窗口的右窗格是一个列表控件,用于显示左边控件中所选定的磁盘或文件夹中的内容。列表控件有“图标”、“平铺”、“列表”、“详细信息”和“缩略图”5 种常用视图,可以更改视图形式,如图 3-17 所示。

在“详细信息”视图中,单击列表中的“名称”、“大小”等标题,可以将列表项目按照升序或降序排序。

3.4.2　创建文件和文件夹

例 3-1　在 D 盘根目录下创建名为"Ex1. txt"、"Ex2. txt"、"Ex3. txt"的 txt 文本文件。

(1) 在桌面上双击"我的电脑",进入 D 盘。

(2) 在空白处右击,在弹出的菜单中选择"新建"→"文本文档"命令,如图 3-18 所示。

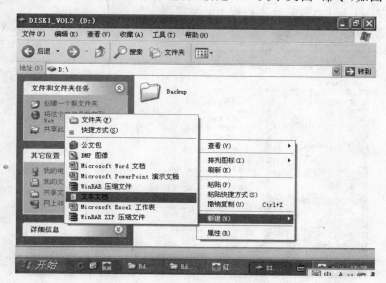

图 3-18　新建文本文档快捷菜单

(3) 将新建的文件分别命名为"Ex1. txt"、"Ex2. txt"、"Ex3. txt",输好之后按 Enter 键确定,这样文件就创建好了。

例 3-2　在 D 盘根目录下创建名为"练习"的文件夹。

(1) 在 D 盘根目录上右击,在弹出的菜单中选择"新建"→"文件夹"命令,如图 3-19 所示。

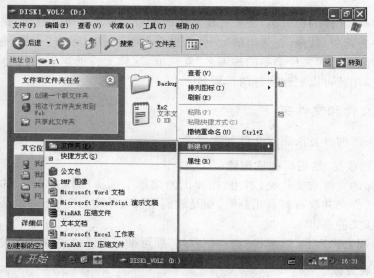

图 3-19　新建文件夹快捷菜单

（2）将新建的文件夹命名为"练习"，输好之后按 Enter 键确定，这样文件夹就创建好了。

3.4.3　重命名文件和文件夹

例 3-3　对新创建的文件"Ex1.txt"、"Ex2.txt"、"Ex3.txt"及文件夹"练习"重命名。

（1）用鼠标单击"Ex1.txt"文本文件，在弹出的菜单中选择"重命名"命令，如图 3-20 所示。然后输入"练习1.Txt"，输好之后按 Enter 键确定即可。

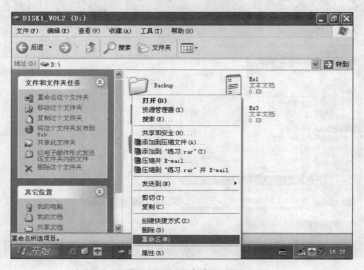

图 3-20　重命名文件

（2）按上述方法，依次将文件"Ex2.txt"重命名为"练习2.txt"，文件"Ex3.txt"重命名为"练习3.txt"。

（3）将文件夹"练习"重命名为"实验"，操作方法同上。

注意：Windows XP 上的文件名最长可达 255 个字符，可以包括空格，但不能含有下列字符：\ / ；＊？" ＜＞ ｜。

如果需要修改文件的扩展名，需要先将文件的扩展名显示出来。打开"我的电脑"，选择"工具"→"文件夹选项"命令，在弹出的"文件夹选项"对话框中，单击"查看"标签，在"查看"选项卡中清除"隐藏已知文件类型的扩展名"复选框，这样文件的扩展名就会显示出来。用户通过重命名操作就可以更改文件的扩展名。

3.4.4　删除文件和文件夹

可以通过下面两种方法删除文件和文件夹。

1. 先放入回收站，然后再彻底删除

选中要删除的文件或文件夹，右击，在弹出的菜单中选择"删除"命令，如图 3-21 所示。此时该文件或文件夹并没有被真正删除，而是放到了回收站中，用户还可以从"回收站"恢复被删除的文件或文件夹。

回到桌面，用右击回收站，选择"清空回收站"即可彻底删除文件或文件夹。

2. 直接彻底删除

用鼠标右击要删除的文件或文件夹，在选择"删除"命令之前按住键盘上的 Shift 键不

图 3-21　菜单中的"删除"命令

放,同时选择"删除"命令。

在弹出的"确认文件删除"对话框中,单击"是"按钮,此时该文件或文件夹不放入回收站,而是被彻底删除。

3.4.5　选定文件和文件夹

1. 单选

单击要选定的文件或文件夹,该对象被选中,同时该对象的名称和图标背景色变深。

2. 选择多个连续的文件

单击要选择的第一个文件,然后按住 Shift 键,同时单击要选择的最后一个文件即可,也可以通过拖曳鼠标的方式选定多个连续的文件,如图 3-22 所示。

图 3-22　选择连续文件

3. 选择多个不相邻的文件

按住 Ctrl 键,依次单击要选定的各个文件,如图 3-23 所示。

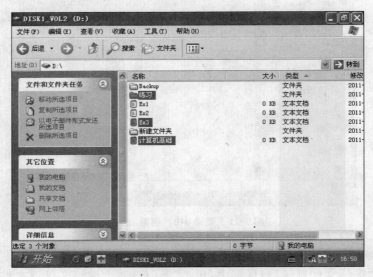

图 3-23　选择不相邻文件

4. 反选

选择菜单栏中的"编辑"→"反向选择"命令,则可放弃选定的文件而选定文件夹中以前没有选中的文件,如图 3-24 所示。

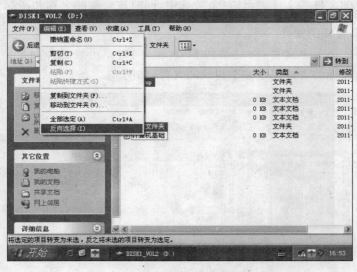

图 3-24　"反向选择"和"全部选定"菜单

5. 全选

选择"编辑"→"全部选定"命令,如图 3-24 所示,或者按 Ctrl＋A 组合键即可选中文件夹中的所有文件。

3.4.6　文件和文件夹的复制、移动

复制文件或文件夹就是给被复制的对象建立一个备份,而移动文件或文件夹就是将被操作对象从一个位置移动到另一个位置,移动后,原位置的文件或文件夹不再存在。

1. 对象的复制

选择要复制的文件或文件夹,右击,在弹出的菜单中选择"复制",如图 3-25 所示,或者按 Ctrl＋C 组合键。

图 3-25　复制对象

然后打开目的文件夹,在空白处右击,选择"粘贴",如图 3-26 所示或者按 Ctrl＋V 组合键即可完成对象的复制。

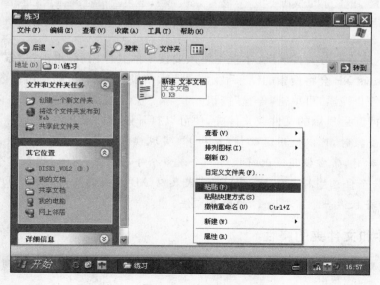

图 3-26　粘贴对象

2. 对象的移动

选择要移动的文件或文件夹,右击,在弹出的菜单中选择"剪切",或者按 Ctrl+X 组合键。

然后打开目的文件夹,在空白处右击,选择"粘贴",或者按 Ctrl+V 组合键即可完成对象的移动。

3.4.7　文件的搜索

有时候想查看某个文件或文件夹的内容,却忘记了该文件或文件夹存放的具体位置或具体名称,用户可以使用搜索功能查找该文件或文件夹。搜索文件或文件夹的步骤如下:

(1) 单击"开始"→"搜索",打开"搜索结果"对话框,如图 3-27 所示。

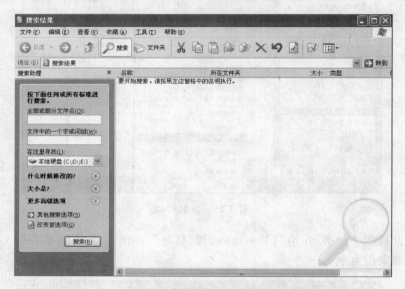

图 3-27　"搜索结果"对话框

(2) 在"全部或部分文件名"文本框中输入要搜索的具体内容,单击"搜索"按钮,即可开始搜索,Windows XP 会将搜索的结果显示在"搜索结果"窗口右边的空白框内。

(3) 若要停止搜索,可单击"停止"按钮。

(4) 双击搜索后显示的文件或文件夹,便可以打开该文件或文件夹。

注意:在查找时,可以使用通配符(? 和 *)实现模糊查找。当不知道真正字符或者不想输入完整名称时,常常使用通配符代替一个或多个字符。星号(*)代表零个或多个字符,问号(?)代表一个任意字符。例如:"AB*"代表以 AB 开头的所有文件,"D?"代表文件名中只有两个字符且第一个字符为 D 的所有文件。

3.4.8　文件和文件夹的属性

用户可以对文件或文件夹的属性进行设置,以方便文件或文件夹的管理。具体操作步骤如下:

（1）选中要更改属性的文件或文件夹。

（2）选择"文件"→"属性"菜单命令，在打开的文件或文件夹的属性对话框中，可以修改属性，如图 3-28 所示。

在"常规"选项卡中，列出了所选文件或文件夹的类型、打开方式、位置、大小、创建时间等信息。用户可以选择"只读"或"隐藏"复选框来修改所选对象的属性。如果文件存放在 NTFS 分区格式下，还可以对文件进行压缩和加密。在属性对话框中单击"高级"按钮，将弹出"高级属性"对话框，如图 3-29 所示。选中"压缩内容以便节省磁盘空间"复选框或者"加密内容以便保护数据"复选框便可以压缩或加密文件。

图 3-28　设置属性

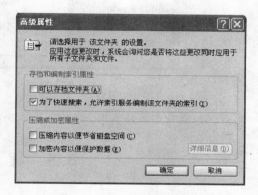

图 3-29　"高级属性"对话框

3.4.9　文件和文件夹的共享

Windows XP 网络方面的功能非常强大，用户不仅可以使用系统提供的共享文件夹，也可以与其他用户共享自己的文件夹。

设置共享文件夹的步骤如下：

（1）选定要设置共享的文件夹。

（2）选择"文件"→"共享和安全"命令，打开属性对话框中的"共享"选项卡，如图 3-30 所示，或右击，在弹出的快捷菜单中选择"共享和安全"命令。

（3）在"共享"选项卡中，列出了所选文件夹的共享信息，选中"在网络上共享这个文件夹"复选框，这时"共享名"文本框和"允许网络用户更改我的文件"复选框变为可用状态。可以在"共享名"文本框中更改该共享文件夹的名称；若清除"允许网络用户更改我的文件"复选框，则其他用户只能看该共享文件夹中的内容，而不能对其进行修改。设置完毕后，单击"应用"按钮或"确定"

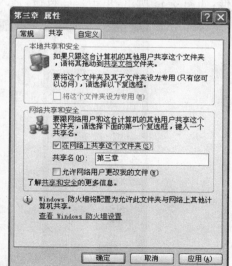

图 3-30　共享属性

按钮即可。当文件夹被设置为共享属性后,在文件列表中该文件夹的图标会变为被手托着的样子,如图 3-31 所示。

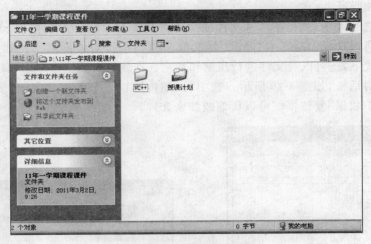

图 3-31　共享后文件夹图标

注意:要实现文件的共享,需要将文件放在一个文件夹中,并将此文件夹共享。

3.5　程　序　管　理

3.5.1　程序的安装

例 3-4　在电脑上安装媒体播放器。

具体操作步骤如下:

(1)打开"我的电脑",找到安装文件并双击,如图 3-32 所示。首先弹出许可证协议对话框,如图 3-33 所示,单击"是"按钮,进入下一步。

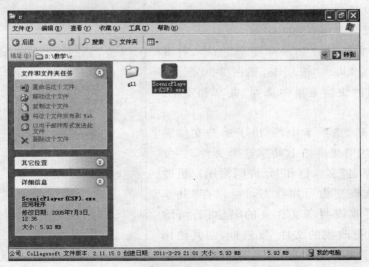

图 3-32　安装文件

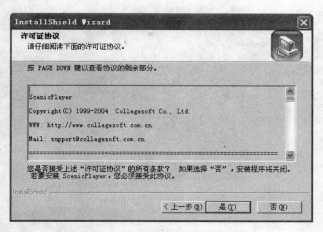

图 3-33　许可证协议

　　(2) 在弹出的窗口中选择安装路径,如图 3-34 所示。在安装路径中,选择安装程序提供的默认路径,单击"下一步"按钮,弹出"安装类型"对话框,选择"典型"安装,单击"下一步"按钮,开始安装。

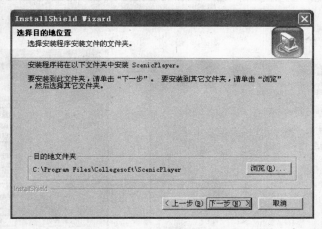

图 3-34　安装路径

　　(3) 安装程序并复制程序文件至安装目录,单击"完成"按钮,结束安装过程。

3.5.2　创建程序快捷方式

　　为了易于访问经常使用的应用程序,可以为它们创建快捷方式。在文件夹中创建快捷方式的操作步骤如下:

　　(1) 在桌面空白处右击,在弹出的快捷菜单中选择"新建"→"快捷方式"命令,如图 3-35 所示。

　　(2) 弹出的"创建快捷方式"对话框如图 3-36 所示。单击"浏览"按钮,弹出"浏览文件夹"对话框,如图 3-37 所示。在该对话框中选择可执行文件,单击"确定"按钮返回上一个对话框,如图 3-38 所示,单击"下一步"按钮继续。

　　(3) 在弹出的对话框中设置快捷方式显示的名称,单击"完成"按钮结束快捷方式的创建过程,如图 3-39 所示。之后,在桌面上显示创建的快捷方式,如图 3-40 所示。

图 3-35 新建快捷方式

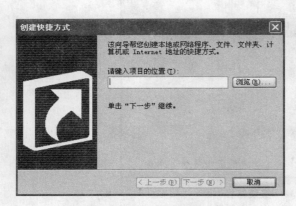

图 3-36 "创建快捷方式"对话框

图 3-37 "浏览文件夹"对话框

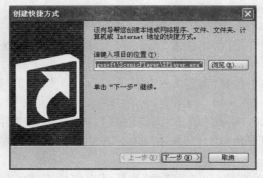

图 3-38 输入目标位置后

图 3-39 "选择程序标题"对话框

图 3-40　桌面上的快捷方式

注意：可以删除快捷方式，但是删除快捷方式并没有真正删除程序。

3.5.3　程序的运行

例 3-5　运行媒体播放器。

（1）双击桌面上的快捷方式，启动程序，程序界面如图 3-41 所示。

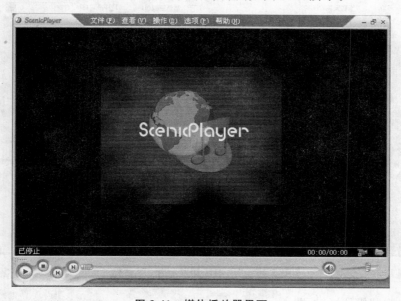

图 3-41　媒体播放器界面

（2）在任务栏空白处右击，弹出一个快捷菜单，在快捷菜单中选择任务管理器，或者按下 Ctrl＋Alt＋Delete 组合键，弹出"Windows 任务管理器"对话框，如图 3-42 所示。

（3）在"Windows 任务管理器"的"应用程序"选项卡中右击媒体播放器对应的任务

名,在弹出的菜单中选择"转到进程",然后跳转到"进程"选项卡中对应的进程,如图 3-43
所示。

图 3-42　"Windows 任务管理器"对话框　　　　　图 3-43　"进程"选项卡

(4) 在如图 3-44 所示的菜单中单击"结束进程"按钮,任务管理器将会强制结束该
进程。

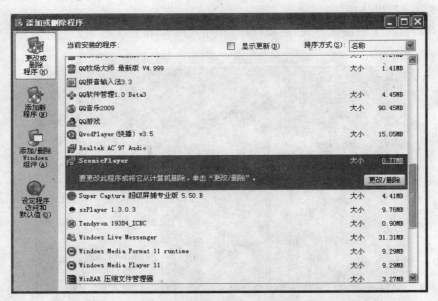

图 3-44　"添加或删除程序"对话框

例 3-6　卸载媒体播放器。

选择"开始"→"控制面板"→"添加/删除程序",在列表中找到媒体播放器
ScenicPlayer,如图 3-44 所示。单击右侧的"更改/删除"按钮即可进行程序卸载操作。

3.6　Windows XP 的常用工具

3.6.1　写字板与记事本

Windows XP 中包括两个字处理程序："写字板"和"记事本"，每个程序都提供了基本的文本编辑功能。

1. 写字板

单击"开始"按钮，在打开的"开始"菜单中选择"所有程序"→"附件"→"写字板"命令，进入写字板窗口，如图 3-45 所示。写字板由标题栏、菜单栏、工具栏、格式栏、水平标尺、工作区和状态栏等组成。

当需要新建一个文档时，可以选择"文件"→"新建"命令，在弹出的"新建"对话框中选择新建文档的类型，默认为 RTF 文档，单击"确定"按钮即可新建一个文档进行文字的输入，如图 3-46 所示。

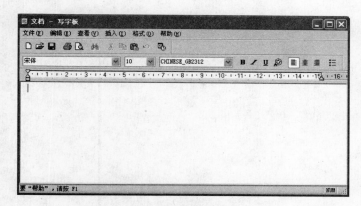

图 3-45　写字板窗口

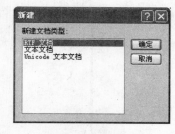

图 3-46　"新建"对话框

用户还可以在写字板中进行字体和段落格式的设置，可以直接在格式栏中进行字形、字体、字号和字体颜色的设置；也可以选择"格式"→"字体"菜单命令来实现字体格式的设置，"字体"对话框如图 3-47 所示；用户若要设置段落格式，选择"格式"→"段落"菜单命令，将弹出一个"段落"对话框，如图 3-48 所示。在"段落"对话框中可以输入段落的边缘离页边距的距离，它们都是以"厘米"为单位的。在"段落"对话框中，还可以设置文本的对齐方式：左对齐、右对齐和居中。

编辑功能是写字板程序的灵魂，通过各种操作可以使文档符合需要，在其中还可以插入图片、电子表格、音乐等，但其所提供的功能并没有 Word 强大。

2. 记事本

记事本用于纯文本文档的编辑，功能没有写字板大，适用于编写一些篇幅短小的文件，但由于它运行速度快，占用空间小，使用方便，因此应用也是比较多的，比如一些程序的 READ ME 文件通常是以记事本的形式打开的。

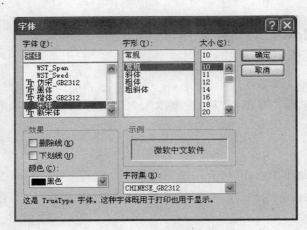

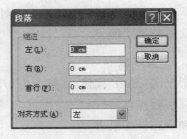

图 3-47 "字体"对话框   图 3-48 "段落"对话框

单击"开始"按钮,选择"所有程序"→"附件"→"记事本"命令,即可启动记事本,记事本界面如图 3-49 所示。

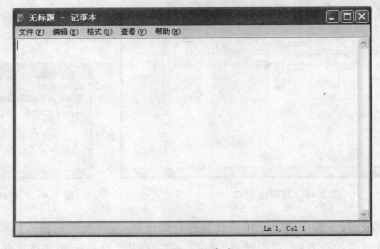

图 3-49 记事本

3.6.2 画图

"画图"程序是一个位图编辑器,可以对各种位图格式的图画进行编辑。用户可以自己绘制图画,也可以对扫描的图片进行编辑修改,在编辑完后,可以用 BMP、JPG、GIF 等格式存档,供其他软件使用。

单击"开始"按钮,选择"所有程序"→"附件"→"画图"命令,即可启动画图程序,画图程序的界面如图 3-50 所示。

3.6.3 计算器

Windows XP 提供了专门的计算器程序,可以完成简单的算术运算,如加减乘除等,同

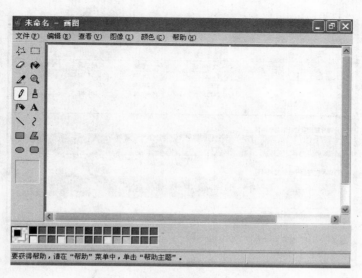

图 3-50 画图

时它也可用于复杂的科学运算,如函数运算和对数运算等。简单运算使用标准型计算器,如图 3-51 所示;科学运算使用科学型计算器,如图 3-52 所示。单击"开始"按钮,选择"所有程序"→"附件"→"计算器"即可启动计算器程序。

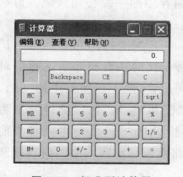

图 3-51 标准型计算器

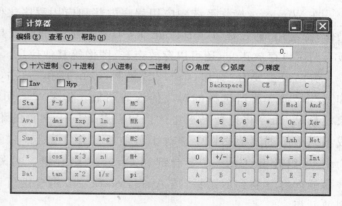

图 3-52 科学型计算器

在科学型计算器中,可以根据需要选择计算的进制、角度、弧度和梯度等。

3.6.4 整理磁盘碎片

磁盘经过长期的使用后,难免会出现很多零散的空间和磁盘碎片,造成磁盘上的文件不能连续存放,从而影响运行速度,降低计算机系统的效率。使用磁盘碎片整理程序可以优化磁盘,重新安排文件在磁盘中的存储位置,将文件的存储位置整理到一起,同时合并可用空间,提高磁盘的读写速度。运行磁盘碎片整理程序的具体操作步骤如下:

(1) 单击"开始"按钮,选择"所用程序"→"附件"→"系统工具"→"磁盘碎片整理程序"命令,打开"磁盘碎片整理程序"对话框,如图 3-53 所示。

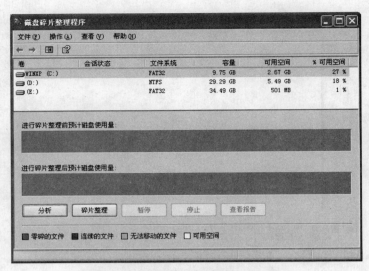

图 3-53　"磁盘碎片整理程序"对话框

（2）单击"碎片整理"按钮即可开始整理磁盘碎片。

3.6.5　剪贴板

在 Windows 操作系统中应用程序内部和应用程序之间交换数据，剪切、复制和粘贴等操作，都是用"剪贴板"（Clip Board）工具实现的。剪贴板是内存中的一段公用区域。剪贴板不但可以存放正文，还可以存放声音、图像等其他信息。

剪贴板主要有"剪切（Cut）"、"复制（Copy）"和"粘贴（Paste）"三个操作命令。"剪切"和"复制"命令将所选择的对象传入剪贴板。但是，"剪切"命令同时还要删除所选择的对象；"粘贴"命令将把剪贴板中的内容粘贴到同一文档的不同位置、同一程序的不同文档、或不同程序的其他文档中。对于剪贴板操作，"剪切"、"复制"和"粘贴"的快捷键分别为 Ctrl＋X 组合键、Ctrl＋C 组合键和 Ctrl＋V 组合键。另外，按 Print Screen 键可以将当前屏幕的内容复制到剪贴板，按 Alt＋PrintScreen 组合键可以将当前活动窗口中的内容复制到剪贴板。

剪贴板是实现对象的复制、移动等操作的基础，但是用户不能直接感受到剪贴板的存在，如果要观察剪贴板的内容，就要用剪贴板查看程序。利用剪贴板查看器不仅可以查看文本内容，还可以查看图片、文件、文件夹等多类内容。查看剪贴板内容的操作步骤如下：

（1）右击桌面，选择"新建"命令下的"快捷方式"，弹出"创建快捷方式"对话框，如图 3-35 和图 3-36 所示。

（2）在位置域中输入 C：/Windows/system32/clipbrd. exe，单击"下一步"按钮直至"完成"按钮。然后再双击桌面上的快捷方式就能查看剪贴板中的内容了，如图 3-54 所示。

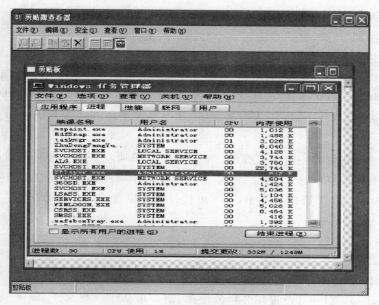

图 3-54　剪贴板查看器

一、单项选择题

1. Windows XP 属于(　　)。

　　A) 系统软件　　　　B) 管理软件　　　　C) 数据库软件　　　D) 应用软件

2. 双击一个窗口的标题栏,可以使得窗口(　　)。

　　A) 最大化　　　　B) 最小化　　　　C) 关闭　　　　D) 还原或最大化

3. 能打开图标的操作是(　　)。

　　A) 指向图标　　　　　　　　　　B) 双击图标

　　C) 选定图标后按 Enter 键　　　　D) 双击图标、选定图标后按 Enter 键都可以

4. 在桌面上要移动任意 Windows 窗口,可以用鼠标指针拖动该窗口的(　　)。

　　A) 标题栏　　　　B) 边框　　　　C) 滚动条　　　　D) 控制菜单项

5. 将文件拖到回收站中后,则(　　)。

　　A) 复制该文件到回收站　　　　B) 删除该文件,且不能恢复

　　C) 删除该文件,但可以恢复　　　D) 回收站自动删除该文件

6. 如果想查看资源管理器中当前目录下的文件列表的详细信息,可以选择"查看"菜单中的(　　)。

　　A) 大图标　　　　B) 小图标　　　　C) 列表　　　　D) 详细信息

7. 在 Windows XP 中,单击"开始"按钮,就可以打开(　　)。

　　A) 一个快捷菜单　　　　　　　　B) 一个程序控制的初始菜单

　　C) 一个级联菜单　　　　　　　　D) 一个对话框

8．在资源管理器中，选定多个非连续文件的操作为（　　）。

A）按住 Shift 键，然后点击每一个要选定的文件图标

B）按住 Ctrl 键，然后点击每一个要选定的文件图标

C）选中第一个文件，然后按住 Shift 键，再单击最后一个要选定的文件名

D）选中第一个文件，然后按住 Ctrl 键，再单击最后一个要选定的文件名

9．在 Windows XP 中，打开一个菜单后，其中某菜单项会出现与之对应的级联菜单的标识是（　　）。

A）菜单项右侧有一组英文提示　　　　B）菜单项左侧有一个黑色圆点

C）菜单项右侧有一个黑色三角形　　　D）菜单项左侧有一个"V"符号

10．Windows XP 的查找功能中，"＊"可代替所在位置的（　　）个字符。

A）1　　　　　　B）2　　　　　　C）8　　　　　　D）任意

二、填空题

1．通常操作系统具有 5 大功能：_____、_____、_____、_____和_____。

2．在 Windows XP 中，设置任务栏的操作，第一步是_____。

3．在 Windows XP 的任务栏上，窗口的排列方式有_____、_____和_____。

4．在 Windows XP 的资源管理器中符号＋的含义是_____。

5．在 Windows XP 中，选定多个连续文件的操作是：先选中第一个文件，然后按住_____键，再单击最后一个要选定的文件。

三、简答题

1．请列举两种退出 Windows XP 的方法。

2．请简述资源管理器的功能。

3．进行文件或文件夹的复制或移动时可以用什么操作来实现？请简述其操作方法。

4．简述在 Windows XP 中，将文件从磁盘中彻底删除的两种方法。

四、上机操作题

1．在 D 盘中创建一个名为"练习"的文件夹，并在"练习"文件夹中创建一个名为"第 3 章"的子文件夹，在 C 盘查找以 cook 开头，扩展名为 .dll 的文件，并将它们复制到"练习"文件夹中，然后将其中一个文件移动到"第 3 章"子文件夹中。

2．用"记事本"程序录入一段短文，然后以 ex.txt 作为文件名保存在上题所创建的"练习"文件夹中。

3．删除文件夹"第 3 章"。

4．设置文件夹"练习"的属性为"隐藏"。

5．将文件夹"练习"改名为"操作系统作业"。

6．在计算机中搜索文件名为"操作系统作业"的文件，并记录其所在的位置。

7．练习安装 Windows XP 操作系统。

第 4 章

Word 2003 文字处理

　　语言、文字是人类交流的基本工具,也是人类社会组织、协调的基本手段。在办公自动化领域以及人们的日常生活中,文本编辑在计算机应用中占很大的比例,其过程为:编辑、排版、打印形成正式文本。作为一种图形化、可视化的文字处理软件,Microsoft 公司开发的 Word 2003 以其强大的功能、严谨的设计、统一的风格、友好的界面和简单的使用方法,博得了各类用户的喜爱。它无疑是当今众多的文字处理软件中公认的优秀软件之一。

　　本章着重介绍 Word 2003 中文版最主要的功能和使用方法,主要内容包括文档基本操作、文档编辑、图形与表格处理及文档打印。

【学习要求】

◆ 熟悉 Word 2003 的启动和退出方法以及窗口的组成;

◆ 掌握 Word 2003 文档的基本操作:创建、打开、关闭、保存;

◆ 掌握 Word 2003 文本编辑的基本操作:插入、改写、删除、移动、复制、查找、替换;

◆ 熟练掌握字符的格式设置和段落的格式设置;

◆ 掌握图片的插入和基本操作;

◆ 掌握表格设计的方法(包括表格的建立、表格内容的输入和修改、完整表格的处理);

◆ 了解 Word 2003 的一些功能;

◆ 了解打印及打印预览。

【重点难点】

◆ Word 2003 文档的基本操作;

◆ Word 2003 文本编辑的基本操作;

◆ Word 2003 图片的基本操作;

◆ Word 2003 表格的制作和处理。

4.1　Word 2003 概述

4.1.1　Word 窗口界面

Word 启动后的窗口如图 4-1 所示。Word 2003 具有 Windows 窗口的风格，包括标题栏、菜单栏、工具栏、文档编辑区、状态栏、滚动条等组件。

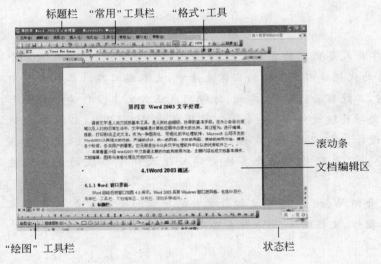

图 4-1　Word 窗口示意图

1. 标题栏

标题栏位于窗口的顶部，左边显示了当前所编辑的文档的名称，右边依次显示了最小化按钮、最大化/还原按钮和关闭按钮。首次进入 Word 2003 时，默认打开的文档名为"文档 1"。

2. 菜单栏

菜单栏位于标题栏下边，它包含了 Word 中的大部分命令，主要有："文件"、"编辑"、"视图"、"插入"、"格式"、"工具"、"表格"、"窗口"、"帮助"9 个菜单项，每个菜单项中包含了一系列的菜单命令。Word 菜单的使用方法与一般菜单的使用方法相似，只需将鼠标移到菜单标题上并单击，就会出现相应的下拉菜单项。

（1）文件：用于对文档进行建立、保存、打开、页面设置、打印和关闭等操作，还包括近期打开过的历史记录。

（2）编辑：用于编辑文档，如复制、粘贴、剪切、查找、替换、删除等。

（3）视图：对用户所编辑的文档可按不同的视图方式显示，如普通视图、Web 版式视图、大纲视图、阅读版式视图，这样可以从不同角度观察文档；它还包括 Word 2003 中的各种工具栏。

（4）插入：用于输入非键盘可录入的信息，如：各种特殊符号、数字、时间、图片、艺术字、对象等，即只要是向所编辑的文档中插入内容就可以优先使用此菜单。

（5）格式：对所编辑的文档进行排版操作，如字体格式的设置、段落的设置、样式的设置、边框和底纹的设置、项目符号的设置等。

（6）工具：利用工具栏可进行字数统计、拼写和语法检查、文档合并等特殊操作。对工作环境的设定要用到工具栏中的“选项”命令。

（7）表格：在所编辑的文档中创建、编辑表格及进行表格格式的设置，对表格的一些基本操作可使用此菜单。

（8）窗口：用于新建、拆分窗口以及多文档窗口的排列。

（9）帮助：为用户提供详细的 Word 2003 的帮助信息。

另外，也可以用选择菜单项，按 Alt 键或 F10 键会激活菜单栏，然后用光标移动键和 Enter 键组合即可选择相应的菜单项。

3. 工具栏

Word 2003 将一些常用的功能命令（如新建文件、打开文件、保存文件、打印等）以按钮或列表框的形式放在一起，以方便用户的使用。通过选择“视图”→“工具栏”命令，可以在弹出的级联菜单中打开或关闭相应的工具栏。也可以在菜单栏或工具栏的相应位置上右击，然后在弹出的快捷菜单中选择相应的工具栏打开或关闭。

通过单击工具栏上的相应的按钮即可快速地完成相应的操作。在 Word 2003 中，有很多工具栏，如：常用工具栏、格式工具栏、绘图工具栏等，它们都能独立地完成相应的任务。

将鼠标移动到工具栏上没有按钮和工具的地方，然后拖动，就可以移动工具栏到窗口的任何位置，或将其归到原位。

4. 文档编辑区

文档编辑区就是 Word 的工作区。所有针对文档的操作都在这里进行，系统窗口中的白色区域就是文档编辑区。当鼠标位于编辑区时，指针自动变成“Ⅰ”形。

此外，文档编辑区中还包括其他的组件：

（1）页面标尺。在文档编辑窗口的顶部有一个水平标尺，在选择页面视图时，还会在窗口的左边增加一个垂直标尺。在文档的页面上，标尺标出了页面的大小及页面边距的宽窄，可以非常清楚地观察到所设计的页面的大小。水平标尺上的刻度以汉字字符数为单位，垂直标尺上的刻度以行数为单位。可以通过拖动标尺的两端来改变页面边距的宽窄，也可以通过拖动水平标尺上的游标来完成首行缩进、段落缩进等格式化操作。

（2）插入点。插入点也称为光标位置。用户可以将指针定位于文档的任一位置，所在位置称为当前插入点，以一条不断闪动的竖线（光标）作为标识，其大小与当前的字号有关。

（3）视图工具栏。在文档编辑窗口的左下角，共有 5 个视图按钮，选中的即为当前文档所采用的视图。

5. 任务窗格

任务窗格使用户可以在处理文件的同时执行相关命令。常用的任务窗格有“开始工作"、"帮助"、"搜索结果"、"剪贴画"、"信息检索"、"剪贴板"、"新建文档"、"共享工作区"、"文档更新"、"保护文档"、"样式和格式"、"显示格式"、"邮件合并"、"XML 结构"。选择"视图"→"任务窗格"命令就可弹出"任务窗格"对话框。

6. 任务栏

任务栏也称为状态栏,位于窗口底部,用于显示文档的当前编辑状态,包含的信息有插入点位置、文档是否处于改写状态、当前页码、总页数、拼写与语法状态等。

7. 滚动条

用于快速地定位和浏览文档。

4.1.2 Word 的启动

Word 启动的常用方法有:

(1) 常规启动。单击"开始"→"程序"→Micorsoft Office Word 2003 命令即可启动 Word。

(2) 快捷启动。双击桌面上的快捷方式 图标即可启动 Word。

(3) 通过已有文档启动。双击任一 Word 文档图标,即可启动 Word 2003 并打开被双击的 Word 文档。

(4) 找到 Word 2003 的安装目录,双击 Word 2003 的可执行程序图标 即可启动 Word。

4.1.3 Word 的退出

Word 退出的常用方法有:

(1) 单击 Word 窗口的关闭按钮 。

(2) 右击任务栏上的 Word 文档图标 ,在快捷菜单中选择"关闭"命令。

(3) 单击 Word 窗口左上角的标题栏上的图标 ,在弹出的控制菜单上选择"关闭"命令。

(4) 在 Word 为活动窗口时,按 Alt＋F4 组合键。

(5) 选择"文件"菜单中的"退出"命令。

注意:Word 的退出与 Word 文档的关闭是两个不同的概念,"关闭"文档是指关闭打开的文档,但不退出 Word 程序。退出 Word 程序则关闭文档,同时又结束 Word 程序。对于没有保存的已被修改的文档,在退出之前,Word 2003 中将会出现一个消息提示框,询问用户是否保存对文档的修改。

4.1.4 文档的视图方式

为方便用户从多个角度查看文档,Word 2003 提供了多种视图,并提供了"文档结构图"开关以及网页预览功能。

1. 5 种视图

Word 2003 提供了 5 种视图:页面视图、Web 视图、大纲视图、普通视图和阅读版式视图。通过选择"视图"菜单下的选项即可获得相应的视图。

1）页面视图

页面视图是在文档编辑中最常用的一种版式视图，是文档或其他对象的一种视图，其显示效果与打印效果一样。例如，页眉、页脚栏和文本框等项目会出现在它们的实际位置上。页和页之间不相连。

2）普通视图

与页面视图不同，普通视图中以一条长虚线表示页间分隔，是一种显示文本格式设置和简化页面的视图。它不显示文档在页面上的布局和一些附加信息，只显示出图文的内容和字符的格式，因此，这种视图占用内存小，处理速度快。普通视图便于进行大多数编辑和格式设置。

3）Web 版式视图

Web 版式视图以 Web 页的方式显示当前文档的内容，可以将 Word 中编辑的文档直接用于网站，并可通过浏览器直接浏览，它可以显示出页面的背景设置。

4）阅读版式视图

阅读版式视图会隐藏除"阅读版式"和"审阅"以外的所有工具栏。

在 Word 中，单击"常用"工具栏上的"阅读"按钮 ，或在任意视图下按 Alt＋R 组合键即可切换到阅读版式视图。

阅读版式视图中显示的页面适合您的屏幕，这些页面不代表在打印文档时所看到的页面。如果要查看文档在打印页面上的显示而不切换到页面视图，可以单击"阅读版式"工具栏上的"实际页面"按钮 。

想要停止阅读文档请单击"阅读版式"工具栏上的"关闭"按钮 ，或按 Esc 键或 Alt＋C 组合键即可从阅读版式视图切换回来。

如果要修改文档，只需在阅读时简单地编辑文本，而不必从阅读版式视图切换出来。"审阅"工具栏自动显示在阅读版式视图中，这样，就可以方便地使用修订记录和注释来标记文档。

5）大纲视图

大纲视图用缩进文档标题的形式代表标题在文档结构中的级别。

2. 文档结构图

选择"视图"→"文档结构图"命令即可打开文档的"文档结构图"子窗口。子窗口以相对独立的形式定位在工作区左边，其内容为文档的标题列表，单击子窗口中某一标题，可自动将光标定位在文档的相应位置，并可以根据需要选择只显示标题，或显示标题中的内容。图 4-2 即为打开文档结构图后的效果。

3. 缩略图

选择"视图"→"缩略图"命令即可打开文档的"缩略图"子窗口。子窗口以相对独立的形式定位在工作区左边，其内容为文档的缩小页面，单击子窗口中某一页面，可自动将光标定位在文档的相应页面的左上角。图 4-3 即为打开文档缩略图后的效果。

大学计算机基础

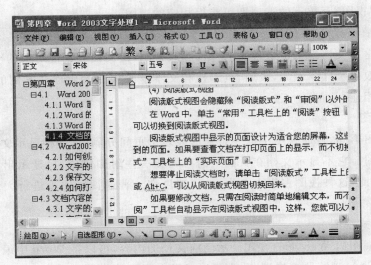

图 4-2 打开文档结构图后的效果

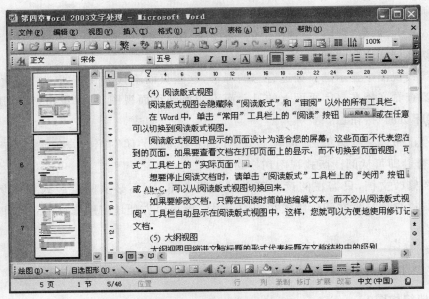

图 4-3 打开缩略图后的效果

4．网页预览

选择"文件"→"网页预览"命令即可在网页上预览文档。

5．设置显示比例

改变显示比例可使文字更适用于普通视图或页面视图。设置方法有：

（1）选择"视图"菜单中的"显示比例"命令，然后根据需要进行设置即可。如图 4-4 所示。

（2）单击"常用"工具栏上的"显示比例"按钮，在下拉选项中选择相应的命令选项即可。

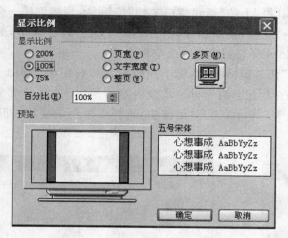

图 4-4　显示比例对话框

4.2　Word 2003 的基本操作

使用文字处理软件时,主要的操作就是输入文本及编辑文本。

下面通过一个应用实例介绍 Word 文档的基本操作。

应用实例:建立一个空白文档,输入一篇有关硬件信息的文章,保存为数码.doc。结果如图 4-5 所示。

图 4-5　应用实例的文档内容

在这个文档中,除了要输入汉字外,还要输入一些特殊字符如"「」",此外还要对文档格式进行设置,并插入了一张图片以达到美化的效果。另外,本文档中还包括表格的设计。

4.2.1　创建文档

每次 Word 启动都会自动创建一个新文档,并命名为"文档 1"。

若已经启动了 Word,则可以使用下述方式建立一个空白文档。

（1）单击"常用工具栏"上的"新建空白文档"按钮□，直接创建一个新文档。

（2）选择"文件"→"新建"菜单命令，打开"新建文档"任务窗格，如图4-6所示，在窗格中选择"空白文档"，Word会立刻建立一个空白文档。

（3）在"新建文档"任务窗格的"本机上的模板"中，有很多Word自带的模板和模板向导。利用它们，可以快速创建具有特殊格式及内容的Word文件。单击"本机上的模板"，弹出"模板"对话框，如图4-7所示。在对话框中，选择要采用的模板，即可新建一个具有特殊格式的文档。

图4-6   "新建文档"任务窗格

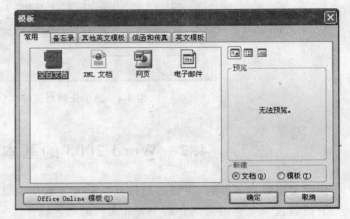

图4-7   "模板"对话框

所谓"模板"，实际上是某种格式的文档样板，它是未来文档的蓝图。我们知道，有很多文档的格式是固定的，如信函，对这种具有一定格式的文档，系统将它的格式以模板的形式固定下来，当用户要编辑此类文档时，只要使用此模板，生成一份相同格式的文档，填入实际内容即可，不必再为文档的格式和是否有所遗漏而操心。

Word中提供了很多不同类型的文档模板（扩展名为.doc），另外，用户可以自己制作模板并保存到模板清单中供以后使用。

4.2.2   文字的输入

在Word中，输入文本只需将原稿逐字输入即可。

新建一个空白文档，在文档中输入如图4-5所示的应用实例中的文本内容。文本内容如下：

几款热门家用投影机的推荐

目前国内投影机市场表面上看来很平静，其实是一场混战一触即发，其中最具代表性的就是"DLP"和"3LCD"之间的明争暗斗，这两大势力下的各个厂商也是励兵秣马、摩拳擦掌，为扩张自己的势力做足了准备工作。

投影机市场也可以分为低、中、高三个档次，像纽曼、明基等国产品牌，把眼光主要放在中低端市场，而高端市场还是被日系和韩系的产品所占据。值得一提的是，目前在国内增长速度很快的是来自台湾的奥图码企业，近几年它在中国内地发展迅速。如此眼花缭乱的投影机市场，想必你在选择的时候也会头疼不已，下面为你列举几款人气较高的主流家用投影机。

1. 光标定位

首先要将光标定位到插入文字的位置，然后输入文字。

要定位光标到插入点，可以用鼠标直接单击。Word 2003 提供了一种更加快捷的方式，可以用鼠标在插入点直接双击，即使插入点之前没有正文内容。

空白文档的插入点是在工作区的左上角，我们可以在这个位置依次输入文档内容。

此外，定位光标还可以用键盘方式。

用键盘移动光标是最基础的方法，但只适合于小范围的移动，要在大范围内移动光标，最好使用鼠标。使用键盘移动插入点的方法如表 4-1 所示。

表 4-1　使用键盘移动插入点

按键操作	移动范围	按键操作	移动范围
↑／↓	向上／下移动一行	Ctrl＋Home/Ctrl＋End	移动至文档的首／尾
←／→	向左／右移动一行	Page Up/Page Down	向上／下移动一屏
Home/End	移动至当前行的首／尾		

2. 选择输入法

在输入文本前，要选择输入法。可以使用 Ctrl＋Space(空格键)组合键在英文和各种中文输入法之间进行切换，也可以使用鼠标单击任务栏右侧的语言指示器，在打开的输入法菜单中选择所需输入法，或者用 Ctrl＋Space 在英文和首选中文输入法之间进行切换。

随着字符的输入，插入点光标会自动从左到右移动，到达行尾时自动换行。因此，每个自然段完毕后，才可以按 Enter 键，表示该段结束。

3. 插入/改写文本

在插入文本之前，首先要弄清楚当前是在插入方式还是在改写方式，因为这两种方式输入的效果不同。

在插入方式下输入文本时，原插入点之后的文本向右移动，在改写方式下输入文本时，新的字符将替换相应位置上的原字符。Word 的默认工作状态通常处于插入方式，如果要进行改写操作，可切换到改写方式。

要切换到改写方式，可执行下列操作。

(1) 按 Insert 键。

(2) 双击 Word 窗口状态栏上的"改写"框，当"改写"框变成高亮度(黑色)时，表示目前正工作在改写方式下，再次双击，则"改写"框变为灰色，表示目前工作在插入方式下。

下面切换到插入方式下，然后输入文本内容。输入标题"几款热门家用投影机的推荐"后按 Enter 键换行，表示该段结束。在第二行继续输入正文的内容。

4. 输入特殊符号

在 Word 中经常要输入特殊符号，输入特殊符号有多种形式，下面分别介绍。

下面将刚才输入的文字中的词组"DLP"和"3LCD"的两边各插入一个特殊符号"「"和"」"。

首先将插入点定位到词组"DLP"之前，在"插入"状态下，输入特殊字符。输入方法有如下三种：

大学计算机基础

1）利用中文输入法提供的软键盘输入

以"搜狗拼音输入法"为例，在中文输入法提示框中，单击"软键盘"图标，在弹出的菜单中选择"特殊符号"软键盘，在弹出的软键盘窗口中，如图 4-8 所示，单击"「"和"」"键，即可在插入点位置插入特殊符号"「"和"」"。

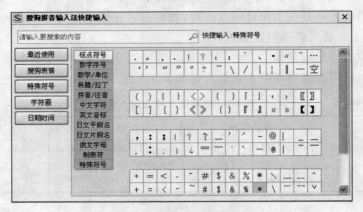

图 4-8 "特殊符号"软键盘

2）选择"插入"→"符号"命令输入

选择"插入"→"符号"命令后，弹出如图 4-9 所示的"符号"对话框，在"符号"对话框的"符号"选项卡中，包含了常用字体的特殊符号，用户可以在"字体"下拉列表框中选择"新宋体"字体，然后在子集下拉列表中选择"CJK 符号和标点"，然后在下面的列表框中选择相应的特殊符号"「"，单击"插入"按钮即可插入符号"「"。

3）利用"插入"→"特殊符号"命令输入

选择"插入"→"特殊符号"命令后，弹出如图 4-10 所示的"插入特殊符号"对话框，在"标点符号"选项卡中，选择相应的特殊符号"「"，单击"确定"按钮即可插入符号"「"。

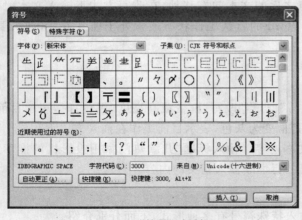

图 4-9 "符号"对话框

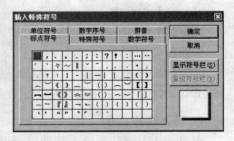

图 4-10 "插入特殊符号"对话框

利用"符号"对话框中的"自动更正"按钮，还可以对选中的符号进行自动快速的设置。下面以输入")("两个符号实现符号"⊠"的快速输入为例，讲述具体的设置步骤。

（1）在"符号"对话框中选中符号"⊠"，单击"自动更正"按钮，打开"自动更正"对话框

（如图 4-11 所示），"自动更正"对话框中列出了已经设置了快速输入键的特殊符号。

（2）在对话框中，"替换为"文本框中已经显示出了符号"✉"，在"替换"文本框中输入两个小括号"）（"。

（3）单击对话框中的"添加"按钮，符号"✉"及其快速设置键就被添加到列表框中。

（4）当需要在文档中输入符号"✉"时，直接输入代替键"）（"即可。

另外，有时文档中需要插入系统的当前时间，可以利用"插入"→"日期和时间"命令插入日期和时间（如图 4-12 所示），利用"插入"→"数字"命令可以插入特殊数字。

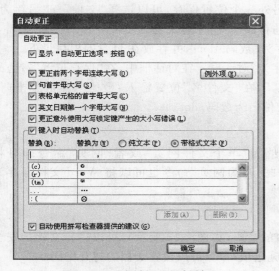

图 4-11　"自动更正"对话框

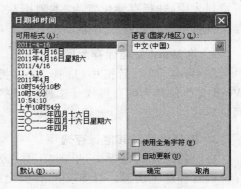

图 4-12　"日期和时间"对话框

5. 插入文件

Word 允许用户在编辑一个文件时插入其他文件的内容，应用这项功能可以将多个小型文档组合成一个大型文档。

在文档的末尾，插入一个 Word 文档"计算机组成.doc"。插入方法如下：

（1）将插入点定位到目标位置，即文档的末尾。

（2）在菜单栏中选择"插入"→"文件"命令，打开"插入文件"对话框。

（3）在查找范围中，选定要插入的文件所在的驱动器及文件夹。

（4）在文件列表框中，双击要插入的文件"计算机组成.doc"，或选择要插入的文件后单击"插入"按钮，则所选文档的内容会插入到插入点位置。

4.2.3　保存文档

用户当前编辑和排版的文档只是暂时存放在计算机的内存中，若计算机中途断电，则正在编辑或修改的文档将会丢失。因此，要将正在编辑或编辑完的文档及时保存到磁盘上，以便将来使用。

1. 一般保存操作

1）首次保存文档

如果要保存的文档是未命名的新文档，常见的保存方式有：单击常用工具栏上的保存图标![save]、选择"文件"→"保存"命令或使用快捷键 Ctrl＋S,将打开"另存为"对话框。Word 将自动为新文档取名,扩展名自动定义为".doc",表示保存的文档类型为 Word 文档。保存文档时要注意三个设置,即设置好文件名、文件类型(扩展名)及文件的存放位置。

2) 保存已存在的文档

如果要保存已存在的文档,单击常用工具栏上的保存图标![save],或选择"文件"→"保存"命令时不会出现"另存为"对话框,Word 直接用新的内容替换上次保存的结果,可以在状态栏中看到保存的进度。

要将当前的文档以另外一个名字或在另外一个位置保存,可以选择"文件"→"另存为"命令,在打开的"另存为"对话框中,选择新的存放位置,并输入新文件名即可。

如:将 4.2.2 节中输入的文本信息保存为"数码.doc",并存放在 D 盘的根目录下。

选择"文件"→"保存"命令,将打开"另存为"对话框。在对话框中,在"保存位置"右边的下拉列表中,选择存储位置为"本地磁盘 D:",在"文件名"位置输入"数码",然后单击"保存"按钮,则文件保存到 D 盘的根目录下,文件名为数码.doc。

2. 将 Word 文档保存为网页

在"另存为"对话框中,选择"保存类型"为"单个文件网页"或者"网页"命令即可将 Word 文档保存为网页形式。选择"文件"→"另存为网页"命令也可以将 Word 文档保存为网页形式。

3. 安全设置及其他保存选项

在"另存为"对话框中,单击"工具"旁边的箭头(如图 4-13 所示),可以进行文档的安全保护设置和版本设置。例如:单击"安全措施选项"命令可以设置文档的打开密码。

如:设置如图 4-5 所示的文档"数码.doc"的打开密码为"长治学院",修改密码为"计算机系"。

操作步骤如下:

(1) 选择"文件"→"另存为"命令,打开"另存为"对话框。

(2) 单击"工具"旁边的箭头,在弹出的菜单中,选择"安全措施选项",打开"安全性"对话框,如图 4-14 所示。

图 4-13　"工具"菜单

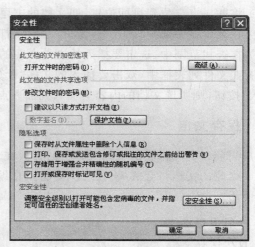

图 4-14　"安全性"对话框

（3）在"打开文件时的密码"中输入"长治学院"，在"修改文件时的密码"中输入"计算机系"。

（4）单击"确定"按钮即可。

也可以通过选择"工具"→"选项"命令，在打开的"选项"对话框中，打开"安全性"选项卡，然后设置密码。

4．保存为模板

在"另存为"对话框中，选择"保存类型"为"．doc"，即可将 Word 文档保存为模板。此时 Word 自动将保存位置切换到"template"文件夹中。

注意：文件菜单中的"保存"与"另存为"的区别是，"另存为"可以将已保存过的文件以其他文件名保存到其他位置上，并且还可以更改文件类型。

5．自动保存时间间隔

为防止意外丢失文档中的数据，可使用"自动保存"功能，将在指定的时间间隔保存文档。自动保存的文档将以特殊的格式保存在指定的位置上，在保存文档之前，如果出现电源掉电等问题，在重新启动 Word 时，系统会自动显示原来打开的文档，但最后仍然要执行"保存"操作来保存文档，这样可以将意外造成的损失降到最低。

如：设置数码．doc 文档的自动保存时间间隔为 10 分钟。

操作步骤如下：

（1）在菜单栏中选择"工具"→"选项"命令，在弹出的对话框中打开"保存"选项卡。

（2）在"保存"选项区域中，选择"自动保存时间间隔"复选框，在"分钟"框中输入自动保存文档的时间间隔为"10"，如图 4-15 所示。

（3）单击"确定"按钮即可。

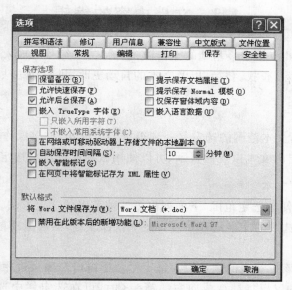

图 4-15　设置自动保存时间间隔

4.2.4　打开和关闭文档

1. 打开文档的方式

编辑或查看一个已存在的文档,要先把它打开。打开文档的方法有以下几种:

(1) 双击要打开的 Word 文档图标。

(2) 在已打开的 Word 文档中单击常用工具栏上的"打开"按钮![打开按钮],在弹出的"打开"对话框中选择要打开的文件,单击"确定"按钮即可打开文档。

(3) 在已打开的 Word 文档中选择"文件"→"打开"命令,在弹出的"打开"对话框中选择要打开的文档,单击"确定"按钮即可打开文档。

(4) 在已打开的 Word 文档的"文件"菜单下方显示了最近使用过的文档,单击即可打开相应的文档。

2. 关闭文档的方式

关闭文档可以释放内存。在菜单栏中,选择"文件"→"关闭"命令,如果执行此命令前已保存了文档,则立即关闭该文档;如果修改后还未保存,则屏幕会弹出提示框,询问是否保存文档。要保存文档,单击"是"按钮即可。

如果文档已命名,将按原文件名存盘,然后关闭该文档;若文档未命名,则弹出"另存为"对话框。

若不保存修改的内容,单击"否"按钮,则放弃自上次存盘后对文档所做的修改,然后关闭文档。

单击"取消"按钮,则取消关闭文档的操作,返回编辑状态。

退出 Word 时,将关闭所有打开的文档。

4.3　文档内容的编辑

文档编辑是 Word 应用中最基础的操作,它包括文字、符号的输入,日期和时间的插入,文本的复制、移动、删除、查找、替换,以及文本的自动更改、拼写和语法检查等。

4.3.1　文字的选定

在 Word 文档中,文本范围的选定是一项很重要的操作,许多操作在执行前必须先定义要作用的范围,被选定的文本以反白显示,可以使用鼠标或键盘来选定文本。

1. 使用鼠标选定文本

用鼠标可以很方便地选定范围,下面列出了各种范围的选定方法。

选定文字:在要选取的文字的开始位置按下鼠标左键,然后拖动鼠标至结束位置,释放鼠标即可选定文字。

选定一行:单击该行左边的选定栏。选定栏位于窗口左边页边距到左缩进标记之间的空白区,当移至该区的鼠标指针变成向右的箭头![箭头]时,可在选定栏中选定文本;也可以将光标定位在要选取行的开始位置,按住 Shift+End 组合键即可选定一行。

选定一段:双击该段左边的选定栏,或三击该段的任意位置,或按住 Ctrl 键并单击该句的任意位置即可选定一段。

选定大块文本,有两种方法:

(1)单击文本起始处,按住 Shift 键并滚动到结束处即可。

(2)移动插入点到文本起始处,双击 Word 窗口状态栏中的"扩展"框,"扩展"框变成黑色时,启动"扩展"模式,单击文本块的结束处(再次双击"扩展"框可关闭扩展模式)即可。

选定矩形块:按住 Alt 键不放,再单击鼠标并拖动,其效果如图 4-16 所示。

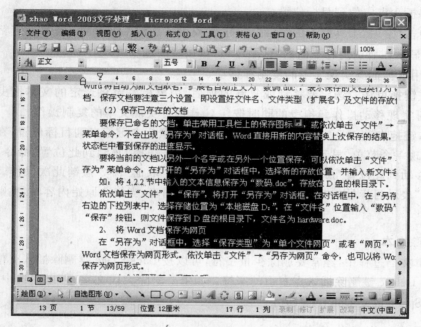

图 4-16　选取矩形的效果

选定全文:鼠标三击选定栏,或按住 Ctrl 键并单击选定栏,或在菜单栏中单击"编辑"→"全选"命令即可选定全文。

2. 使用键盘选定文本

使用键盘选定文本块,有以下两种方式。

(1)将光标定位到文本块首,先按住 Shift 键,再按住光标键↑、↓、←、→,直到文本结束处,然后先释放光标键,再释放 Shift 键。

(2)将光标定位到文本块首,按 F8 键,启动"扩展"模式,将光标定位到文本块的结束处。按 Esc 键即可关闭扩展模式。

此外,用键盘选中全文可以按 Ctrl＋A 组合键。

4.3.2　文字的复制、移动、剪切、粘贴与删除

1. 复制、移动、剪切、粘贴文字

编辑文本时,经常需要在文档中移动或复制部分文本内容。移动或复制文本可以直接用鼠标拖曳,也可以借助于系统剪贴板或 Office 剪贴板实现。

1）使用剪贴板操作

剪贴板操作有菜单、工具栏、快捷键及快捷菜单4种。

使用系统剪贴板方式操作的步骤如下：

（1）选定要移动或复制的项。

（2）若要进行移动，请单击"常用"工具栏上的"剪切"按钮 ✂ 或使用快捷键 Ctrl＋X。若要进行复制，请单击"复制"按钮 📋 或使用快捷键 Ctrl＋C。

（3）如果要将所选的项移动或复制到其他文档，请切换到目标文档。

（4）将插入点定位到目标位置。

（5）单击"常用"工具栏上的"粘贴"按钮 📋 或用快捷键 Ctrl＋V。若要确定粘贴项的格式，请单击显示在所选内容下面的"粘贴选项"按钮中的选项。

2）使用鼠标拖曳实现文本的复制和移动

（1）左键拖曳法。选定要移动或复制的项后，用鼠标左键将选定的文本拖曳到要移动的位置即可实现移动操作。拖曳的同时按住 Ctrl 键可实现文本的复制操作。

（2）右键拖曳法。选定要移动或复制的项后，用鼠标右键拖曳到目标位置，在释放鼠标右键时，出现一个菜单，显示移动和复制的有效选项。选择"复制到此位置"命令，可复制文本；选择"移动到此位置"命令，可移动文本；也可选择"取消"命令撤销此次操作。菜单中的"链接此处"表示目标处的粘贴内容与原始内容保持同步，当修改原始内容时，粘贴内容将同时改变。

2. 删除文本

在编辑文档过程中，经常要删除少量字符，可以按 BackSpace 键删除插入点位置左边的字符，或按 Delete 键删除插入点右边的字符。如果要删除大段文字，可以先选中这些文字，再按 BackSpace 键或 Delete 键即可。

4.3.3 操作的撤销与恢复

在文本编辑过程中，难免会出现操作失误。Word 2003 提供了非常有用的"撤销"和"恢复"命令。只要没有关闭文档，所做的操作都是可以撤销和恢复的。但有些特殊的操作是不能撤销和恢复的，比如保存和打印文档、复制和剪切操作等。

1. 撤销最近一次操作

如果要使文本恢复到前一次操作时的状态，有以下几种方法。

（1）单击"常用"工具栏中的"撤销"按钮 ↩ ·。

（2）在菜单栏中选择"编辑"→"撤销"命令。

（3）按快捷键 Ctrl＋Z。

2. 恢复以前的操作

如果进行了错误的撤销操作，Word 提供了"恢复"命令来恢复操作。其作用与撤销操作刚好相反，它有以下几种方法。

（1）单击"常用"工具栏上的"恢复"按钮 ↪ ·。

（2）在菜单栏中选择"编辑"→"恢复"命令。

（3）按快捷键 Ctrl＋Y。

3. 撤销或恢复多次操作

如果要撤销以前所做的多项操作,可以单击"撤销"按钮 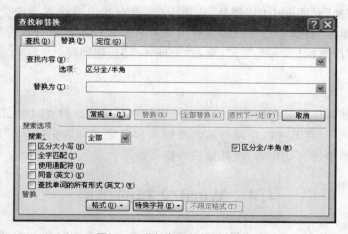 右边的向下箭头,在打开的对话框中,单击某次操作,则在此之后的操作都被撤销。

如果要恢复以前撤销的多项操作,可以单击"恢复"按钮 右边的向下箭头,在打开的对话框,单击某次操作,则在此之前的所有撤销操作都被恢复。

4.3.4　查找和替换

利用查找与替换工具可以快速地在文档中找到需要的文本,并用新的文本进行部分或全部替换。

查找是指根据指定的关键字从已有文档中找到与之相匹配的字符串,然后可进行查看和修改操作。这些关键字可以是字符串,也可以是带有特殊格式的文本、段落、制表符及其他特殊字符。

选择"编辑"→"查找"命令或"编辑"→"替换"命令,可以在文档中进行指定文字、格式、段落标记、分页符和其他项目的查找或替换,例如,可以将文档中的指定文字全部或部分替换为其他文字。"替换"中的"高级"功能可实现特殊字符的快速删除以及格式转换。

1. 查找文本

选择"编辑"→"查找"命令(或者按 Ctrl＋F 键),然后在弹出的"查找和替换"对话框(图 4-17)中的"查找"选项卡中,将查找内容设置为要查找的文字,单击"查找下一处"按钮,Word 就将找到的内容以高亮度显示。

图 4-17　"查找和替换"对话框

若要一次选中指定文本中的所有实例,请选中"突出显示所有在该范围找到的项目"复选框。

在查找时,单击"高级"按钮,在弹出的对话框中可以在"搜索"下拉列表框中选择搜索方向,还可以通过选择复选框设置查找方式。

2. 替换文本

选择"编辑"→"替换"命令(或者按 Ctrl＋H 键),弹出"查找和替换"对话框,在"替换"

选项卡中,将查找内容设置为要查找的文字,在"替换为"框内输入替换文字,选择其他所需选项。单击"查找下一处"、"替换"或者"全部替换"按钮即可进行查找或替换操作。按 Esc键可取消正在执行的搜索。

3. 查找替换格式

Word 中可以搜索、替换或删除字符格式。

查找文档中的小五号字体,并将其更改为常规的五号字体。

操作步骤如下:

(1) 选择"编辑"→"替换"命令,弹出"查找和替换"对话框。

(2) 如果看不到"格式"按钮,请单击"高级"按钮。

(3) 在"查找内容"框中,删除所有文字,再单击"格式"按钮,然后选择"字体",在弹出的"字体"对话框中,选择字体的字号为"小五"。

(4) 在"替换"选项卡上,删除所有文字,再单击"格式"按钮,然后选择"字体",在弹出的"字体"对话框中,选择字体的字号为"五号",字形为"常规"。

(5) 单击"查找下一处"按钮,则符合条件的第一个实例被突出显示出来。如果选中"突出显示所有在该范围找到的项目"并单击"查找全部"按钮,则所有实例都被突出显示出来了。

(6) 单击"替换"按钮则替换找到的某一个实例,单击"全部替换"则替换所有找到的实例。

4. 查找和替换特殊字符

此外,还可以方便地搜索和替换特殊字符和文档元素,例如分页符和制表符。

将文档中的所有连续的两个回车符"↵↵"替换为一个回车符"↵"。

在"查找和替换"对话框中的"替换"选项卡中,将查找内容设置为两个连续的"段落标记"——"^p^p"(单击"特殊符号"按钮,在弹出的菜单中选择所需的特殊符号),在"替换为"文本中输入一个"段落标记"——"^p",单击"全部替换"按钮即可。

4.3.5　拼写检查

拼写检查功能可以帮助您快速地查找文档中的拼写错误。检查时将扫描整篇文档或文档中的选定区域,然后将其中的单词与其内置词典和自定义词典中的单词进行比较。如果文档中出现了词典中没有的单词,将其被视为拼写错误。

4.4　Word 文档的排版

Word 提供了丰富的文档格式化功能。把各种格式用于选定的文本或整个文档,可以大大增加文档的可读性,使文字美观大方。格式化主要是按用户的要求对字符、段落的格式进行设置。

格式化编辑既可以在创建文档时采用先设置格式后输入文本的方法,也可以采用先应用系统默认格式,输入文本后设置格式的方法。通常采用后一种方法。

Word 文档中,系统默认的中文字体是宋体,西文字体是 Times New Roman,字号是五号,段落格式是左对齐,单倍行距。

4.4.1　字体格式设置

字符格式化包括对文字的字体、字号、颜色、字间距等格式进行设置，下面介绍常用的方法。

1. 通过"格式"工具栏进行字符格式化

通过"格式"工具栏，可以设置选定文本的字体、字号、倾斜、加粗、加下划线、加边框、加底纹、设置缩放比例及字的颜色等。

（1）利用"字体"列表框 宋体 设置字体。

（2）利用"字号"列表框 五号 设置字号。

（3）利用 **B** 按钮实现文字加粗，*I* 设置字体倾斜，<u>U</u> 添加下划线。

2. 通过"格式"菜单进行字符格式化

选择"格式"→"字体"命令，打开"字体"对话框，如图 4-18 所示。在对话框中可以设置所选文本的字体、字号、字形、颜色等，还可以设置上标、空心字等特殊格式，并可以在"字符间距"选项卡中设置字间距，在"文字效果"选项卡中设置文本的动画效果。

3. 文字的"中文版式"设置

对选定的文本可以设置其中文版式，具体操作是：选中要设置格式的文字，然后选择"格式"→"中文版式"命令，在弹出的菜单中选择要设置的中文版式，就可以进行相应的设置。

1）拼音指南

在小学课本上可以看到很多文字上都标注了拼音，手工地一个一个添加会很麻烦，如果使用拼音指南就会很方便。

步骤如下：

（1）选中要加拼音的文字，如选中"拼音指南"。

（2）选择"格式"→"中文版式"→"拼音指南"命令，打开"拼音指南"对话框，如图 4-19 所示。

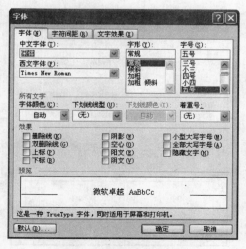

图 4-18　"字体"对话框

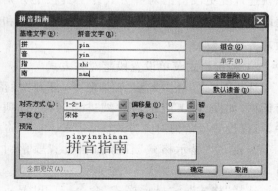

图 4-19　"拼音指南"对话框

（3）在对话框中已自动给出了每个字的拼音，可以从"预览"框中查看效果。如果效果不好，可以设置拼音的对齐方式、偏移量、字体和字号来进行修正，设置完成后，单击"确定"按钮即可。

图 4-20　"带圈字符"对话框

2）带圈字符

带圈字符是指给某个字或字符加上特殊的圈号。

步骤如下：

（1）选择要添加带圈字符的文字，如选择"带圈字符"中的"带"字。

（2）单击"格式"→"中文版式"→"带圈字符"菜单项，打开"带圈字符"对话框，如图 4-20 所示。

（3）选择其中一种样式，在"文字"框中可以修改要加圈的字符，在"圈号"列表框中可以选择圈的形式。

（4）单击"确定"按钮即可。

4.4.2　段落格式设置

在 Word 中以段落为排版的基本单位，每个段落都可以有自己的格式。在编辑文档时，按下 Enter 键，表明前一段落的结束，后一段落的开始。每个段落都有一个段落标记"↵"，它包含了这个段落的所有格式的设置。如果删除了段落标记，那么下一段的格式信息就丢失了，下段将与当前段合并，且段落格式相同。

要对段落进行格式化，必须先选定段落。Word 提供了灵活方便的段落的格式化设置方法。段落格式化包括段落对齐、段落缩进、段落间距、行间距等。

注意：删除段落标记符"↵"可以把两段合并为一段，反之，将插入点置于要分段的位置，按下 Enter 键，可以把一段分为两段。

1. 设置段落对齐方式

Word 提供了 5 种对齐方式：左对齐、居中、右对齐、两端对齐和分散对齐。

1）通过格式工具栏设置段落对齐方式

利用格式工具栏上的对齐按钮，可以快速地变更段落的对齐方式。工具栏上分别是两端对齐按钮、居中按钮、右对齐按钮和分散对齐按钮。

2）利用格式菜单设置段落对齐方式

选择"格式"→"段落"菜单命令，打开"段落"对话框，如图 4-21 所示，在"缩进和间距"选项卡中，可以设置段落的对齐方式。

3）通过"显示格式"任务窗格设置段落对齐方式

选择"格式"→"显示格式"命令，打开"显示格式"窗格，通过该窗格，可以对所选文本及所在段

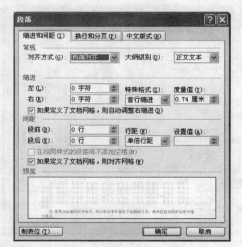

图 4-21　"段落"格式设置对话框

落进行格式设置。具体步骤如下：

（1）选中要设置格式的段落，相应的格式信息将自动显示在"显示格式"任务窗格中。

（2）要更改段落的对齐格式，可以单击带有蓝色下划线的文字，然后在显示的对话框中进行更改。

2. 设置段落缩进方式

段落缩进是指文本与页面边界的距离。段落的左右边界与页边距之间的空白间距，称为左右缩进。

段落缩进方式一般有首行缩进、悬挂缩进和左缩进、右缩进。其中，悬挂缩进表示除第一行之外的各行都缩进；左缩进和右缩进表示段落的所有行都缩进。

设置段落缩进格式的方法有 4 种。

1）利用格式工具栏上的 ▓▓ 按钮设置缩进量

注意：如果水平标尺没有显示出来，可在菜单栏中选择"视图"→"标尺"命令以显示标尺。

2）通过格式菜单设置段落缩进

选择"格式"→"段落"命令，打开"段落"对话框，在"缩进和间距"选项卡中，可以设置段落的对齐方式、大纲级别，还可以设置段落的缩进方式及缩进量，设置段前、段后距离及段落的行间距。

3）通过"显示格式"任务窗格设置段落缩进

选择"格式"→"显示格式"命令，打开"显示格式"窗格，通过该窗格，可以对所选文本及所在段落进行格式设置。

4）利用水平标尺设置段落缩进

拖动水平标尺上的各个标志可以快速地设置段落缩进量。水平标尺及缩进符的含义如图 4-22 所示。

图 4-22　水平标尺

3. 设置段落间距和行间距

段落间距是指在垂直方向上段和段之间的距离。行间距是指段落内行和行之间的垂直距离。

1）设置行间距

默认状态下，Word 采用单倍行距，整个文档以相同的行间距显示。改变行间距的方法如下：

用 ▓▓ 设置段落行间距，或打开"段落"对话框，在"缩进和间距"选项卡中，在"行距"列表框中选择要设置的行距选项，或在"设置值"下面，自行输入要设置的行距如 1.65 即可。

2）设置段落间距

默认状态下，Word 的段前和段后间距均是 0。

要改变段落间距，需要在"段落"对话框中进行操作。

如：改变如图 4-5 所示文档的第一段的段前间距为 12 磅，段后间距为 12 磅。

操作步骤如下：

（1）将插入点定位到第一段。

（2）打开"段落"对话框，在"缩进和间距"选项卡中，在"段前"列表框中输入 12 磅，在"段后"列表框中输入 12 磅。

（3）单击"确定"按钮。

4.4.3　复制格式

在编辑文档时，常常需要在文档的不同位置使用统一的字符格式或段落格式。逐一设置格式会花费很多时间。Word 提供了格式刷，它极大地简化了这项工作。利用格式刷可以将已有格式应用到其他文本中。

1. 复制文本格式

复制文本格式的步骤如下：

（1）选定样板文本。

（2）单击"常用"工具栏上的格式刷按钮 ，当鼠标指针变成格式刷形状时，选定目标文本，完成格式复制，格式复制功能关闭。

2. 复制段落格式

复制段落格式的步骤如下：

（1）选定样板段落的段落标记符"↵"。如果看不到段落标记符"↵"，则选择"视图"→"显示段落标记"命令，在文档中会显示段落标记"↵"。

（2）单击"常用"工具栏上的格式刷按钮 ，当鼠标指针变成格式刷形状时，选定目标段落的段落标记符"↵"，完成格式复制，格式复制功能关闭。

3. 多次复制格式

单击"常用"工具栏上的格式刷按钮 时，只能复制格式一次，如果要复制多次，可以双击"常用"工具栏上的格式刷按钮 ，完成所有复制任务后，再次单击格式刷按钮 或按 Esc 键可关闭复制功能。

4.4.4　边框和底纹设置

在 Word 中，可以给文字或段落添加边框和底纹，以达到强调和突出的目的。

添加边框和底纹有两种方法。

1. 通过格式工具栏上的按钮添加边框和底纹

单击"字符边框"按钮 A 可以为选定的文字添加黑色单实线边框，单击"字符底纹"按钮 A 可以为选定文字添加 15％的灰色底纹。

2. 通过菜单添加边框和底纹

为如图 4-5 所示的文档中的词组"中低端"添加一个虚线、红色、方框类型的边框，宽度为 1 磅,并设置底纹的图案为 5% 的紫罗兰色,填充色为蓝色。

操作步骤如下:

(1) 选中词组"中低端"。

(2) 在菜单栏中选择"格式"→"边框和底纹"命令,打开"边框和底纹"对话框,如图 4-23 所示,打开"边框"选项卡。

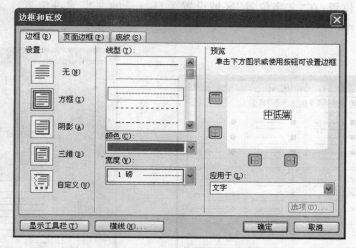

图 4-23　"边框和底纹"对话框

(3) 在"设置"区域中,选择边框类型为"方框",在"线型"列表中,选择边框线型为虚线,在"颜色"下拉列表中,选择颜色为红色,在"宽度"下拉列表框中选择边框线宽度为 1 磅,在"应用于"下拉列表框中,选择边框作用的范围为"文字"。

(4) 打开"底纹"选项卡,在"填充"区域中,选择底纹颜色为紫罗兰,在"图案"区域的"样式"下拉列表框中,选择底纹图案为 5%,在"颜色"下拉列表框中,选择图案颜色为蓝色,在"应用于"下拉列表框中,选择底纹作用的范围为"文字"。

(5) 打开"页面边框"选项卡,可以为页面添加艺术性的页面边框。

(6) 单击"确定"按钮即可。

4.4.5　项目符号和编号设置

在文档编辑过程中,为了使相关内容层次分明,易于阅读和理解,经常需要为文档的各个段落添加各种形式的编号。使用 Word 可以快速地在现有文本中添加项目符号和编号。可以在文档中插入默认的项目符号或编号,也可以插入自定义的项目符号或编号。

1. 建立项目符号

项目符号是以符号形式组织的列表,并在一定程度上起强调作用,可提高文档的可读性。添加项目符号的步骤如下:

(1) 将光标放置在需要添加项目符号的段落中,如果有多个段落需要添加项目符号,则将这些段落全部选中。

(2) 单击"格式"工具栏上的"项目符号"按钮☰,或选择"格式"→"项目符号和编号"命令,弹出"项目符号和编号"对话框(如图 4-24 所示),可根据需要选择"项目符号"选项卡中的一个项目符号,单击"确定"按钮即可添加项目符号。

(3) 如果要自定义符号,在"项目符号和编号"对话框中,选择"自定义"按钮,弹出图 4-25 所示的"自定义项目符号列表"对话框,在对话框中,单击"项目符号字符"或"字符"、"图片"按钮选择项目符号形状,"字体"按钮设置项目符号格式,在"缩进位置"区域设置项目符号的段落缩进位置;在"文字位置"区域设置项目符号的文字缩进位置。设置效果将即时显示在"预览"框中。

图 4-24　"项目符号和编号"对话框

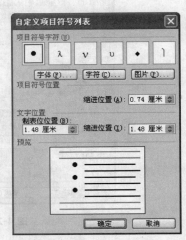

图 4-25　"自定义项目符号列表"对话框

注意:使用"格式"工具栏中的"项目符号"按钮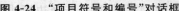,只能套用最近使用过的项目符号。要改用其他项目符号,就必须用"项目符号和编号"对话框进行设置。

为文档"数码.doc"中的文本段落添加项目符号"📖"的操作步骤如下:

(1) 选定要添加项目符号的段落。

(2) 选择"格式"→"项目符号和编号"命令,打开"项目符号和编号"对话框,打开"项目符号"选项卡。

(3) 在"项目符号"选项卡所列举的 7 种项目符号中,无项目符号"📖",若选择除"无"以外的任何一种项目符号。

(4) 单击"自定义"按钮,打开"自定义项目符号列表"对话框,如图 4-25 所示。在"项目字符"区域中会显示出 6 个预定义的项目符号,其中也没有"📖"。

(5) 单击"项目符号"按钮,打开"符号"对话框,在"字体"下拉列表框中选择 Wingdings 选项,从中选出符号"📖",如图 4-26 所示。

(6) 单击"确定"按钮,返回"自定义项目符号列表"对话框,符号"📖"就会取代当前的项目符号。

(7) 单击"确定"按钮,则将被选段落的项目符号设置为"📖"。

在 Word 中,还可以用图片代替项目符号。只要在"项目符号和编号"对话框中,单击"图片"按钮,就可以选择图片项目符。

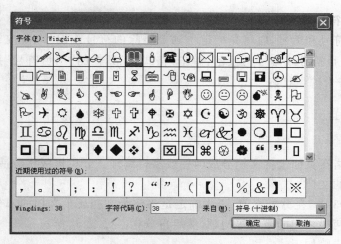

图 4-26　"符号"对话框

2．建立编号

编号是在段落前加上相应的序号,便于罗列要列举的内容,使条理更清晰,并具有先后次序和主次之分。添加编号的步骤如下:

(1) 光标放置在需要添加编号的段落中,如果有多个段落需要添加编号,则需要将这些段落全部选中。

(2) 单击"格式"工具栏上的"编号"按钮,可以为选定的段落添加默认编号。

(3) 如果默认编号不符合要求,可以使用"格式"菜单中的"项目符号和编号"命令。

下面为文本段落设置自定义段落编号,编号形式为"第×章",设置编号的缩进值为0.2厘米,设置文字的缩进值为 1.8 厘米。

(1) 选择"格式"→"项目符号和编号"命令,打开"项目符号和编号"对话框,打开"编号"选项卡。

(2) 在"编号"选项卡所列举的 7 种编号中,无编号"第×章"。

(3) 单击"自定义"按钮,打开"自定义编号列表"对话框。在"编号样式"下拉列表框中选择样式"一,二,三,…",在其后的"起始编号"栏中输入编号的起始值为1。

(4) 在"编号格式"文本框中输入编号前后的字符,即在"一"的左右分别加上"第"和"章"。

(5) 在"编号设置"区域的"对齐位置"数字框中,设置编号的缩进值为"0.2"厘米,在文字位置区域的"缩进位置"数字框中,设置文字的缩进值为 1.8 厘米。

(6) 单击"确定"按钮。

注意:

* 一旦用户定义并使用了一种新的编号,新编号就成为默认的编号。
* 如果删除了一个已建立编号的段落,后面段落的编号将自动更新。
* 当选定一个编号选项后,Word 会自动搜索是否使用过相同的编号,如果有就会激活"重新开始编号"和"继续前一列表项"两个选项。如果希望编号重新开始,可选择"重新开始编号";当希望延续前面的编号时,可选择"继续前一列表"选项。

3. 删除项目符号和编号

要删除项目符号和编号,应将光标定位到要删除的符号或编号后,按 BackSpace 键;或者,选定要删除项目符号或编号的段落,单击"格式"工具栏的"项目符号"按钮 ≣ 或"编号"按钮 ≣ ,使其处于未选中状态。

4.4.6 特殊设置

1. 分栏设置

分栏排版是指在页面上把文档分成两栏或多栏编排。分栏排版比较适合于正文文字比较多而图片较少的文档。

在 Word 2003 中,在分栏之前,要先确定是将整个文档还是文档的部分内容分栏、分栏数、各栏的宽度、两栏之间的距离等问题,然后再分栏。

分栏的操作步骤如下。

(1) 如果是整篇文档分栏,可把插入点定位在正文中间;如果只对部分文档分栏,先选定要分栏的正文。

(2) 选择"格式"→"分栏"命令,打开"分栏"对话框,如图 4-27 所示。

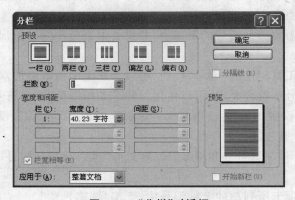

图 4-27 "分栏"对话框

(3) 在对话框中可进行如下的设置。

分栏预设:可以在预设的几种分栏样式中选择,也可以在"栏数"框中设定或输入。

栏宽是否相等:如果栏宽相等,选中"栏宽相等"复选框;否则,取消"栏宽相等"复选框,然后在"宽度和间距"区域中设置栏宽和间距。

应用范围:在下拉列表中,有"整篇文档"、"插入点之后"等选项,如果在之前已选定了要分栏的段落,则在应用范围下拉列表中为"所选文字"和"整个文档"。

开始新栏:当应用范围为"插入点之后"或"本节"时,选择了此项后,则从插入点处(或本节起始处)换页后再分栏。

分隔线:当选择了此项后,在栏与栏之间加上分隔线。

(4) 完成设置后,单击"确定"按钮,关闭对话框。

2. 首字下沉

常常在报纸上看到文章的第一个字被放大并下沉显示的效果,在 Word 中这称为首字下沉。

将如图 4-5 所示的"数码.doc"文档的第一段的第一个字设置为首字下沉。下沉行数为 3,距正文 0.5 厘米,字体为宋体。

操作步骤如下:

(1) 将插入点移动要设置首字下沉的第一段的任意位置。

(2) 在菜单栏中选择"格式"→"首字下沉"命令,打开"首字下沉"对话框,如图 4-28 所示。

(3) 在"位置"区域中选择"下沉"选项,该选项将以加框显示。

(4) 在"字体"下拉列表中选择字体为"宋体"。

(5) 在"下沉行数"滚动框中输入下沉行数为 3。

(6) 在"距正文"滚动框中输入下沉字符与段落正文之间的间距值为 0.5。

(7) 单击"确定"按钮。

3. 制表位

制表位的功能是设置文本行的对齐方式。一般不使用空格来对齐文本,因为空格会随用户设定的字号、字体以及字符间距的改变而改变。如果设置一些制表位,使用 Tab 键就可以将文本按制表位对齐。每按一次 Tab 键,光标移动一个制表位。

在 Word 2003 中提供了 5 种制表位的对齐方式,在水平标尺的左侧上方能看到当前制表符的图标:⌊左对齐,⊥居中对齐,⌟右对齐,⊥小数点对齐,｜竖线对齐,每单击一下图标,就变换一种制表位的对齐方式。

使用制表位的步骤如下:

(1) 单击标尺左边的制表符按钮,选取对齐方式。

(2) 在标尺上单击鼠标,此处即留下一个制表符。

(3) 在文档中按一下 Tab 键,光标就跳到下一个制表符位置。

另外还有一种更精确的设置制表位的方法,选择"格式"→"制表位"菜单项,打开如图 4-29 所示的"制表位"对话框,用户可以在文本框中输入具体数值,精确设置多个制表位的位置及对齐方式。

图 4-28　"首字下沉"对话框

图 4-29　"制表位"对话框

4. 脚注与尾注

脚注与尾注一般用于文档的注释。脚注通常出现在页面的底部,作为当前页上某一项内容的注释。尾注位于文档的末尾,常用于列出参考文献等。脚注和尾注都是由注释引用标记和注释文本两部分组成。引用标记可以自动进行编号或自定义标记。

在如图 4-5 所示的样文中,为文字"DLP"插入脚注内容"数字光处理"。插入脚注的操作步骤如下:

(1) 定位插入点到插入注释标记的文字"DLP"之后。

(2) 选择"插入"→"引用"→"脚注和尾注"命令,打开"脚注和尾注"对话框,如图 4-30 所示。

(3) 在"位置"区域中选中"脚注",然后选择脚注的位置,可以是在"页面底端",也可以在"文字下方"。在"格式"区域设置编号格式、编号方式和起始编号,编号格式可以选择预定义的格式,也可以自定义标记。

(4) 单击"插入"按钮,在插入点位置上会出现一个上标形式的脚注或尾注标记,并且光标会定位在页面的底端(或文档的尾部),进入到脚注或尾注内容的编辑状态,输入脚注内容"数字光处理"。

(5) 单击文档编辑窗口的任意处,退出脚注编辑状态,完成脚注的插入工作。效果如图 4-31 所示。

图 4-30　"脚注和尾注"对话框

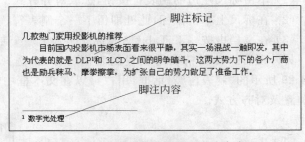

图 4-31　脚注引用标记和脚注内容

4.4.7　页面设置

Word 页面设置主要是指设置文档的页边距、纸张型号和页面版式。

1. 设置页边距

所谓页边距,是指文字与页边的上、下、左、右的距离。设置页边距有两种方法。

1) 通过标尺设置页边距

将视图切换到"页面"视图,如果看不到标尺,选择"视图"→"标尺"命令以显示标尺。将鼠标指针移到标尺的左、右、上、下边界处,当鼠标指针变成双向箭头时,拖曳鼠标,即可实现页边距的调整。

2) 通过菜单设置页边距

选择"文件"→"页面设置"命令,弹出"页面设置"对话框,如图 4-32 所示,在"页边距"选项卡中可以设置页边距;还可以在"方向"区域设置页面的打印方向,默认是纵向打印;还可以设置装订线的位置及应用范围。

2. 设置页面纸张大小

打印文档之前,需要确定纸张的大小,根据纸张的大小,设置电子文档的页面纸张的大小。

设置方法是:在"页面设置"对话框中,打开"纸张"选项卡,在"纸型"下拉列表框中,选择与纸张大小匹配的纸张型号,也可以通过宽度和高度来设置纸张。

3. 页面行数、每行字数的设置

通过"页面设置"对话框中的"文档网格"选项卡(图 4-33),可以设置页面行数及每行字数。

图 4-32　"页面设置"对话框

图 4-33　"文档网格"选项卡

通过"文字排列"选项组设置页面中文字方向和栏数。

在"网格"选项组中可以进行如下设置:"无网格"使页面按 Word 默认值设置;"只指定行网格"指定每行字符数,每页行数则由 Word 默认设置;"指定行和字符网格"自定义每行字符数、每页行数;"文字对齐字符网格"使文字自动垂直对齐。

4.4.8　页码设置

文档较长时,对文档编制页码,可以使读者对页面顺序一目了然。在 Word 2003 中,只需进行一些设置,系统便会自动为文档编制页码。

添加页码步骤如下:

(1)选择"插入"→"页码"命令,弹出"页码"对话框,如图 4-34 所示。

(2)在"位置"下拉列表中,选择页码的位置;在"对齐方式"下拉列表中,选择页码的对齐方式。

(3)如果不希望首页显示页码,取消"首页显示页码"复选框。

（4）如果需要对页码设置格式，单击"格式"按钮，弹出"页码格式"对话框，如图 4-35 所示。在此可以设置页码的格式及起始页码。如果想在页码中包含章节号，可以选中"包含章节号"复选框，规定用哪一级标题的章节号，规定章节编号和页号之间的连接符。文档如果已分节，"续前节"设置是确定本节是否要在上一节页码的基础上继续往下编号。

图 4-34 "页码"对话框   图 4-35 "页码格式"对话框

（5）对于已经插入到页面的页码，要修改格式，可以通过更改页码的格式来实现。

（6）如果要删除页码，需进入"页眉和页脚"状态，选中页码文本框后按 Delete 键即可。

4.4.9 页眉和页脚

页眉和页脚是文档中每个页面页边距的顶部和底部区域。

为了美化文档，可以在页眉和页脚中插入文本或图形，例如页码、日期、公司徽标、文档标题、文件名或作者名等，这些信息通常打印在文档中每页的顶部或底部。

为某一文档添加页眉页脚，页眉内容为"数码世界"，页脚为"计算机系-×-"，其中×表示页码。

操作步骤如下：

（1）选择"视图"→"页眉和页脚"命令，则屏幕上会出现用虚线标明的"页眉"区和"页脚"区，同时显示"页眉和页脚"工具栏，如图 4-36 所示。

（2）在页眉区输入文字"数码世界"，此时，页眉的文字大小默认是小五号字，可以根据需要更改文字大小。

（3）单击"在页眉和页脚间切换"按钮，切换到页脚区，在页脚区输入"计算机系"，然后单击"插入页码"按钮，插入"页码"。

（4）单击"设置页码格式"按钮，在弹出的"页码格式"窗口（图 4-35）中，选择"数字格式"为"-1-，-2-"，然后单击"确定"按钮。

（5）单击"关闭"按钮，退出"页眉和页脚"视图。

对于已输入的页眉页脚，可以对它进行格式化处理，选择"视图"→"页眉和页脚"命令，或直接双击页眉和页脚，就可以对已有的页眉页脚进行修改或格式化处理。

在 Word 中，允许在不同的节中设置不同的页眉和页脚。单击"显示下一节"或"显示前一节"按钮，可以在不同节的页眉或页脚间切换。若当前节与上一节页眉页脚相同，则单击

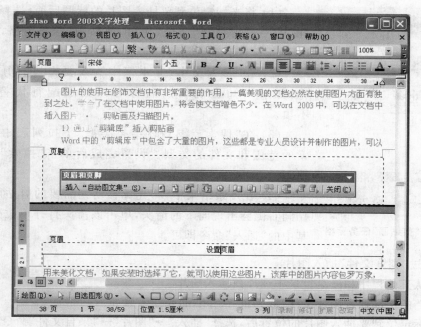

图 4-36　在 Word 窗口中设置页眉和页脚

"同前节"按钮,否则放开此按钮。如果页面设置中已经定义了"奇偶页不同",则可以在奇偶页上定义不同的页眉和页脚。

通过"页面设置"对话框的"版式"选项卡,可以设置页眉页脚是否是奇偶页不同或只有首页不同,还可以设置页眉页脚与页边界的距离、页面的垂直对齐方式等。

4.5　图 文 混 排

一个生动的图形在文档中往往能起到画龙点睛的作用。作为一个优秀的处理软件,Word 最大的优点是能够在文档中插入各种图形,实现图文混排。这些图形既可以在其他绘图软件创建后,通过剪贴画或文件的形式插入到文档中,也可利用 Word 提供的绘图工具绘制及创建特殊效果的图形文字。这些功能大大丰富了文档中的色彩。

4.5.1　插入图片

图片在修饰文档中有非常重要的作用,一篇美观的文档必然在使用图片方面有独到之处。学会了在文档中使用图片,将会使文档增色不少。在 Word 2003 中,可以在文档中插入图片文件、剪贴画及扫描图片。

1. 通过"剪辑库"插入剪贴画

Word 的"剪辑库"中包含了大量的图片,这些都是专业人员设计并制作的图片,可以用来美化文档,如果安装时选择了它,就可以使用这些图片。该库中的图片内容包罗万象,从地图到人物、从建筑到风景名胜,应有尽有。

具体步骤如下:

图 4-37　"剪贴画"任务窗格

（1）将光标定位到要插入图片的标题后面，选择"插入"→"图片"→"剪贴画"命令，弹出"剪贴画"任务窗格，如图 4-37 所示。

（2）在"搜索文字"文本框中输入要查找的剪贴画的名称，如果不知道确切的名称可以用通配符代替，也可以不填。

（3）在"搜索范围"和"结果类型"下拉列表中选择要搜索的范围和文件的类型。设置完成后单击"搜索"按钮进行搜索。

（4）在搜索结果中，将光标移动到需要的剪贴画上，在剪贴画右侧会出现向下的箭头，单击该箭头打开下拉列表，选择其中的"插入"命令即可。

2. 通过"浏览文件"插入图片

可以从其他程序和磁盘目录中选择并插入图片。

在文档的中部插入图片文件"数码世界.jpg"的操作步骤如下：

将光标定位到要插入图片的位置后，选择"插入"→"图片"→"来自文件"命令，在打开的"插入图片"对话框中选定图片，单击"确定"按钮即可。

选择"插入"→"图片"→"来自扫描仪或照相机"命令，在打开的"插入来自扫描仪或照相机中的图片"对话框中单击"自定义插入"按钮，选择要插入的图片即可。

4.5.2　插入艺术字

在 Word 中，艺术字是使用广泛的图形对象，它具有美术效果，能美化版面。Word 中的艺术字是一种特殊的图形，它以图形的方式来展示文字，渲染了图形的表现效果。

1. 插入艺术字

在如图 4-5 所示的样文中，将标题"几款热门家用投影机的推荐"设置为艺术字。其样式为第 1 行第 4 列的样式，文字设置为华文行魏，44 磅，加粗。操作步骤如下：

（1）选中标题"几款热门家用投影机的推荐"，选择"插入"→"图片"→"艺术字"命令，或单击"绘图"工具栏上的插入艺术字按钮 ，打开"艺术字库"对话框，如图 4-38 所示。

（2）在对话框中，选择第 1 行第 4 列的艺术字样式，单击"确定"按钮，打开"编辑艺术字文字"对话框。

（3）在"编辑艺术字文字"对话框中，将出现的标题文字选中，在字体下拉列表框中选择"华文行魏"，在字号下拉列表框中选择"44"，单击"加粗"按钮。

（4）单击"确定"按钮，标题变为艺术字，同时打开"艺术字"工具栏，效果如图 4-39 所示。

注意：制作艺术字也可以先在文档中选定文字对象，在通过"艺术字库"对话框确定样式后，选定的文字对象就会出现在"编辑艺术字文字"对话框中。

2. 修改艺术字

用户可以根据需要，利用"艺术字"工具栏修改已插入到文档中的艺术字。

艺术字库
请选择一种“艺术字”样式(W):
确定
取消

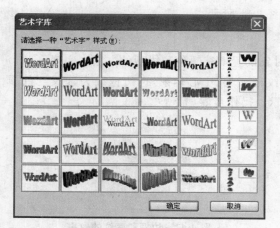

图 4-38 “艺术字库”对话框

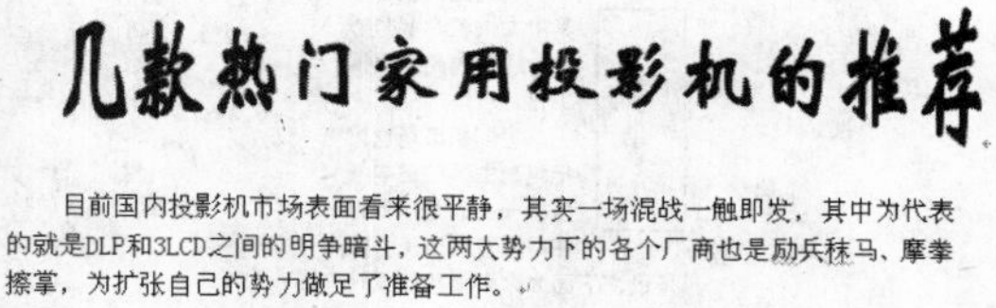

几款热门家用投影机的推荐
目前国内投影机市场表面看来很平静，其实一场混战一触即发，其中为代表的就是DLP和3LCD之间的明争暗斗，这两大势力下的各个厂商也是励兵秣马、摩拳擦掌，为扩张自己的势力做足了准备工作。

图 4-39 艺术字效果

4.5.3 插入文本框

Word 提供了一种可以按照用户的需求随意放置文本的工具——文本框。使用文本框可以将文本放置在页面中的任意位置。

在 Word 中，文本框也属于一种图形对象，因此可以为文本框设置各种边框格式、选择填充色，添加阴影，也可以为放置在文本框的文字设置字体格式和段落格式。

1. 建立文本框

建立文本框有两种途径。可以先选定文本，再添加文本框；也可以先建立空白文本框，再输入内容。

在如图 4-5 所示的样文中，为正文内容添加竖排文本框，其文本框内容为“数码推荐”。操作步骤为：选择“插入”→“文本框”→“竖排”命令，或直接单击绘图工具栏上的竖排文本框按钮 。这时在文档中出现一个画布，在画布上单击将出现一个文本框，如图 4-40 所示，然后在文本框中输入文字“数码推荐”即可。

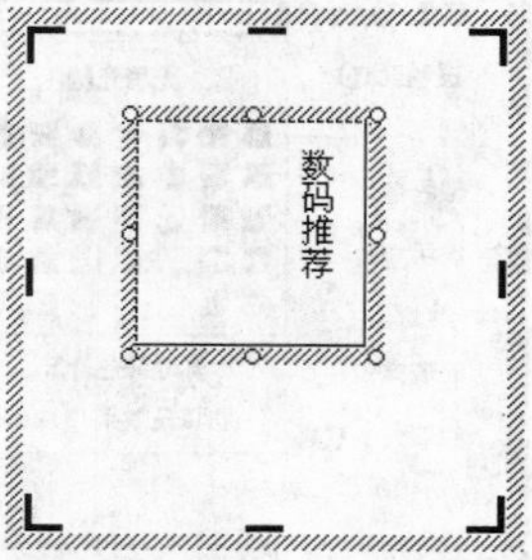

数码推荐

图 4-40 画布和文本框

2. 改变文本框的大小及位置

文本框不能随着文字的增加而自动扩展。当文本框太小而不能容纳所有文字时，一部分文字就被隐藏起来，要显示这些文字，就要放大文本框。如果文字太少，则需要缩小文本框。

将刚才添加的文本框和画布调整至合适大小的操作步骤如下：

（1）将鼠标指针指向文本框的边框，当鼠标指针变成双箭头时，单击，文本框的外围出现点状边框和 8 个尺寸控点，表示文本框被选中，如图 4-40 所示。

（2）将鼠标指针置于任意一个尺寸控点上，当鼠标指针为双向箭头时，拖曳鼠标调整文本框的大小。

（3）选中文本框，当鼠标指针变成带箭头的十字时，拖曳文本框到画布的左上角。

（4）将鼠标指向画布的手柄（黑线）处，拖动鼠标以调整画布大小。

（5）设置画布的版式为"四周型"，效果如图 4-41 所示。

3. 为文本框设置底纹及边框线

为文本框设置底纹及边框可采用为图形对象设置填充颜色和线型的方法来实现。

为文本框设置填充颜色为"雨后初晴"，底纹样式为"中心辐射"。边框线为紫罗兰色圆点虚线，线型为 1.5 磅单线，效果如图 4-42 所示。操作步骤如下：

图 4-41 "四周型"版式　　　　　　　图 4-42 边框和底纹的效果

（1）选定文本框，在快捷菜单栏中选择"设置文本框格式"命令；或双击文本框打开"设置文本框格式"对话框，如图 4-43 所示。

（2）打开"颜色与线条"选项卡，在"填充"区域中，单击"颜色"下拉列表框右边的向下箭头弹出颜色菜单，选择"填充效果"按钮，打开"填充效果"对话框，如图 4-44 所示。

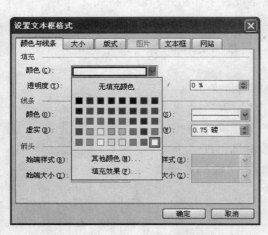

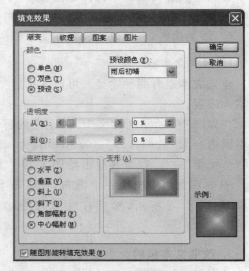

图 4-43 "设置文本框格式"对话框　　　　图 4-44 "填充效果"对话框

（3）在打开的"填充效果"对话框中，打开"渐变"选项卡，在"颜色"区域内，选中"预设"选项，从"预设颜色"下拉列表框中选中"雨后初晴"。在"底纹样式"区域中，选中"中心辐射"选项，在"变形"区域中选择第一项，效果出现在示例区域中。单击"确定"按钮，返回"设置文本框格式"对话框。

（4）在"线条"区域中，在"颜色"列表框中选择"紫罗兰"，在"虚实"下拉列表中选择"圆点"虚线，在"线型"下拉列表中，选择 1.5 磅单线型。

（5）单击"确定"按钮。

4.5.4　插入绘制图形

Word 中除了可以插入图片之外,还可以自行绘制图形。利用菜单或"绘图"工具栏可以绘制图形。

自选图形是一组 Office 自带的现成的形状,既包括矩形和圆等基本形状,也包括各种线条和连接符、箭头总汇、流程图符号、星与旗帜和标注等。

绘制自选图形的方法有两种。

1. 利用菜单方式绘制自选图形

步骤如下:

(1) 选择"插入"→"图片"→"自选图形"命令,打开"自选图形"工具栏。

(2) 工具栏上的按钮表示各种自选图形,单击某一个按钮,在弹出的子菜单中选择一个合适的图形。

(3) 在需要绘制图形的位置单击鼠标即可绘制出所需的图形。

2. 利用"绘图"工具栏绘制自选图形

步骤如下:

(1) 打开"绘图"工具栏。

(2) 单击"绘图"工具栏上的"自选图形"按钮,打开自选图形菜单,选择合适的图形。

(3) 将鼠标指针移至文档,指针变为十字形,此时,拖动鼠标即可绘制图形。如果要绘制高度和宽度成比例的图形,如圆形,则在拖动鼠标的同时按住 Shift 键即可。

4.5.5　插入对象的设置

设置图片格式和效果主要有三种方式:快捷菜单、"图片"工具栏和"绘图"工具栏。

设置插入的"数码世界.jpg"图片的高度为 1.4 厘米,版式为"四周型"。操作步骤如下:

(1) 选中图片,将鼠标移动到句柄(小方框)后,鼠标指针变为双向箭头,拖动句柄可以直接修改图片的大小。但是要精细地调整大小,需要使用"设置图片格式"对话框。

(2) 选中图片后,右击,在弹出的快捷菜单中,选择"设置图片格式",打开"设置图片格式"对话框,如图 4-45 所示。在"大小"选项卡中设置图片的高度为 1.4 厘米,在"版式"选项卡中设置图片与文档文本的位置关系为"四周型"。设置之后的效果如图 4-5 所示。

此外,在对话框的"版式"选项卡中,除了列出的版式外,单击"高级"按钮还可以弹出"高级版式"对话框,如图 4-46 所示,在此对话框中可以选择其他版式;"图片"选项卡可以设置图片本身的视觉效果;"颜色和线条"选项卡可以设置图形的填充颜色和线条颜色。

1. 通过"图片"工具栏设置图片格式

"插入其他图片"按钮 可以插入图片,"颜色"按钮 可以设置颜色为"自动"、"灰度"、"黑白"、"冲蚀", 按钮可以设置图片对比度和亮度,按钮 可以裁剪图片,按钮 可以使图片旋转 90°按钮, 可以设置线型,按钮 可以压缩图片,按钮 可以设置图片与文字的环绕格式,按钮 可以打开"设置图片格式"对话框,按钮 可以将图片中的实色部分设置为透明色。

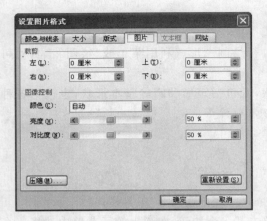

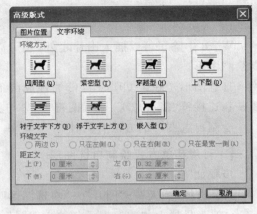

图 4-45　"设置图片格式"对话框　　　　　　图 4-46　"高级版式"对话框

2. 通过"绘图"工具栏设置图片格式

单击"绘图"工具栏上的"绘图"按钮,弹出一个菜单,在菜单中选择命令便可以对图片进行设置。

3. 设置图片的叠放次序和图片的组合与拆分

在图片版式中,"嵌入式"是将图片与文字等同起来,作为一个文字嵌入到文档中,与文字之间没有叠加关系。其他版式均为"浮动式",与文字有叠加关系,可以设置图片与文字的环绕效果。多个"浮动式"图片还可以进行图片的叠放、排列和组合。

在"浮动式"版式下,多个图片如果重叠,可以设置叠放次序,这时放在上面的图片会遮挡下面的图片。快捷菜单中"叠放次序"的子菜单中列出了多种叠放方式,通过单击子菜单可以设置叠放次序。

可以将"浮动式"版式的多个图片组合为一个图片,也可以将组合到一起的图片拆分开。选择"组合"→"取消组合"/"重新组合"命令,可以实现图片的组合或取消组合操作。

4.6　表格处理

在 Word 文档的编写过程中,人们除使用文字来说明自己的观点外,也常用表格描述各类数据及这些数据之间的关系。在不少情况下,一个简单的数据表格比一大段文字更能说明问题。Word 2003 提供了一整套表格处理方法和工具,使用户能随心所欲地制作出任意表格,而且使十分枯燥的制表工作变成了一件轻松愉快的事情。

在 Word 文档中随时可以插入表格。在单元格内可以填入各类数据,如文字、数字和图形等,也可以从外部数据库中获取数据。Word 2003 中的表格具有一定的计算能力,还可以实现表格的嵌套、浮动式表格等功能。

4.6.1　创建表格

在 Word 中,有多种建立表格的方法,通过菜单命令、工具栏及键盘命令都可以实现。

1．用菜单命令建立表格

在文档数码.doc 文档的尾部，使用菜单命令来建立 5×5（5 行 5 列）的表格。步骤如下：

（1）选择"表格"→"插入"→"表格"命令，打开如图 4-47 所示的"插入表格"对话框。

（2）在对话框中的"列数"文字编辑框中输入列数 5，"行数"文字编辑框中输入行数 5。

（3）在对话框中根据需要选择表格的宽度是"根据内容调整表格"、"根据窗口调整表格"，还是"固定列宽"。

（4）单击"确定"按钮，关闭"插入表格"对话框，一个由 5 列 5 行构成的表格就将显示在中文 Word 2003 的操作窗口中。此时，该表格中没有任何内容，用户可以输入所需的内容。

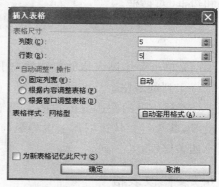

图 4-47　"插入表格"对话框

2．使用工具栏建立表格

单击"常用"工具栏上的"插入表格"按钮，在弹出的界面上拖曳鼠标，则界面上会显示出行列数，拖动到合适的位置后松开鼠标，在窗口上就建立了指定行列数的表格。如图 4-48 所示。

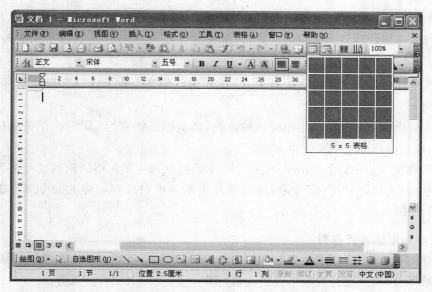

图 4-48　单击"插入表格"按钮插入表格

3．绘制表格

在 Word 2003 中，可以如同手执一支笔那样随心所欲地在文档中绘制更复杂的表格，而且在所建立的表格中各单元格的高度可以不同，而且各行可以有不同的列数。

如：使用工具栏绘制一个 5×5 的表格。操作步骤如下：

（1）单击要创建表格的位置,将插入点放置在此处。

（2）单击常用工具栏中的"表格和边框"按钮 或单击"表格"→"绘制表格",出现"表格和边框"对话框。

（3）在"表格和边框"工具栏中单击"绘制表格"按钮 ,光标指针将变成一支铅笔的形状。

（4）单击要绘制表格的位置的左上角,然后向右下方拖动绘制表格的边框线,将出现一个1行1列的表格。

（5）从边框的左边界横向拖动铅笔至右边界,即可画出一条横线,依照此方法,画出四条横线,共5行。从边框的上边界纵向拖动铅笔至下边界,即可画出一条竖线,依照此方法,画出四条竖线,共5列。

4.6.2 修改表格

修改表格操作是指对表格进行表格、行、列、单元格的插入、删除、合并和拆分等操作。

1. 选定操作

修改表格前,要先选中表格中的相应元素,可以通过鼠标、键盘或菜单方式选中表格中的相应元素。

用鼠标选中表格中元素的方法如下:

（1）将鼠标指针移至表格左上角或右下角,当表格左上角出现" "或右下角出现" "标记时,单击标记即可选中整个表格。

（2）将鼠标指针移至表格左边框处,当鼠标指针变为" "时,上下拖动鼠标即可选中一行或多行。

（3）将鼠标指针移至表格上边框处,当鼠标指针变为" "时,左右拖动鼠标即可选中一列或多列。

（4）将鼠标指针移至要选定单元格的左侧,当鼠标指针变为" "时,单击鼠标,则选中此单元格,拖动鼠标则选中多个单元格。

将光标移至表格中,用 Shift+→、←、↑、↓ 键可以选中单元格、行、列或整个表格。

依次选择"表格"→"选择"命令,然后在弹出的菜单中选择相应的命令即可选择表格、行、列或单元格。

2. 在表格中插入行与列

在新建的表格中,由于表格中数据的增加,需要增加行或列。首先在要添加新行的位置选定一行或多行,所选的行数应与要插入的行数一致,一般有三种插入方法。

（1）选择"表格"→"插入"→"行（在上方）"或"行（在下方）"命令。

（2）单击常用工具栏上的"插入行"按钮。

（3）在选中的行上右击,在弹出的快捷菜单上选择"插入行"命令。

插入列的方法与插入行的方法类似。

另外,如果要在表格的最后一行插入行可以在将光标定位在表格的最后,按 Enter 键即可插入行。

3．在表格中删除行与列

建立一个表格后，如果发现有多余的内容，可以删除其中的行或列，以实现对表格结构的调整，使它达到最佳效果。

操作步骤如下：

选择"表格"→"删除"→"行或列"命令或右击，在弹出的菜单中选择"删除行或删除列"命令即可。

要删除表格中的单元格、表格、行、列及整个表格时，选定对象后通过执行表格删除命令即可完成。而按 Delete 键，只能删除表格中的内容。

4．移动及复制单元格

在文档"数码.doc"的表格中，将第三行"纽曼"与第二行"明基"对调。操作步骤如下：

(1) 选定"明基"所在的第二行。

(2) 将鼠标指针指向所选对象，按住鼠标，这时在鼠标下方将出现一个虚线方框。

(3) 拖曳鼠标将虚线光标移到第三行"纽曼"，释放鼠标，实现两列之间的对调。

如果要复制选定内容，可在按住 Ctrl 键的同时，将选定内容拖曳到新位置，则实现了选定内容的复制。

5．插入或复制单元格

1) 插入单元格

操作步骤如下：

(1) 将要插入新单元格的位置选中，所选单元格的数目与要插入的单元格数目要相同。

(2) 选择"表格"→"插入"→"单元格"命令，弹出如图 4-49 所示的"插入单元格"对话框。

(3) 在对话框中选择单元格的插入方式，单击"确定"即可插入单元格。

2) 删除单元格

操作步骤如下：

(1) 选中要删除的单元格。

(2) 选择"表格"→"删除"→"单元格"命令，弹出如图 4-50 示的"删除单元格"对话框。

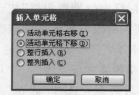

图 4-49　"插入单元格"对话框

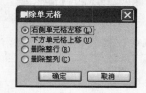

图 4-50　"删除单元格"对话框

(3) 在对话框中选择单元格的删除方式，单击"确定"按钮即可删除单元格。

6．合并或拆分单元格

在编辑表格时，有时需要将某些单元格合并或拆分。

1) 合并单元格

合并单元格就是将选定的相邻单元格合并成一个单元格。

操作步骤是：选定要合并的多个单元格,选择"表格"→"合并单元格"命令,或使用右键快捷菜单上的"合并单元格"命令,即可将多个单元格合并成一个单元格。

2）拆分单元格

拆分单元格就是将某些单元格分成几个小的单元格。

操作步骤如下：

（1）选中要拆分的单元格。

（2）选择"表格"→"拆分单元格"命令；或右击,在弹出的快捷菜单中,选择"拆分单元格"命令；或单击"表格和边框"工具栏上的"拆分单元格"按钮,打开"拆分单元格"对话框。

（3）在"拆分单元格"对话框中,输入拆分后的行数和列数。

（4）单击"确定"按钮即可拆分单元格。

应用"表格和边框"工具栏上的"擦除"工具,也能够合并单元格。

要将两个表格合并为一个表格,需要删除两个表格之间所有的段落标记符。要将一个表格拆分成两个表格,只需将鼠标定位在要拆分的行上,然后选择"表格"→"拆分表格"命令即可。

当表格位于文档开头时,要在表格之前插入文本,可执行下列操作之一：

（1）将插入点定位在表格第 1 行第 1 列单元格的起始位置,然后按 Enter 键,这样在表格的前面添加了一行。

（2）选定表格第 1 行中的任意单元格,选择"表格"→"拆分表格"命令,也可以在表格的前面添加一行。

4.6.3 设置表格属性

1. 设置表格的行高和列宽

在实际应用中,表格的行高和列宽有很多是不规则的,因此需要对它们进行调整。表格的行高和列宽可以用菜单命令实现调整,也可以手动调整。

1）通过菜单命令调整行高和列宽

自动调整：选择"表格"→"自动调整"中的命令可以进行表格高度和宽度的调整。其中,"根据内容自动调整表格"按单元格文字的实际宽度调整列宽；"根据窗口调整表格"按页面宽度调整；"固定列宽"使表格所有列的宽度与当前列宽度相同；"平均分布各行"、"平均分布各列"将表格的各行或列设置为相等高度或宽度。

"表格属性"对话框：选择"表格"→"表格属性"命令,或在快捷菜单中选择"表格属性"命令,打开"表格属性"对话框,如图 4-51 所示,在"行"选项卡中可以设置每一行的行高,单击"上一行"/"下一行"按钮可以设置上一行或下一行的行高。在"列"选项卡中可以设置每一列的列宽,单击"前一列"/"后一列"按钮可以设置前一列或后一列的列宽。

图 4-51 "表格属性"对话框

2) 手动调整

将鼠标指针移至表格边框或表格右下角,当鼠标指针变为中间有两条线的双向箭头时,拖动鼠标即可直观地修改表格的行高和列宽。拖动鼠标的同时按住 Alt 键,将自动在标尺中显示宽度或高度的具体数值。

2. 设置单元格对齐方式

在表格中文本的对齐方式可以在水平和垂直两个方向上进行调整。将光标移至单元格中,在快捷菜单中单击"单元格对齐方式"中的相应图标,即可实现单元格中文字的对齐方式的设置。

3. 设置表格的对齐方式

表格创建好后,用户可以根据需要移动表格,改变表格在页面上的对齐方式。

将文档数码.doc 中的表格在页面上居中对齐的操作步骤如下:

(1) 将插入点定位在表格中的任意位置。

(2) 选择"表格"→"表格属性"命令,打开"表格属性"对话框,如图 4-51 所示,打开"表格"选项卡。

(3) 在"对齐方式"区域内选择"居中"。

(4) 单击"确定"按钮。

另外,选定整个表格后拖曳鼠标,也可以改变表格的位置;要使表格在页面中快速对齐,在选定表格后,可以单击格式工具栏中的"对齐"按钮。

4.6.4　设置表格边框与底纹

为表格添加边框和底纹可以突出表格的外观效果。利用"表格和边框"工具栏可以设置表格边框和底纹;选择"格式"→"边框和底纹"命令,或选择"表格"→"表格属性"命令,在打开的"表格属性"对话框的"表格"选项卡上单击"边框和底纹"按钮,都可以打开"边框和底纹"对话框,如图 4-52 所示,然后可以设置表格的边框和底纹。

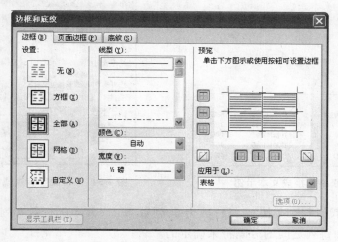

图 4-52　"边框和底纹"对话框

4.6.5　文本与表格的转换

为了使数据的编辑和处理更加方便、简洁，Word 提供了文本与表格之间相互转变的功能。用户既可以将一定格式的文本转换成表格，也可以将表格转换成一定格式的文本，使得文本和表格形式的数据可以共享。

1. 将表格转换成文本

将表格转换成文本没有特殊要求，不论是手工绘制的表格还是插入的表格，都可以进行转换。这种转换通常用于将表格内容转换成文本，并用中文逗号或其他符号作为文本之间的分隔符。

将文档中的表格转换为文本的操作步骤如下：

（1）单击表格，将插入点定位在表格的任意单元格内。

（2）选择"表格"→"转换"→"表格转换成文字"命令，打开"表格转换成文本"对话框。

（3）在"文字分隔符"区域中，选择"制表符"作为转换时分隔文字的符号。

（4）单击"确定"按钮，转换后的文字格式如图 4-53 所示。

2. 将文本转换成表格

将文本转换成表格时，要求文本的每行之间必须用段落标记符隔开，每列之间可以用空格、逗号、制表符、段落标记及其他字符中的任意一种分隔符隔开。

刚才已经将表格转换成文本，其中文本列之间的分隔符为制表符，文本格式符合将文本转变成表格的要求。

将如图 4-53 所示的文本转变成表格的操作步骤如下：

（1）选定要转换为表格的文本，但不能选中标题"几款投影机"。

（2）选择"表格"→"转换"→"文本转换成表格"命令，打开"将文字转换成表格"对话框，如图 4-54 所示。

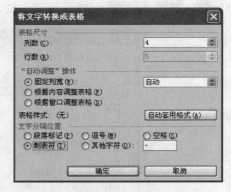

图 4-53　表格转换成文本示例　　　　图 4-54　"将文字转换成表格"对话框

（3）在"表格尺寸"区域中，选择行数为 5，列数为 4。其中的行数和列数是根据每行之间的段落标记符和每列之间的分隔符来确定的。

（4）在"自动调整"操作区域中，选择"固定列宽"。

（5）在"文字分隔位置"区域中，自动选定文本中的"制表符"作为分隔符。

（6）单击"确定"按钮,将除标题之外的五行转换成 5×4 的表格。

（7）再选中标题行"几款投影机",选择"表格"→"转换"→"文本转换成表格"命令,打开"将文字转换成表格"对话框。

（8）选择行数和列数都是 1,单击"确定"按钮,将文本转换成如图 4-5 所示的原来的样子。

4.6.6　表格的计算与排序

Word 中的表格还有一定的计算和排序功能。它虽然远比 Excel 中的相应功能逊色,但利用它可以进行一些简单的计算和排序工作。

1. 表格的计算

利用 Word 提供的表格计算功能,可以对表格中的数据进行各种统计计算。

在如图 4-55 所示的表格中,显示了学生各门课的成绩,要求计算出每个人的总分,然后将总分填入总分列的相应单元格中。操作步骤如下:

（1）将鼠标定位在总分列的单元格。

（2）选择"表格"→"公式"命令,打开"公式"对话框,如图 4-56 所示。

学号	姓名	语文	数学	英语	总分
07135	李盼	79	78	77	
07136	刘鹏	83	77	79	
07138	张好	76	77	79	
07139	邹超	78	69	66	
07140	李雯荣	76	75	68	

图 4-55　学生成绩表

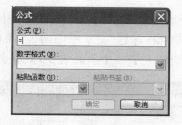

图 4-56　"公式"对话框

（3）在"公式"下面的文本编辑器中输入公式 sum(left),公式前要有等于号"＝"。

（4）单击"确定"按钮。

（5）用同样的方法,计算出其他学生的总分。

2. 表格的排序

排序是根据指定列的数据的顺序重新对行的位置进行调整。在实际应用中,经常需要将表格的内容按照某种次序排列。这样便于查找数据,也有助于对某些内容进行比较。

在如图 4-55 所示的表格中,将表格中的内容按"总分"列递减排序。操作步骤如下:

（1）单击表格,将插入点定位在表格的任意单元格内。

（2）选择"表格"→"排序"命令,打开"排序"对话框,如图 4-56 所示。

（3）在"主要关键字"下拉列表框中,选择排序列"总分",在"类型"下拉列表框中,选择排序类型"数字",并选中"降序"单选框。

（4）在"列表"区域中,选中"有标题行"选项,目的是防止对标题进行排序。

（5）单击"确定"按钮,则表格将按总分列进行降序排列。

在排序类型中有笔画,数字,日期,拼音 4 种。其中:笔画由少至多,数字由小到大,日期由先到后,拼音字母的值由小到大为升序,反之则为降序。

　　要同时对多个列排序,可以在排序对话框的"次要关键字"下拉列表中选定第二顺序,在"第三关键字"下拉列表中选定第三顺序排序序列,最多只能同时对三个指定列进行排序。

　　将插入点置于要排序的列中,再单击"表格和边框"工具栏中的"升序"按钮或"降序"按钮也可以对当前列进行简单排序,但只限于对英文字母或数字有效,并且标题行不参与排序。

4.6.7　表格的综合设置

1. 设置斜线表头

对于二维表格,有时要将表格左上角的第一个单元格作为表头,表头内容显示了表格中包含的数据项分类情况。Word 2003 可以绘制斜线表头。

在如图 4-58 所示的表格中,为表格绘制斜线表头,并添加标题,行标题为"课程名称",列标题为"学号"。操作步骤如下:

(1) 单击表格,将插入点定位在表格的任意单元格内。

(2) 选择"表格"→"绘制斜线表头"命令,打开"插入斜线表头"对话框,如图 4-57 所示。

(3) 在"表头样式"下拉列表框中,选择"样式一"。在"预览"区域可以预览斜线表头样式。

(4) 在"字体大小"下拉列表框中,选择字体大小为"小五"。

(5) "行标题"文本框内输入"课程名称";在"列标题"文本框内输入"学号",单击"确定"按钮,则插入了一个斜线表头,效果如图 4-58 所示。

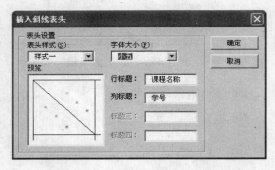

图 4-57　"插入斜线表头"对话框　　　　　图 4-58　插入斜线表头的效果

　　插入的斜线表头是一个组合对象,可以对它进行移动、改变大小及删除等操作。

　　此外,对于"样式一"形式的斜线表头,还可以单击"表格和边框"工具栏中的"绘制表格"按钮,当鼠标指针变成一支铅笔时,将指针移动到第一单元格的一角,然后向对角拖曳,也可绘制出斜线。再将行标题和列标题内容作为两端文字输入,并分别将它们设置为右对齐和左对齐,效果类似于"样式一"。

2. 自动套用格式

所谓表格自动套用格式,指的是利用预定义的表格进行格式化。在这些预定义的表格格式中,设置了一套完整的字体、边框底纹等格式,用户可以从中挑选喜爱的格式,直接套用到自己的表格中,省去了大量设计表格格式的繁琐操作。

为如图 4-55 所示的表格自动套用"彩色型 3"格式的操作步骤如下:

（1）单击表格，将插入点定位在表格的任意单元格内。

（2）选择"表格"→"表格自动套用格式"命令，或单击"表格或边框"工具栏中的"表格自动套用格式"按钮，打开"表格自动套用格式"对话框，如图 4-59 所示。

（3）在"表格样式"下拉列表框中，选择"彩色型 3"，然后在"预览"区域中观察选定的格式。

（4）单击"确定"按钮，表格的最终结果如图 4-60 所示。

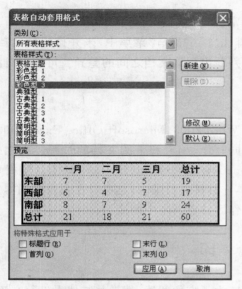

图 4-59　"表格自动套用格式"对话框

课程名称\学号	姓名	语文	数学	英语	总分
07135	李盼志	79	78	77	
07136	刘鹏	83	77	79	
07138	张好	76	77	79	
07139	邹超杰	78	69	66	
07140	李变玲	76	75	68	

图 4-60　表格自动套用效果

4.7　Word 2003 的功能

Word 2003 的功能有很多，除具有文字录入、图文混排、表格处理等传统功能之外，它还具有很多新的功能。

1. 支持 XML 文档

现在 Word 允许以 XML 格式保存文档，因此可将文档内容与其二进制（.doc）格式定义分开。

2. 增强的可读性

Microsoft Office Word 2003 将使计算机上的文档阅读工作变得前所未有的简单。现在 Word 可以根据屏幕的尺寸和分辨率进行优化显示。同时，一种新的阅读版式视图也提高了文档可读性。

3. 支持手写设备

如果正在使用支持墨迹输入的设备，例如 Tablet PC，就可以使用 Tablet 笔以使用 Microsoft Office Word 2003 的手写输入功能。

4. 改进的文档保护

在 Microsoft Office Word 2003 中,文档保护可进一步控制文档的格式设置及内容。例如,可以指定使用特定的样式,并规定不得更改这些样式。当保护文档内容时,用户不再需要将相同的限制应用于每一名用户和整篇文档,可以有选择地允许某些用户编辑文档中的特定部分。

5. 并排比较文档

有时查看多名用户对同一篇文档的更改是非常困难的,但现在比较文档有了一种新方法——并排比较文档。使用"与<文档名称>并排比较"("窗口"菜单中)来并排比较文档,无需将多名用户的更改合并到文档中就能简单地判断出两篇文档之间的差异。可以同时滚动两篇文档来辨别两篇文档之间的差异。

6. 文档工作区

利用文档工作区,可以通过 Microsoft Office Word 2003、Microsoft Office Excel 2003、Microsoft Office PowerPoint 2003 简化实时的共同写作、编辑和审阅文档的过程。文档工作区站点是围绕一篇或多篇文档的 Microsoft Windows SharePoint Services 站点。同时可以轻松地合作处理文档,还可以在文档工作区副本上直接进行编辑,也可以在各自的副本上进行编辑并周期性地更新那些已经保存到文档工作区站点副本中的变动。

4.8 打 印

编辑完文档后,已经完成了大部分工作。但是,为了方便阅读、携带并与他人进行交流,必须将文档打印出来。

4.8.1 打印预览

打印预览就是在正式打印前,在屏幕上观察即将打印文件的打印效果,看其是否符合设计要求。如果不满意,可继续修改排版。使用打印预览功能可以避免盲目打印和浪费纸张。

对当前打开的文档进行打印预览的操作步骤如下:

(1) 选择"文件"→"打印预览"命令,或单击"常用"工具栏上的"打印预览"按钮,打开"打印预览"窗口,并出现"打印预览"工具栏,如图 4-61 所示。文档内容被缩小显示在窗口上。

(2) 单击"打印预览"工具栏上的"放大镜"按钮,将鼠标指针移至当前预览页并单击,鼠标指针变成一个放大镜的样子,镜中的符号为"＋"号。在预览页的任意位置单击鼠标,预览页从当前位置放大,同时放大镜中的符号变为"－"号。再次单击鼠标,文档又恢复为缩小状态。

(3) 如果要显示多页,可单击"打印预览"工具栏中的"多页"按钮,按住鼠标向右下方拖曳,选择多页显示方式,如"1×3"。打印预览窗口便以 1×3(1 行 3 列共 3 页)的方式显示文档。

(4) 要显示单页,单击"单页"按钮,就可以回到单页预览方式。

(5) 单击"关闭"按钮,可以关闭打印预览窗口,回到正常文本的编辑状态。

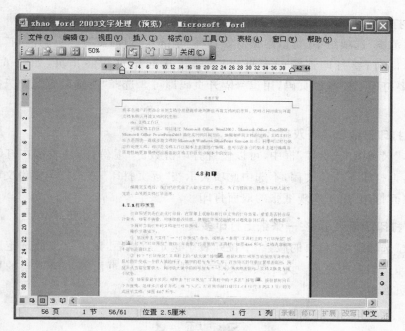

图 4-61　"打印预览"窗口

注意：在打印预览中可以编辑文本，方法如下。

（1）在"打印预览"窗口中，单击要编辑的区域中的文字，则 Microsoft Word 会放大显示此区域。

（2）单击"放大镜"按钮，指针会由放大镜形状变成"I"形，此时即可修改文档。

4.8.2　打印参数设置

选择"文件"→"打印"命令，打开"打印"对话框，在"打印"对话框中可以设置文档打印的页面范围、是否双面打印等参数，如图 4-62 所示。

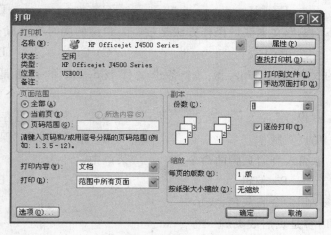

图 4-62　"打印"对话框

1. 指定打印范围

在"页面范围"选项组中,可以根据需要选择"全部"、"当前页"或"页码范围"。要打印一页,输入页码即可;要打印连续的多页,用减号连接起始页和终止页,如"3-6"表示打印第3～6页;要打印不连续的页码,用逗号隔开页码即可。选择"所选内容",则只打印已选定的内容。

2. 指定打印份数和是否双面打印

在"副本"区域中的"份数"框中,可以设置打印份数。"逐份打印"表示在打印了完整的一份文稿后,再打印下一份文稿,不选中此项表示按"逐页打印"方式打印多份文稿。

"手动双面打印"用于实现纸张的双面打印。

3. 指定打印版面大小,在一张纸上打印多页

在"缩放"选项组的"每页的版数"下拉列表中选定版数后,则可以按此选定版数在一张纸上同时打印文档中的多页。为了实现这种效果,Word将页面缩小至适当的尺寸并将其组合在打印页面中。

习　题　4

一、单项选择题

1. 以下的操作不能建立新文档的是( )。
   A) 双击桌面的"Word 2003"的图标
   B) 单击"文件"→"新建"
   C) 双击桌面的"Word 2003"类型的文档
   D) Ctrl+N 组合键
2. 在 Word 2003 中,默认的段落标识符是( )。
   A) 软回车　　　B) 硬回车
   C) 分号　　　　D) 句号
3. 保存一个新 Word 文档时,默认的扩展名是( )。
   A) . dot　　　B) . doc
   C) . txt　　　D) . xls
4. 纵向选定一个矩形文本区域操作方法是按( )键的同时拖动鼠标。
   A) Shift　　　B) Esc
   C) Ctrl　　　D) Alt
5. 正在编辑的文件是 jz. doc,做一个备份文件 jzbf. doc 的方法是( )(保留原文件)。
   A) "文件"→"保存"
   B) "文件"→"另存为"
   C) 工具栏中的"复制"
   D) 工具栏中的"保存"
6. Word 2003 中插入页眉页脚的命令在( )菜单中。
   A) 视图　　　B) 编辑
   C) 格式　　　D) 插入
7. 工具栏的"复制"命令为灰色,表示( )。
   A) 选定的内容是页眉或页脚
   B) 选定的文档内容太长,剪贴板放不下
   C) 剪贴板已满,没有空间了

D) 在文档中没有选定信息

8. 在 Word 2003 中,做"文件"→"关闭"操作,将(　　)。

A) 退出 Word 2003

B) 最小化正在编辑的文档

C) 保存正在编辑的文档后,可以继续编辑该文档

D) 退出正在编辑的文档,Word 2003 应用程序仍在运行

9. 关于 Word 2003 文档窗口的说法,正确的是(　　)。

A) 只能打开一个文档

B) 可打开多个文档窗口,被打开的文档都是活动的

C) 可打开多个文档窗口,只有一个文档是活动的

D) 可打开多个文档窗口,只有一个窗口是可见的

10. Word 2003 文档最大的显示比例为(　　)。

A) 200%　　　　　　B) 300%　　　　　　C) 500%　　　　　　D) 600%

11. 在 Word 2003 文档中,下列关于分页的正确说法是(　　)。

A) Word 2003 文档中的硬分页符不能删除

B) Word 2003 文档中的软分页符会自动调整位置

C) Word 2003 文档中硬分页符会随文本内容的增减而变动

D) Word 2003 文档中的软分页符可以删除

12. 在 Word 2003 中,不能选中整个表格的操作是(　　)。

A) 用鼠标拖动

B) 单击表格左上角的表格移动手柄图标

C) Ctrl+A

D) 双击表格的某一行

13. 在"打印"对话框中,不能设置的是(　　)。

A) 打印格式　　　　　　　　　　　　B) 打印范围

C) 打印文档的缩放　　　　　　　　　D) 打印份数

14. 在 Word 2003 中,编辑好一个文件后,要想知道其打印效果,可以(　　)。

A) "模拟显示"　　　　　　　　　　　B) "打印预览"

C) F8 键　　　　　　　　　　　　　　D) "全屏显示"

15. 在 Word 2003 的文档中,人工设置分页符的命令是(　　)。

A) "文件"→"页面设置"　　　　　　　B) "视图"→"页面"

C) "插入"→"分隔符"　　　　　　　　D) "格式"→"分页"

二、填空题

1. 在 Word 2003 中插入的图形对象有_____和_____两种显示形式。

2. 在 Office 2003 剪贴板中最多可以保存_____项被剪切或复制过的对象。

3. 显示工具栏可以通过选择视图菜单中的_____命令来实现。

4．利用_____组合键，可以在安装的各种输入法之间切换。

5．插入/改写状态的转换，可以通过按键盘上的_____键来实现。

6．使用键盘上的_____键可以将插入点移动到行尾。

7．在选定多块文本时，先选定一块，然后按住_____键的再选定下一块。

8．剪切文本使用的快捷键是_____，复制文本使用的快捷键是_____，粘贴文本使用的快捷键是_____。

9．撤销命令的快捷键是_____，恢复命令的快捷键是_____。

10．Word 2003 文档和模板的默认扩展名分别是_____和_____。

11．在_____视图方式下，显示的人工分页符为一条虚线。

12．使用_____菜单中的页眉页脚命令可以进行文档的页眉页脚设置且只能在页面视图方式下可见。

13．在 Word 2003 中，把当前选定的字符设置为上标或下标可以在_____对话框中进行。

14．保存文档的快捷键是_____，全部选定的快捷键是_____。

15．普通视图主要适用于快速输入_____、图形及表格，并进行简单的排版。

16．阅读版式视图可自动在页面上_____文档内容，易于浏览。

17．文字效果是用来产生字符的_____效果。有赤水情深、礼花绽放等效果。

18．格式工具栏上的四个对齐按钮是：两端对齐、_____、_____和分散对齐。

19．"🖉"是工具栏上的_____按钮。

20．按钮"▦"是常用工具栏上的插入_____按钮。

三、上机操作题

1．在有些人看来，计算机似乎无所不能。实际上，计算机是"笨拙"的。它只是一堆由集成电路构成的高速电子开关，只会按照程序的规定执行指令。计算机一般只"认识"数十条到数百条不同的指令。实际上这些指令只有算术（如加、减、乘、除）和逻辑运算（如与、或、非）、存储、输入输出以及控制、转移等几种基本功能。所以，计算机的基本功能是计算。信息加工处理本质上都是通过计算完成的。

（1）调整行间距为 2 倍行距；

（2）调整段间距，各段的段前间距和段后间距都为 1 行；

（3）将当前文档的页面设置为 32 开的纸型，方向设为横向；

（4）把文章第二段分两栏；

（5）在页脚上插入页码，数字格式为"1,2,3,…"，居中，保存；

（6）在页眉居中输入"信息技术"字样；

（7）在页面首行插入图片，图片自选；

（8）将该图片旋转 40°，亮度为 45%，对比度为 60%；

（9）设置此图片为"冲蚀"效果。

2. 在 Word 中建立如下课程表,并按要求完成相应操作。

星期 节次	星期一	星期二	星期三	星期四	星期五
第一节	语文	数学	英语	语文	物理
第二节	数学	化学	语文	物理	化学
第三节	物理	英语	数学	数学	政治
第四节	音乐	物理	美术	英语	地理
第五节	政治	体育	地理	英语	作文
第六节	周会	历史	历史	化学	作文

(1) 将表格外框改为 1.5 磅双实线,内框线改为 0.25 磅单实线;

(2) 表格中的第一行和第一列改为黑体小四并加粗;

(3) 在表格的最后一行后添加一行,最后一列后添加一列;

(4) 将表格底部样式改为 12.5%,填充颜色自选。

第 5 章

Excel 2003 电子表格

Excel 2003 是 Office 2003 中的重要组件之一,它集电子表、图表、数据库、数据表等多种功能于一体,简单快捷。Excel 2003 可以直接和 Word、PowerPoint 协同使用,解决办公数据处理中的一切问题。本章主要介绍工作表的建立和工作簿的基本操作。工作表的编辑包括修改、插入、清除、删除、查找和替换等;工作表的格式化包括调整单元格、设置数字格式、字体格式、对齐格式、边框和底纹的格式、条件格式等;公式和函数包括地址引用、使用公式和函数的具体步骤等;数据图表化;数据库管理和分析中数据清单的建立、记录单、排序、筛选、分类汇总、数据透视表等;页面设置和打印。

【学习要求】

◆ 了解 Excel 2003 的基本知识;

◆ 掌握 Excel 2003 中工作簿的建立、编辑、关闭和保存;

◆ 掌握 Excel 2003 中工作表的格式化;

◆ 掌握 Excel 2003 中公式与函数的应用;

◆ 掌握 Excel 2003 中的数据库管理与分析;

◆ 掌握 Excel 2003 中图形与图表的创建及格式化;

◆ 掌握 Excel 2003 中工作簿和工作表的打印;

◆ 了解 Excel 2003 的数据保护。

【重点难点】

◆ 函数和数据库函数的使用;

◆ 数据库管理与分析;

◆ 图形与图表的创建与格式化。

5.1 Excel 2003 概述

Excel 2003 是 Microsoft 公司最新推出的中文版 Microsoft Office 2003 系列办公软件的重要组成部分,它是一个功能强大、技术先进、使用方便的专门用来处理电子表格的软件。所谓电子表格,是指一种数据处理系统和报表制作工具软件,只要将数据输入到单元格中,便可依据数据所在单元格的位置,利用多种公式、函数对数据进行各种操作和运算,并可把相关数据用各种统计图的形式直观地表示出来。Excel 2003 相当的人工智能,可以在一定的情况下判断用户下一步的操作,使操作过程大为简便,即使是外行人,通过短期的学习后也可以得心应手地使用 Excel 软件做出完美的表格。

Excel 2003 具有强大的数据库管理功能,丰富的函数和宏命令以及强有力的决策支持工具。Excel 2003 与 Excel 2000 相比较,无论在界面上,还是在功能上都做了不少的改进。

5.1.1 Excel 2003 的功能

1. 常规功能

(1) 电子表格处理:Excel 具有强大的表格制作和表格数据处理能力,可以实现对表格数据的输入、编辑、访问、复制、移动和格式化等处理,并有丰富的运算符和函数来实现表格数据的计算和分析。电子表格处理是 Excel 最基本的功能。

(2) 绘制图表:Excel 2003 提供了多种不同形式的图表,它可以将电子表格中的数据以图形的方式进行显示,便于直观地分析和观察表中的数据。

(3) 数据分析:利用 Excel 提供的各种工具,可以对电子表格中的数据进行统计、排序,以及建立数据透视表等分析操作。

2. 新增功能

(1) Excel 2003 中增强的统计函数:Excel 增强了共线性检测、方差汇总计算、正态分布和连续概率分布函数,可提供更为可靠和准确的数值分析功能。

(2) 任务窗格:使用任务窗格可从一个位置访问重要任务。这些任务包括执行搜索、打开文件、查看 Excel 剪贴板、设置文档和演示文稿格式、下载模板以及完成其他任务,如图 5-1 所示。

(3) 信息检索任务窗格:信息检索任务窗格在 Excel 2003 中引入了电子词典、同义词库、在线研究站点和专有公司信息,以便于查找信息并将其合并到工作中,如图 5-2 所示。

图 5-1 任务窗格

图 5-2 信息检索任务窗格

（4）智能标签：智能标签由 Excel XP 中引入，在 Excel XP 中智能标签的作用是使某个单词或字符串在输入时被识别，并显示相关的功能和操作。在 Excel 2003 中智能标签的功能得到了进一步的加强，可以为用户提供自动化的操作，并且 Excel 2003 中的智能标签与XML 整合到了一起，可以连接到数据表中的 XML 元素上。对开发人员来说，新的软件开发工具包使 Excel 2003 中的智能标签更容易构建和开发。

（5）强大的 XML 支持：Excel 2003 的一个重大改进是提供了一套基于 XML 的工具，允许开发人员制作能够从远端导入并管理数据的文档。

5.1.2　Excel 的启动和退出

1. Excel 2003 的启动

启动 Excel 2003 的方式主要有三种：

（1）在"开始"菜单中选择"所有程序"，选择 Microsoft Office Excel 2003 选项。

（2）在桌面上双击 Excel 2003 的快捷图标。

（3）在资源管理器中选择工作簿文件后，双击打开工作簿文件。

Excel 2003 启动后，Excel 就建立了一个名为"Book1"的空工作簿，并打开 Excel 2003 的应用程序窗口，如图 5-3 所示。

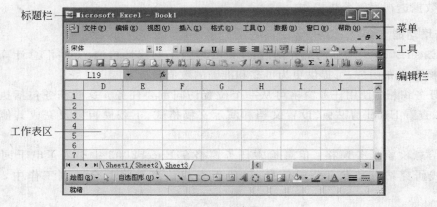

图 5-3　Excel 主界面

2. Excel 2003 的退出

退出 Excel 2003，可以使用下面 4 种方式：

（1）单击 Excel 2003 界面右上角的 ⊠ 图标。

（2）双击 Excel 2003 界面左上角的 ⊠ 图标。

（3）在 Excel 2003 的窗口中单击"文件"菜单，选择"退出"命令。

（4）当 Excel 2003 工作窗口处于激活状态时，按 Alt＋F4 组合键，即可退出 Excel 2003。

退出 Excel 2003 时，若文件未被保存，Excel 2003 会提示用户是否保存工作簿，如果保存，单击"是"按钮，若用户未给工作簿起名，则需给工作簿起名后再保存；若不保存，单击"否"按钮；若单击"取消"按钮，取消本次操作，返回原 Excel 2003 的工作表界面。

5.1.3　Excel 的编辑窗口

启动 Excel 2003 时,打开一个空工作簿,窗口的中央为工作表,其中间的黑色方框是等待用户输入数据的单元格,工作表的底部是工作表选项卡。其界面主要包含以下几部分。

(1) 标题栏:窗口的最上面一行为标题栏,从左到右依次为:该窗口的控制菜单按钮　,当前应用程序名(即 Microsoft Excel),工作簿文档标题名,及用于窗口控制的最小化按钮、还原/最大化按钮、关闭按钮。标题栏主要用于显示应用程序名和当前正在编辑的文件名。

(2) 菜单栏:标题栏下方是菜单栏,其中列出了 Excel 的一级菜单名称,如文件、编辑、视图、插入、格式、工具、数据、窗口和帮助,反映了 Excel 的基本功能,Excel 所有的功能都可以通过菜单来实现。

(3) 工具栏:菜单栏的下方是工具栏,主要有"常用"工具栏、"格式"工具栏、"绘图"工具栏、Web 工具栏、任务窗格等。这些工具栏可以设置成显示或隐藏(执行"视图"→"工具栏"子菜单的相应命令即可),系统默认显示的是"常用"工具栏和"格式"工具栏。"常用"工具栏主要用于快速启动常用的文档命令;"格式"工具栏主要用于电子表格中文本格式的操作。

(4) 编辑栏:编辑栏位于工具栏的下方,由名称框(用于显示活动单元格的地址以及单元格区域的名称)和编辑栏(用于显示当前活动单元格的内容或公式)两部分组成,它总是显示当前活动单元格和内容,用于输入和编辑活动单元格中的数据。

(5) 任务窗格:任务窗格包括"开始工作"、"帮助"、"搜索结果"和"XML 源"等。利用任务窗格可以方便地新建、打开或搜索工作簿,搜索剪贴画及管理 Office 剪贴板,而不用再去选择相关的菜单命令或工具图标,从而提高了工作效率。用户可以根据需要,通过"视图"→"任务窗格"命令来关闭或打开任务窗格。

(6) 工作表区:在工作窗口中由多个单元格组成的区域就是工作表区,由行号(如图 5-3 所示的 1,2,3,…)、列标(如图 5-3 所示的 A,B,C,…)和工作表标签(如图 5-3 所示的 Sheet1,Sheet2,Sheet3,…)组成。在工作表区有垂直和水平滚动条,垂直滚动条位于工作表窗口的右边缘,水平滚动条位于工作表窗口的底部。利用鼠标的拖曳操作可以滚动到工作表的其他部分。工作表区是占屏幕最大、用以记录数据的区域,所有的数据都将存放在该区域中。

(7) 状态栏:状态栏位于窗口底部,用于显示当前工作表的状态。

5.1.4　工作簿和工作表

Excel 生成、处理的文档就叫工作簿,工作簿由若干个工作表组成,而工作表由行列交叉形成的单元格组成。

(1) 工作簿:是 Microsoft Excel 中用于保存表格内容的文件,它采用的是"文件名.xls"的文件格式。一个 Excel 2003 文件就是一个工作簿,每一个工作簿都可以包含多张工作表,最多可以包含 255 个不同类型的工作表,默认情况下包含 3 个工作表,因此可在一份文件中管理多种类型的相关信息。

(2) 工作表:是显示在屏幕上的,由表格组成的一个区域。工作表是 Excel 完成一项工作的基本单位,工作表由单元格组成,工作表内可包含字符串、数据公式、图表等信息。每一个工作表用一个标签来进行标识,第一张工作表默认的标签名为 Sheet1,第二张为 Sheet2,以此类推。每一张表最多可以包含 65 536 行和 256 列,行号由上到下从 1～65 536 进行编号,列标则从左到右采用字母 A～Ⅳ 进行编号。

5.1.5　单元格和活动单元格

在 Excel 中,行和列交叉的区域称为单元格,它是 Excel 中最小的组成单位,主要用于输入或存储数据、文字、公式、函数等信息。要在单元格输入信息,应当首先使之成为活动单元格。

(1) 单元格:每个工作表由多个长方形的"存储单元"所构成,这些长方形的"存储单元"被称为单元格,输入的任何数据都将保存在这些单元格中。每一个单元格都有自己唯一的地址或称为名称,一个地址也唯一地标识一个单元格,单元格的地址由它所在的列号和行号来标识,且列号在前,行号在后。如"A1"表示 A 列第一行的单元格。

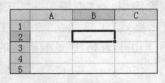

图 5-4　活动单元格

(2) 活动单元格:工作表中正在使用的单元格称为活动单元格,其周围有一个黑色的方框,此时所有的一切操作对该单元格有效。如图 5-4 所示。若要选择多个单元格,可同时按下键盘上的 Ctrl 键。

5.2　Excel 2003 的基本操作

工作簿是 Excel 用来运算和存储数据的文件,每个工作簿都可以包含多个工作表,因此可以在单个工作簿文件中管理各种类型的相关数据。

5.2.1　工作簿的创建、打开、保存和关闭

1. 工作簿的创建

启动 Excel 2003 时,系统将自动创建一个新的工作簿,并在新建工作簿中创建 3 个空的工作表 Sheet1、Sheet2 和 Sheet3,如果用户需要创建一个新的工作簿,可以用以下 3 种方法来实现:

(1) 选择"文件"→"新建"命令,在弹出的"新建工作簿"任务窗格中单击"新建"选项区中的"空白工作簿"按钮即可。

(2) 单击"常用"工具栏中的"新建"按钮，可直接建立一个空白的工作簿。

(3) 如果需要创建一个基于模板的工作簿,则在"新建工作簿"任务窗格中单击"模板"选项区中的"本机上的模板"超链接,在弹出的"模板"对话框中,单击"电子方案表格"选项卡,在列表框中选择需要的模板,如图 5-5 所示,单击"确定"按钮即可。

2. 工作簿的打开

要编辑或修改工作簿,首先就要打开工作簿。在 Excel 2003 系统中,打开一个工作簿有 4 种方法:

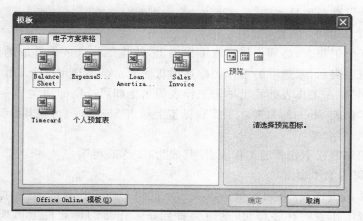

图 5-5 "模板"对话框

(1) 选择"文件"→"打开"命令,打开"打开"对话框,然后选择要打开的工作簿。

(2) 按 Ctrl+O 组合键打开"打开"对话框,然后选择要打开的工作簿。

(3) 单击"常用"工具栏中的"打开"按钮，打开"打开"对话框,然后选择要打开的工作簿。

(4) 在"开始工作"任务窗格中,单击"打开"超链接,打开"打开"对话框,然后选择要打开的工作簿。

3. 工作簿的保存

当完成一个工作簿的建立和编辑,或者由于数据量较大而需要多次输入时,都需要将工作簿文件及时保存起来,在 Excel 中可以使用两种方法保存工作簿文件:

(1) 在数据输入操作中可以随时单击"常用"工具栏中的"保存"按钮来保存当前的工作簿。

(2) 执行"文件"菜单中的"保存文件"命令。

4. 工作簿的关闭

当使用多个工作簿时,对于不再使用的工作簿可以将其关闭,以节约内存空间。要关闭一个工作簿,在 Excel 中可以使用两种方法:

(1) 直接单击工作簿窗口的关闭按钮。

(2) 执行"文件"菜单中的"关闭"命令。

5.2.2 工作表的操作

工作表用于组织和分析数据,它由单元格组成。在默认情况下,一个工作簿由 3 个工作表组成,如果需要增加新的工作表,新增加的表名依次取 Sheet4,Sheet5,…作为默认名。要对工作表进行操作,首先要打开工作表所属的工作簿。一个工作簿被打开后,该工作簿内的所有工作表名均出现在 Excel 工作簿窗口下面的工作表名栏里。但工作表名栏区域是有限的,可以利用左边 4 个工作表控制按钮来显示其他的工作表名。

1. 工作表的选择

要对某个工作表进行操作时,首先要选择该表,使这个工作表成为当前工作表,当前工作表的表名总是以高亮度显示的。

1）选定单个工作表

要使用某一个工作表，必须先移到该工作表上，使该工作表成为选取的工作表，选取的工作表标签用白底表示，未选取的工作表标签用灰底表示。要选定单个工作表，将其变成当前活动工作表，只要在工作表标签上单击工作表的名字即可。例如建立了一本新的工作簿，要进入第 5 张工作表 Sheet5，只要在工作表标签上单击 Sheet5 即可将其激活。

2）选定多张工作表

可以选定相邻的或不相邻的工作表，使其成为"工作表组"。

• 选定相邻的工作表。

要选定相邻的工作表，必须先单击想要选定的第一张工作表的标签，按住 Shift 键，然后单击最后一张工作表的标签即可，这时会看到在工作簿的标题栏上出现"工作表组"的字样。

• 选定不相邻的工作表。

要选定不相邻的工作表，可以先单击选定的第一张工作表的标签，按住 Ctrl 键，然后单击每一张工作表的标签即可。Shift 键和 Ctrl 键可以同时使用，也就是说，可以用 Shift 键选取一些相连的工作表，然后用 Ctrl 键选取另外一些不相连的工作表。在选取了数个工作表后，若想取消某个选取的工作表，可以按 Ctrl 键，同时在选取的工作表标签上单击即可。

• 选定全部工作表。

要选定工作簿中的全部工作表，只要在工作表标签上右击，出现一个如图 5-6 所示的快捷菜单，选择其中的"选定全部工作表"命令即可。选定全部工作表对于执行类似于在工作簿中查找与替换的操作是十分有意义的。

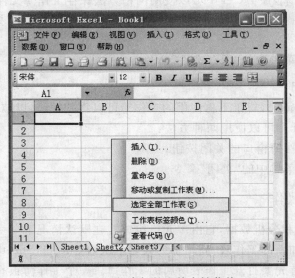

图 5-6　工作表标签上的右键菜单

2．工作表的重命名

工作表名可以根据自己的意愿重新更改，改名操作的步骤如下：

（1）选择要改名的工作表。

（2）选择"格式"→"工作表"→"重命名"命令选项。

（3）若工作表名以黑底白字的形式显示 Sheet1/Sheet2/Sheet3/ ，此时工作表处于可改写名字的状态，输入新的工作表名，然后按下 Enter 键或用鼠标在工作表任意处单击一下，这时在工作表名栏里所显示的表名就是新的名字了。

也可用快捷方式：右击要改名的工作表名，在出现的快捷菜单中选择"重命名"选项，接下来的操作与（3）相同。

3．删除工作表

当不再需要某个工作表时，可以删除此表，操作过程如下：

（1）选择被删除的工作表，使其成为活动工作表。

（2）执行"编辑"菜单的"删除工作表"选项。

（3）这时系统要求确认"选定工作表将被永久删除，继续吗？"，单击"确定"按钮即可删除。

或者用快捷方式：右击要删除的工作表名，在出现的快捷菜单中选择"删除"选项，接下来的操作与（3）相同。工作表删除后不能用撤销命令恢复。

4．插入新的工作表

当需要增加新的工作表时，先选定一个插入点，即新的工作表排在哪个表的前面，然后选择"插入"菜单的"工作表"选项即可。或者用快捷方式：右击要进行插入的工作表名，在出现的快捷菜单中选择"插入"选项，如图 5-7 所示的"插入"对话框，然后选择"工作表"，单击"确定"按钮即可插入工作表。

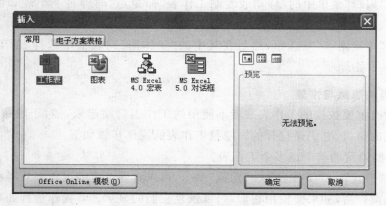

图 5-7　"插入"对话框

新插入的工作表均采用默认名，可以根据需要按上述方法将其改成有意义的且便于记忆的名字。

5．移动和复制工作表

1）在工作簿中移动工作表

要在一个工作簿中调整工作表的次序，只需在工作表标签上单击选中的工作表标签，拖动选中的工作表到达新的位置，松开鼠标即可将工作表移动到新位置。

图 5-8 "移动或复制工作表"
对话框

2）将工作表移动到另外一个工作簿

将工作表移动到另外一个工作簿的执行过程如下：

（1）在原工作簿的工作表标签上单击选中的工作表标签。

（2）执行"编辑"菜单中的"移动或复制工作表"命令，这时屏幕上出现如图 5-8 所示的对话框。

（3）在其中的工作簿列表框中选择目的工作簿，然后单击"确定"按钮即可。

3）在工作簿中复制工作表

在实际工作中，经常会遇到两张表格很相似的情况，例如公司的"工资单"，对于把一个公司的工资作为一个工作簿来讲，由于公司每月的工资表的结构变动不大，则不必每月建立一张新的工资表，而只需将上月的工资表复制一份，然后对其中发生变化的个别项目进行修改即可，对其他固定项目或者未发生变化的项目，如姓名、基本工资等不必修改，从而提高了工作效率。

要在一个工作簿中复制工作表，只须在工作表标签上单击选中的工作表标签，然后按下 Ctrl 键，并沿着标签行拖动选中的工作表到达新的位置，之后松开鼠标即可将复制的工作表插入到新的位置。

4）将工作表复制到其他工作簿中

将工作表复制到另外一本工作簿的执行过程如下：

（1）在原工作簿的工作表标签上单击选中的工作表标签。

（2）执行"编辑"菜单中的"移动或复制工作表"命令，这时屏幕上出现如图 5-8 所示的对话框。

（3）选择"建立副本"复选框，然后在其中的"工作簿"列表框中选择"新工作簿"，单击"确定"按钮即可完成。

6. 工作表的隐藏与恢复

可以将含有重要数据的工作表或者不使用的工作表隐藏起来。对于隐藏的工作表，即使看不见隐藏的窗口，它仍是打开的。隐藏工作表的操作步骤如下：

（1）选定要隐藏的单个或多个工作表。

（2）执行"格式"→"工作表"→"隐藏"命令，可以看到选定的工作表从屏幕上消失。

工作表隐藏以后，如果要使用它们，可以恢复它们的显示。其操作过程如下：

（1）执行"格式"→"工作表"→"取消隐藏"命令，就可以看到在屏幕上出现了一个对话框。

（2）从"取消隐藏工作表"列表中选择要恢复的工作表，单击"确定"按钮即可。

5.2.3 单元格的基本操作

Excel 工作表的基本元素就是单元格，单元格内可以包含文字、数字或公式，在工作表内，每行每列的交点就是一个单元格。在 Excel 2003 中，一个工作表最多可达到 256 列和 65 536 行，所以一个工作表中最多可以有 256×65 536 个单元格。

1. 选定单个单元格

单元格有两种状态。

（1）选定状态：设为活动单元格，此时输入的数据会代替原有的数据。

（2）编辑状态：可修改其中的数据，编辑栏同时激活。

单元格状态的切换方法为：首先将单元格移入当前屏幕窗口中，单击为"选定状态"，双击为"编辑状态"。

2. 选定多个单元格

（1）选定整行：单击该行左侧的行号选中一行；单击行号并在行号列上拖动鼠标，可以选中多行。

（2）选定整列：单击该列上方的列标选中一列；单击列号并在列标上拖动鼠标，可以选中多列。

（3）选定一个矩形区域：有三种方法，一是从选定单元格开始，沿对角线方向拖动鼠标；二是按下 Shift 键，然后单击矩形对角线上两个端点的单元格；三是按下 Shift 键，然后水平和垂直移动光标键。

（4）选定全部单元格：单击工作表左上角行列交汇处的"全部选定"按钮。

（5）选定不连续的多个单元格：只能使用鼠标操作，按下 Ctrl 键，再选中需要的单元格区域即可。

5.3　工作表的编辑

5.3.1　向单元格中输入数据

在工作表中可以输入两种形式的数据，一种是常量，另一种是公式。常量可以是数值（包括日期、时间、货币、百分比、分数、科学记数等）或者是文字。公式是一个常量、单元格引用、名字、函数或操作符序列，并可从现有的值产生结果。公式以等号"＝"开头，当工作表中其他值改变时，由公式生成的值也相应地改变。有关公式的输入和编辑将在 5.5.1 节讲述。

1. 单元格指针移动方向

在输入过程中，按下 Enter 键表示确认输入的数据，同时单元格指针自动移到下一个单元格。单元格移动方向键如表 5-1 所示。

表 5-1　单元格指针移动方向

单元格移动方向	按　键	单元格移动方向	按　键
从上向下	Enter	从右向左	Tab
从下向上	Shift＋Enter	从左向右	Shift＋Tab

2. 输入文字

选定单元格后，即可输入文字。输入时字符左对齐。如果输入的文字超出单元格的宽度，输入文字将溢出到右边的单元格内，但实际上仍在本单元格中。如果再在其后面的单元格中输入文字，则前面单元格中的文字以默认宽度显示，但文字完全保留。也可以设置自动

换行,以便阅读。设置方法如下:

(1) 选定需要设置自动换行的单元格。

(2) 选择"格式"菜单中的"单元格"命令,进入"单元格格式"对话框,如图 5-9 所示。

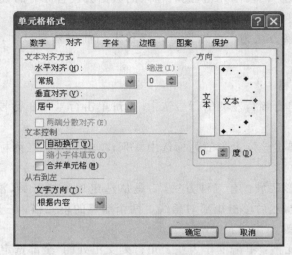

图 5-9 "单元格格式"对话框中的"对齐"选项卡

(3) 打开"对齐"选项卡,选中"自动换行"复选框,单击"确定"按钮。

这样,长文字串在一个单元格内以多行显示。为了显示多出的行,Excel 将增加该单元格所在行的高度。

对于全部由数字组成的字符串,比如邮政编码、电话号码等,为了避免被误认为是"数值型"数据,要求在输入的数字字符串前添加引文标点单引号"'",比如"'05316"。由于是数字字符串,因此不能参与数值型运算。

3. 输入数字

选定单元格后,直接输入数字即可,数值型数据在单元格中默认右对齐。

(1) 通用数字格式采用整型(如:789)和小数(如:7.89)格式。当数字长度超过 11 位时,自动转用科学计数法,取 6 位有效数字(小数点后 5 位)。比如,输入"123456789123"时,自动记入"1.23456E+11"。可以在数字中,按一定的规则使用逗号,比如 1,450,500,数值项目中的单个句点作为小数点处理。

(2) 数字前面输入的正号"+"被忽略,负数用负号"-"表示或者用圆括号括起来。

(3) Excel 可根据输入的数字自动确定数字格式。如果输入的数字前面有货币符,或者后面有百分号时,则自动改变为货币或百分比格式。另外,Excel 2003 中文版对于货币符作了修改,可采用"GB 2312"中的人民币符号"￥"。

(4) 对于分数,若小于 0,应需输入"0"→Space 键→再输入分数,比如"0 1/2"的输入,以免与"日期型"数据混淆。

4. 输入日期/时间型数据

输入日期性数据的常用格式为:年/月/日或年-月-日,如 2009/9/1 或 2009-9-1,也可以省略年份,如 1/5、12-26,在单元格中显示的结果为一月五日、十二月二十六日。如果在单元格中输入当前系统的日期或当前系统的时间,可按 Ctrl＋分号键或按 Ctrl＋Shift＋分号键。日期型数据默认右对齐。

5. 输入逻辑型数据

逻辑型数据是用来描述事物之间的关系成立与否的数据,只有两个值:FALSE 和 TRUE。FALSE 称为假值,表示不成立;TRUE 称为真值,表示成立。一般情况数据之间进行比较运算时,Excel 在单元格中自动产生比较结果,并在其中显示。

5.3.2　输入序列

在数据输入时,经常遇到同种类型的序列数据,比如"一月"到"十二月",或者输入一个等比数列等。这时,可以使用 Excel 提供的填充功能自动输入,以提高输入效率。

1. 自动填充

如果输入带有明显序列特征的数据,比如日期、时间等,可以拖动填充柄进行填充。如图 5-10 所示,在 A3 单元格中输入"一月"后,将鼠标指向该单元格右下角的小黑块(填充柄),这时指针变成黑色"＋"形,按下鼠标左键拖动,即可输入其他月份。比如拖到 A5 单元格,释放鼠标左键,即可看到 A4、A5 单元格分别输入了"二月"和"三月"。

2. 菜单填充

使用菜单自动填充是一种非常方便的输入方式,操作步骤如下。

(1) 在具有"序列"特性的第一个单元格中输入数据,比如"星期一"。

(2) 选定"序列"所使用的单元格区域,比如"A1:A5"。

(3) 执行"编辑"菜单中的"填充"命令,再从"填充"子菜单中选择"序列",屏幕显示如图 5-11 所示的"序列"对话框,从中选择"列"、"自动填充"选项。

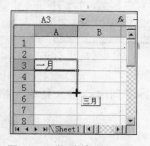

图 5-10　拖动填充柄进行

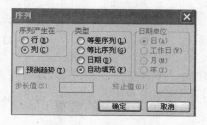

图 5-11　"序列"对话框

(4) 单击"确定"按钮即可在选定的区域内显示所选择的数据序列。

3. 自定义序列

在应用中,有时会发现 Excel 提供的序列并不能完全满足实际的需要。这时,可以利用 Excel 提供的自定义序列功能,建立满足自己需求的序列。步骤如下。

(1) 选择"工具"菜单中的"选项"命令,屏幕弹出如图 5-12 所示的"选项"对话框。

(2) 单击"自定义序列"标签,在"输入序列"框中输入新序列的项目,各项目之间用半角逗号分隔,也可输入一个项目后按 Enter 键,如图 5-13 所示的"张,王,李,赵"。

(3) 单击"添加"按钮,将输入的序列保存起来。

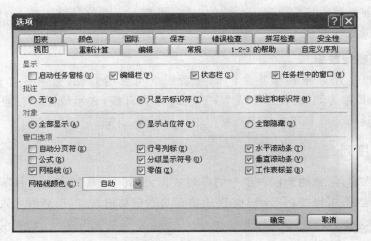

图 5-12 "选项"对话框

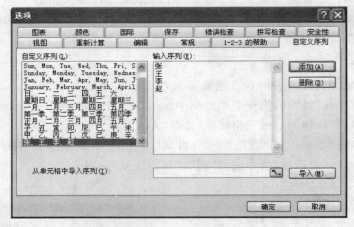

图 5-13 "选项"对话框

在建立一个自定义序列之后,即可按照"序列输入法"将序列内容输入到单元格中。

5.3.3 编辑单元格中的数据

选择要修改的单元格,使该单元格变成当前的活动单元格,即可编辑修改其中的内容,单元格中数据的修改方法有如下的两种。

1. 在编辑栏中编辑单元格中的内容

操作步骤如下:

(1)选择单元格使其成为活动单元格,该单元格的内容将出现在编辑栏中。

(2)把鼠标移动到编辑栏内,鼠标的指针变成Ⅰ形光标。

(3)把鼠标指针移动到要修改的位置并单击,开始编辑数据。

2. 在单元格内编辑

操作步骤如下:

（1）选择单元格使其成为活动单元格。

（2）把鼠标移动到要修改的位置上双击；或按 F2 键，使该位置成为插入点。

（3）根据需要对单元格内容进行修改。

（4）按 Enter 键或选择 ✓ 确定；若要取消修改，按 Esc 键或单击 ✗ 。

5.3.4　移动、复制单元格中的内容

复制和移动单元格中的数据可以在同一张工作表中进行，也可以在不同的工作表中进行。下面介绍常用的复制和移动方法。

1. 使用"常用"工具栏上的命令按钮复制数据

例如，在如图 5-14 所示的工作表中，把 B2：C3 区域的内容复制到 G4：H5 区域中。

	A	B	C	D	E	F	G	H
1	学号	姓名	语文成绩	数学成绩	总成绩			
2	1001	王辉	86	98	184			
3	1002	李名	98	65	163			
4	1003	张飞	86	80	166			
5	1004	王小花	65	76	141			
6	1005	陈西	44	64	108			
7	1006	李丽	80	53	133			
8								

图 5-14　复制数据示例

操作步骤如下：

（1）选定要复制的区域 B2：C3。

（2）单击"常用"工具栏的"复制"按钮，此时要复制的区域的边界变成闪烁的虚线。

（3）选定目标区域 G4：H5。

（4）单击"常用"工具栏的"粘贴"按钮。

执行后的结果如图 5-15 所示。

	A	B	C	D	E	F	G	H
1	学号	姓名	语文成绩	数学成绩	总成绩			
2	1001	王辉	86	98	184			
3	1002	李名	98	65	163			
4	1003	张飞	86	80	166		王辉	86
5	1004	王小花	65	76	141		李名	98
6	1005	陈西	44	64	108			
7	1006	李丽	80	53	133			
8								

图 5-15　复制结果示例

2. 用鼠标拖动来复制数据

操作步骤如下：

（1）选定要复制区域。

（2）将鼠标指针移动到该区域的边框，当指针呈现箭头状时，按住 Ctrl 键的同时按鼠标左键，再拖动到要复制的目标区域的左上角的单元格处即可。

（3）松开鼠标左键和 Ctrl 键。

3. 移动单元格区域的数据

操作方法与复制操作基本相同,不同之处在于复制操作使用的是"复制"命令,而移动操作使用的是"剪切"命令。

5.3.5 清除、删除、插入单元格

当用户不再需要单元格内的数据时,可以把单元格中的数据清除或删除。在 Excel 中清除单元格,只是清除了单元格中的内容,清除后单元格仍然保留在工作表中;如果删除不需要的单元格,Excel 表中将移去这些单元格,并自动调整周围的单元格填补删除后的空缺。

1. 清除

首先选定要清除的单元格区域,在菜单栏中选择"编辑"菜单中的"清除"命令,弹出"清除"子菜单,根据需要选择其中的选项即可。其中,"全部"选项清除选定单元格区域中的所有信息;"格式"选项清除选定单元格区域中设置的格式,但保留其中的内容和批注;"内容"选项清除选定单元格区域中设置的内容,但保留其中的格式和批注;"批注"选项清除选定单元格区域中的批注,但保留其中的格式和内容。

2. 删除

在工作表中插入、删除单元格时,将发生相邻单元格的移动,删除单元格的操作步骤如下:

图 5-16 "删除"对话框

（1）首先选定要删除的单元格或单元格区域。

（2）选择"编辑"菜单中的"删除"命令,弹出"删除"的对话框,如图 5-16 所示。对话框中提供 4 种删除方式,如需删除单元格选择前两项,则活动单元格及数据均消失,如需删除行或列,则活动单元格所在的行或列将被删除。

（3）单击"确定"按钮。

3. 插入

插入单元格的操作步骤如下:

（1）插入单元格,选定要插入的单元格或单元格区域,单击菜单栏中的"插入"→"单元格"命令,弹出"插入"对话框,对话框提供 4 种插入方式,选择其中的一种插入方式,然后单击"确定"按钮。

（2）插入行或列,在菜单栏中选择"编辑"→"插入"命令,可以在选定行的上方(选定列的左边)插入一行或多行(列),插入后,原有行或列将做相应的移动。

5.3.6 查找与替换

Excel 的查找和替换功能可以在工作表中迅速地定位要查找的信息,并且可以有选择地用指定的值去替换查找的数据。

1. 查找操作

选择菜单栏中的"编辑"→"查找"命令;或按 Ctrl＋F 组合键,弹出"查找和替换"对话

框,如图 5-17 所示,通过对话框中的选项确定要查找的内容。

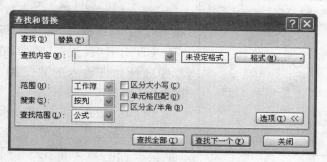

图 5-17　"查找和替换"对话框中的"查找"选项

(1) 在"查找内容"文本框中输入要查找的信息,可根据需要设定相应的格式。

(2) 在"范围"列表框中选择要查找的范围。

(3) 在"搜索"列表框中选择搜索的方式,如"按行"或"按列"。

(4) 在"查找范围"中选择所要搜索的信息的类型,如"公式"、"值"或"批注"。

(5) 要在查找中区分大小写,选中"区分大小写"复选框即可。

(6) 要查找与"查找内容"文本框中指定的字符完全匹配的单元格,选中"单元格匹配"复选框即可。

(7) 要在查找中区分全角/半角,选中"区分全/半角"复选框即可。

2. 替换操作

查找和替换的字符可以包括文字、数字、公式或部分公式。替换操作与查找操作基本一致,其操作步骤如下:选择菜单栏上的"编辑"→"替换"命令或按 Ctrl+H 组合键,弹出"查找和替换"对话框,打开"替换"选项卡,如图 5-18 所示。

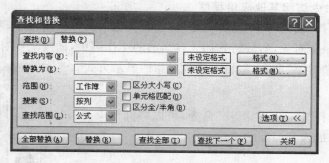

图 5-18　"查找和替换"对话框中的"替换"选项卡

在"查找内容"和"替换为"文本框中分别输入要查找和替换的数据,若单击"替换"按钮,则替换查找到的单元格中的数据;若单击"全部替换"按钮,则替换整个工作表中所有符合条件的单元格中的数据。

5.3.7　在单元格中输入有效数据

用户可以预先设置某一单元格所允许输入的数据类型和范围,并可设置数据输入提示信息和输入错误提示信息,有效数据的定义步骤如下:

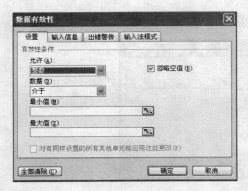

图 5-19 "数据有效性"对话框

（1）选择要定义有效数据的单元格。

（2）执行"数据"→"有效性"命令，弹出"数据有效性"对话框，如图 5-19 所示。

（3）打开"设置"选项卡，在"允许"下拉列表框中选择允许输入的数据类型，如"整数"、"时间"、"日期"等。

（4）在"数据"下拉列表框中选择所需的操作符，如"介于"、"不等于"等，然后在数据的"最小值"和"最大值"文本框中根据需要填入上下限值。

（5）如果在有效数据单元格中允许出现空值，应选中"忽略空值"复选框，再单击"确定"按钮即可。

若输入了提示信息，在用户选定该单元格时，该提示信息就会出现在其旁边，提示信息的设置方法是：在"数据有效性"对话框中打开"输入信息"选项卡，在其中输入需要提示的信息。若还想显示错误提示信息，则打开"出错警告"选项卡，填入有关的信息即可。当这些提示的信息都不需要时，单击"数据有效性"对话框中的"全部清除"按钮，并单击"确定"按钮即可。

5.3.8 其他编辑操作

1. 单元格的批注

在菜单栏上选择"插入"→"批注"命令，弹出"单元格批注"对话框，在其中可以输入选定单元格的批注内容。完成批注后，在该单元格的右上角出现一个单元格批注标志。

2. 用"对象"命令访问其他应用程序

在菜单栏上选择"插入"→"对象"命令，可以直接访问其他应用程序，并可以用这些应用程序来新建、编辑一个对象，然后将其插入到当前的工作表中，插入某些对象后，可以在菜单栏上选择"编辑"→"对象"命令，编辑和更改对象的显示方式。

3. 插入图片

在菜单栏上选择"插入"→"图片"命令，可以将其他应用程序的图形图片文件插入到当前的工作表中。

4. 插入图示

在菜单栏上选择"插入"→"图示"命令，弹出"图示库"对话框，如图 5-20 所示，从中选择合适的图示插入到当前工作表。

图 5-20 "图示库"对话框

5. 插入超链接

在 Excel 2003 可以通过超链接使某单元格链接指向其他位置上的文件。在菜单栏上选择"插入"→"超链接"命令，弹出"插入超链接"对话框，可进行超链接操作。

5.4　工作表的格式化

5.4.1　单元格的合并与拆分

在实际工作时,统计报表中常常需要某个单元格比其他单元格大许多,在 Excel 中这可以通过将相邻的几个单元格合并来实现。具体操作如下:选取要合并的单元格区域,在"格式"工具栏中单击"合并及居中"按钮，如图 5-21 所示。也可以通过执行"格式"→"单元格"命令,打开"单元格格式"对话框(如图 5-9 所示),打开"对齐"选项卡,在"文本控制"中勾选"合并单元格",最后单击"确定"按钮。

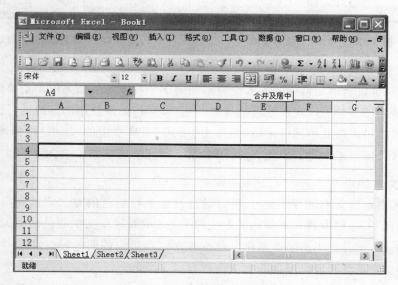

图 5-21　合并及居中

对于拆分单元格,有两种方法:一种是选定合并过的单元格,在"格式"工具栏中单击"合并及居中"按钮;另一种是在"单元格格式"中取消"合并单元格"选项。

5.4.2　文本格式设置

为了使表格的标题和重要的数据更加醒目、直观,常常需要对工作表中的单元格进行设置。下面分别介绍如何对单元格中文本的字体、字号、字形、颜色等进行格式化设置。

1. 设置字体、字号、字形

在 Excel 2003 中,可以使用"格式"工具栏或者"格式"菜单中的相应命令来设置字体格式。使用"格式"工具栏中的"字体"下拉列表框,选择需要的字体,如图 5-22 所示。在选取要设置字体的单元格或单元格区域后,也可以使用菜单命令来设置字体,选择"格式"→"单元格"命令,在弹出的"单元格格式"对话框中打开"字体"选项卡,如图 5-23 所示。在"字体"列表框中选择需要的字体选项,单击"确定"按钮即可。

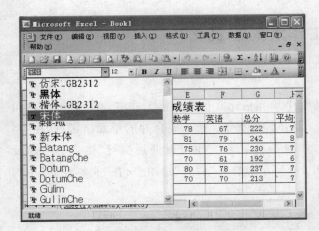

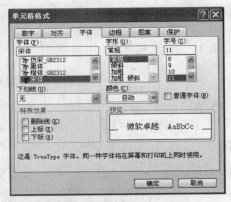

图 5-22　"字体"下拉列表框　　　　　　图 5-23　"单元格格式"对话框中的
　　　　　　　　　　　　　　　　　　　　　　　　"字体"选项卡

　　同样,用户可以为单元格中的文本设置不同的字号和字形。如果使用菜单命令来设置,则在图中的"字形"与"字号"列表框选取需要的选项即可;如果使用工具栏进行设置,则可选定要改变字形的单元格或单元格区域,再单击"格式"工具栏中的"加粗"按钮 **B**、"倾斜"按钮 *I* 或"下划线"按钮 U 即可。当然,也可以对某个单元格区域添加组合字形。

2. 设置文本颜色

　　在对单元格中的文本进行排版时,可以通过改变字符颜色的方式来达到突出重点的目的。使用"格式"工具栏设置文本颜色的方法如下:选取要改变文字颜色的单元格或单元格区域,单击"格式"工具栏中的字体颜色下拉按钮 **A·**,在弹出的调色板(如图 5-24 所示)中选择需要的颜色,即可将选取区域中的数据设置为所选颜色。

　　同样,也可以使用菜单命令来设置文本颜色:在"单元格格式"对话框的"字体"选项卡中,单击"颜色"下拉列表框右侧的下拉按钮,在弹出的调色板中选择需要的颜色即可,如图 5-25 所示。

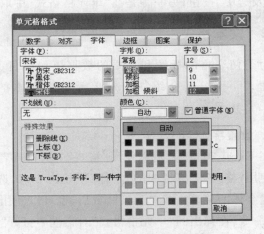

图 5-24　字体颜色调色板　　　　　　　　图 5-25　"单元格格式"对话框

5.4.3　数字格式设置

在工作表的单元格中输入的数字通常按常规格式显示,但是这种格式可能无法满足用户的要求。例如,财务报表中的数据常用的是货币格式。

为了解决上述问题,Excel 针对常用的数字格式,事先进行了设置并加以分类,它包含了常规、数值、货币、会计专用、日期、时间、百分比、分数、科学记数、文本、特殊以及自定义等格式。

1. 使用工具栏设置数字格式

在"格式"工具栏中提供了几种工具,可以用来快速格式化数字,具体操作步骤如下:

(1) 选定需要格式化数字的单元格或单元格区域。

(2) 单击"格式"工具栏的相应按钮 💲 % ，ᵗᵗᵗ ᵗᵗᵗ 即可。

各按钮含义如下。

"货币样式"按钮 💲 :在选定区域的数字前加上人民币符号"￥"。

"百分比样式"按钮 % :将数字转化为百分数格式,也就是把原数乘以 100,然后在结尾处加上百分号。

"千位分隔样式"按钮 , :使数字从小数点向左每隔三位用逗号分隔。

"增加小数位数"按钮 ᵗᵗᵗ :每单击一次该按钮,可使选定区域中数字的小数位数增加一位。

"减少小数位数"按钮 ᵗᵗᵗ :每单击一次该按钮,可使选定区域中数字的小数位数减少一位。

2. 使用菜单命令设置数字格式

(1) 选定要格式化数字的单元格或单元格区域。

(2) 选择"格式"→"单元格"命令,在弹出的"单元格格式"对话框中打开"数字"选项卡,在"分类"列表框中选择样式分类,并选择相应的选项设置参数,如图 5-26 所示。

(3) 设置完毕后,单击"确定"按钮。

如果要取消数字的数值格式,可以选定要取消数值格式的单元格,然后在"单元格格式"对话

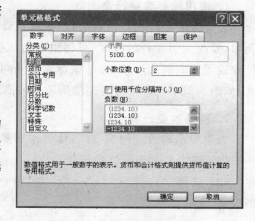

图 5-26　"单元格格式"对话框

框的"数字"选项卡的"分类"列表框中选择"常规"选项,再单击"确定"按钮即可取消所选单元格中数字的数值格式。

3. 用户自定义数字格式

虽然 Excel 2003 提供了许多预设的数字格式,但是有时还需要一些特殊的格式,这就需要用户自定义数字格式,具体操作步骤如下:

(1) 选定要格式化数字的单元格或单元格区域。

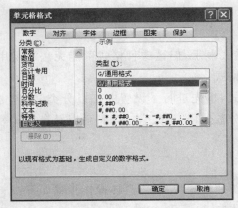

图 5-27　"单元格格式"对话框

（2）选择"格式"→"单元格"命令，在弹出的"单元格格式"对话框中单击"数字"选项卡，在"分类"列表框中选择"自定义"选项，在"类型"列表框中选择需要的类型，如图 5-27 所示。

（3）单击"确定"按钮。

在创建自定义数字格式前，有必要了解几个经常使用的定义数字格式的代码，各代码的含义如下：

"♯"只显示有意义的数字而不显示无意义的零。

"0"显示数字，如果数字位数少于格式中零的个数，则显示无意义的零。

"?"为无意义的零在小数点两边添加空格，以便使小数点对齐。

"，"千位分隔符或者将数字以千倍显示。

5.4.4　行高和列宽的调整

在 Excel 2003 中设置了默认的行高和列宽，但有时默认值并不能满足实际工作的需要，因此就需要对行高和列宽进行适当的调整。

1. 使用鼠标改变行高

若要改变一行的高度，则可将鼠标指针指向行号之间的分隔线，按住鼠标左键并拖动。例如，要改变第 2 行的高度，可将鼠标指针指向行号 2 和行号 3 之间的分隔线，这时鼠标指针变成了双向箭头形状，按住鼠标左键并向上或向下拖动，在屏幕提示框中将显示出行的高度，如图 5-28 所示，将行高调整到适合的高度后，释放鼠标左键即可。

2. 精确改变行高

如果要精确改变行高，其具体操作步骤如下：

（1）选定要改变行高的行。

（2）选择"格式"→"行"→"行高"命令，在弹出的"行高"对话框中输入一个数值，如图 5-29 所示。

图 5-28　使用鼠标拖动改变行高

图 5-29　"行高"对话框

（3）单击"确定"按钮。

如果某些行高的值太大，以致大于文字所需的高度时，可以选择"格式"→"行"→"最适合的行高"命令，系统会根据该行中最大字号的高度来自动改变该行的高度。

3．使用鼠标改变列宽

改变列宽与改变行高的操作方法类似，用鼠标拖曳列标之间的分隔线即可。例如，要改变 H 列的宽度，可用鼠标拖曳 H 列和 I 列之间的列标分隔线，拖动鼠标时，在屏幕提示框中将显示出列的宽度值，将列宽调整到合适的宽度后，再释放鼠标左键即可。

4．精确改变列宽

如果要精确改变列宽，其具体操作步骤如下：

（1）选定要改变列宽的列或列中任意一个单元格。

（2）选择"格式"→"列"→"列宽"命令，在弹出的"列宽"对话框中输入一个数值。

（3）单击"确定"按钮。

用户也可以使用菜单命令来调整列宽，其方法同调整行高的方法类似。在 Excel 2003 中对于需要特定列宽的工作表，可以先从其他工作表中复制含有特定列宽的单元格，再选定要设置列宽的单元格，然后单击"常用"工具栏中的"粘贴"按钮，工作表中就会出现"粘贴"智能标记，单击该智能标记的下拉按钮，在弹出的下拉列表中选择"保留源列宽"选项，就可以实现从其他工作表中粘贴信息而不丢失该格式。

5.4.5　单元格中日期和时间的格式化

在 Excel 2003 中，日期和时间可视为数字进行处理，可以像数值一样进行加减运算。工作表中的时间或日期的显示方式取决于所在单元格的数字格式，在输入 Excel 可识别的日期或时间数据后，单元格的格式会从常规数字格式改变为某种内置的日期或时间格式，而不需要用户设定。输入日期和时间数据时，可按照以下规则进行。

（1）如果使用 12 小时制，则需输入 am 或 pm，比如 5:30:20pm，也可输入 a 或 p。但在时间与字母之间必须有一个空格。若未输入 am 或 pm，则按 24 小时制。也可在同一单元格中输入日期和时间，但是二者之间必须用空格分隔，比如 96/4/12 17：00。输入字母时，忽略大小写。

（2）日期有多种格式，可以用"/"或"-"连接，也可以使用年、月、日，比如 02/10/23、02-10-23、2002 年 12 月 12 日等。

5.4.6　单元格中的数据对齐方式

默认情况下，Excel 会根据输入的数字格式自动调整其对齐方式。例如，文字内容左对齐、数值内容右对齐。为了使表格更加美观，可以重新设置数据的对齐方式。例如，在各种报表中，经常将同列的数据全部靠左或靠右排列以便于查看，数据靠左或靠右排列都称为数据的对齐方式。在 Excel 中可以随意指定数据的对齐方式。

1．水平对齐

水平对齐是常用的对齐方式，在"格式"工具栏中提供了 4 个按钮来分别控制 4 种水平对齐方式："左对齐"按钮、"居中"按钮、"右对齐"按钮和"合并及居中"按钮。

左对齐：使选择的单元格中的文本全部靠左。

右对齐：使选择的单元格中的文本全部靠右。

居中：使选择的单元格中的文本全部居中。

合并及居中：将选择的多个单元格合并为一个单元格，同时采用水平居中的对齐方式。它常用于工作表标题栏中文本的对齐。

前面三种对齐方式的效果如图 5-30 所示。

2. 垂直对齐

与水平对齐方式相对的是垂直对齐方式，通常是对同一列中的单元格采用相同的垂直对齐方式，使得这些单元格中的文本在垂直方向上保持一致。在"格式"工具栏中没有提供可以直接进行垂直对齐操作的按钮，执行垂直对齐操作的具体操作步骤如下：

（1）选择要设置垂直对齐的行或单元格。

（2）选择"格式"→"单元格"命令，打开"单元格格式"对话框，打开"对齐"选项卡，如图 5-31 所示。

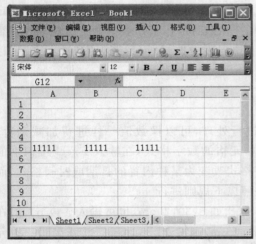

图 5-30　水平对齐方式

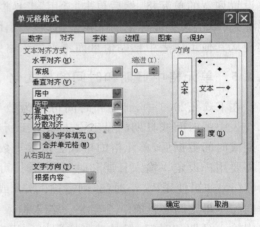

图 5-31　垂直对齐方式

（3）在"垂直对齐"下拉列表框中选择文本的垂直对齐方式。常用的垂直对齐方式有居中、靠下、两端对齐和分散对齐 4 种。

3. 文本缩进

文本缩进通常与水平方式一起使用，使得采用缩进的单元格的文本产生移动。移动的方向与设置的水平方向相反。

例如，在 B 列已经设置了左对齐的情况下，对单元格 B5 设置文本缩进。方法是在"单元格格式"对话框的"对齐"选项卡的"缩进"数值框中设置文本缩进值即可。

4. 文本旋转

有时候要将工作表中的文本以多种角度来显示，这就需要对文本进行旋转。例如，要将单元格中的文本旋转 45°，具体操作步骤如下：

（1）选取单元格，选择"格式"→"单元格"命令，在打开的"单元格格式"对话框中打开

"对齐"选项卡。

（2）在"方向"选项区的数值框中输入 45，作为旋转的角度值。单击"确定"按钮，效果如图 5-32 所示。

| A1 | ▼ | ƒx | 学生成绩表 |

	A	B	C	D	E	F
1						
2	姓名	语文	数学	英语	总分	平均分
3	张三	62	99	70	231	77.0
4	李四	82	87	69	238	79.3
5	王五	53	55	89	197	65.7
6	赵六	77	62	66	205	68.3
7	小明	46	84	78	208	69.3
8	小可	60	77	87	224	74.7

Sheet1 / Sheet2 / Sheet3

图 5-32　旋转文本

5. 其他格式

在"单元格格式"对话框中还有自动换行、缩小字体填充、文字方向等文本设置方式，可以根据需要选择使用。

自动换行：若选中该复选框，则当单元格中的数据长度超过单元格的宽度时会自动换行。

缩小字体填充：若选中该复选框，则当单元格中的数据长度超过单元格的宽度时，单元格中的字体会自动缩小使文本始终保持在单元格内。

文字方向：在该下拉列表框中可以选择文字输入的方向。

5.4.7　边框和底纹的设置

1. 设置边框

常用的报表中都带有表格，而边框是表格的重要组成部分。作为格式的一部分，边框也可以在"单元格格式"对话框中进行设置，具体操作步骤如下：

（1）选取要添加边框的单元格区域。

（2）选择"格式"→"单元格"命令，打开"单元格格式"对话框，选择"边框"选项卡，如图 5-33 所示。

（3）在"线条"选项区的"样式"列表框中选择需要的边框线条，这里选择粗线条。

（4）单击"预置"选项区中的"外边框"按钮，将上一步所选的粗线条应用到外边框，在"边框"选项区的预览区域会显示效果图。

（5）在"线条"选项区中的"样式"列表框中选择细线条，单击"预置"选项区中的"内部"按钮，将细线条应用到所选单元格区域的内部，

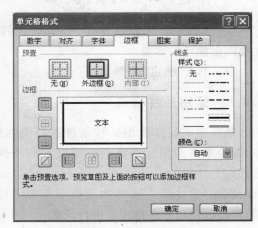

图 5-33　"边框"选项卡

在"边框"选项区中的预览区域会显示效果图。

(6) 单击"确定"按钮,最终应用边框的结果如图 5-34 所示。

在"单元格格式"对话框的"边框"选项区中,可以通过单击该选项区中的各个按钮来设置上、下、左、右以及斜线等边框线。

若要快速地使用常用的边框,可以在"格式"工具栏中单击"边框"下拉按钮 ▦▾,从弹出的下拉菜单中选择需要的边框样式即可。

2. 设置底纹

设置好边框后是不是感觉还有点美中不足呢?对,它的颜色太单调了。那么下面就给它上点色。在 Excel 中,用户不仅可以改变文字的颜色,还可以改变单元格的颜色,给单元格添加底纹效果,以突出显示或美化部分单元格。给单元格添加底纹,既可以使用"格式"工具栏中的"填充颜色"按钮 ◇▾ 来进行设置,也可以使用相应的菜单命令,在弹出的对话框中给单元格加上不同颜色或图案的底纹。具体操作步骤如下:

(1) 选定要添加底纹的单元格区域。

(2) 选择"格式"→"单元格"命令,在弹出的"单元格格式"对话框中打开"图案"选项卡,在"颜色"选项区中选择合适的底纹颜色,如图 5-35 所示。

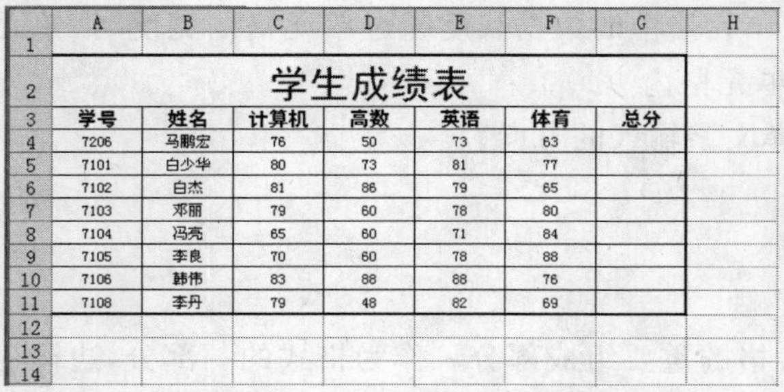

图 5-34 应用边框后的效果

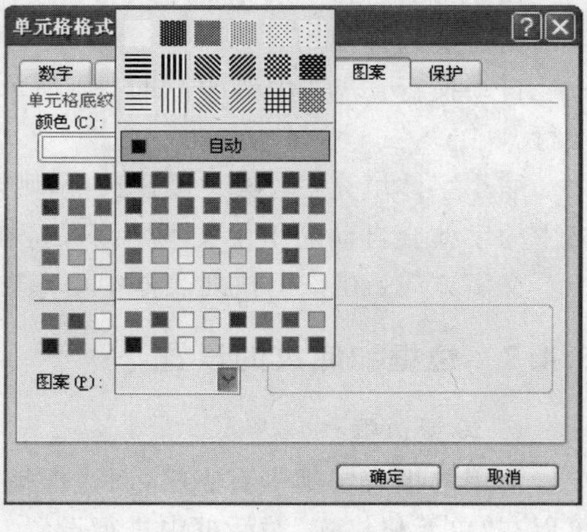

图 5-35 选定底纹

(3) 在"图案"下拉列表框中选择底纹的图案及颜色,在"示例"选项区中可以预览所选底纹图案颜色的效果。

(4) 单击"确定"按钮。

5.4.8 运用条件格式

条件格式就是使用某种条件进行限制性的设置格式的方法。在所选的多个单元格中,符合条件的单元格将会应用设置的条件格式,不符合条件的单元格则不会应用条件格式。

例如,要将图 5-36 中大于或等于 60 的数字用红色显示,60 以下的数字用绿色斜纹显示,则可以使用条件格式来进行设置。

具体操作步骤如下:

	A	B	C	D	E	F	G	H	I	J	K
1				学生成绩表							
2	学号	姓名	性别	计算机	高数	英语	体育	马列	总分	平均分	简评
3	7206	邓雨	男	62	47	60	75	60	304	60.80	
4	7111	常静	女	79	84	83	70	80	396	79.18	
5	7112	王慧智	男	87	96	93	81	91	448	89.58	
6	7113	崔霞	女	68	88	69	70	83	378	75.50	
7	7114	邓丽	女	86	88	87	77	85	423	84.60	
8	7115	杜燕丽	女	85	89	87	75	85	421	84.18	
9	7116	马健强	男	62	50	50	65	50	277	55.40	
10	7117	郭伟东	男	66	49	49	74	49	287	57.40	

图 5-36　学生成绩表

（1）在 Excel 工作表中选取要设置条件格式的单元格区域。

（2）选择"格式"→"条件格式"命令，打开"条件格式"对话框。由于需要限制条件，所以单击"条件格式"对话框下的"添加"按钮，添加限制条件，并分别设置参数，如图 5-37 所示。

图 5-37　有两个限制条件的"条件格式"对话框

单击"确定"按钮，可以看到工作表中的数据分别以设定的颜色显示。

5.4.9　自动套用格式

为了提高工作效率，在 Excel 中已经预先存放了许多常用的格式，使用这些预定义格式的方法称为自动套用格式。

在 Excel 2003 中，系统预定义了多种制表格式，包括数字格式、字体、对齐格式、列宽、行高、边框和底纹等。用户可以自动套用工作表格式，以节省时间，提高工作效率。

自动套用格式的具体步骤如下：

（1）选取要格式化的单元格或单元格区域。

（2）选择"格式"→"自动套用格式"命令，打开"自动套用格式"对话框，如图 5-38 所示。

在对话框中可以看到各种格式的示例，从中单击选择的格式，即可套用该格式。如果不想完全使用规定的格式，可以单击"选项"按钮，展开对话框的扩展部分，在"要应用的格式"选项区中选择要套用的选项，未选中选项的格式仍将保持原有的格式。在本例中选择名称为"古典 2"的格式，并单击"选项"按钮，在扩展的对话框中取消选择"数字"、"字体"、"列宽/行高"复选框。

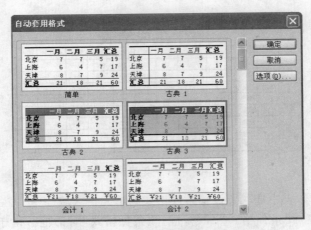

图 5-38　"自动套用格式"对话框

（3）设置完成后单击"确定"按钮，即可在选定的区域套用设置的格式，结果如图 5-39 所示。

学号	姓名	性别	计算机	高数	英语	体育	马列	总分	平均分	简评
				学生成绩表						
7206	邓雨	男	62.00	47.00	60	75.00	60	304	60.80	
7111	常静	女	79.00	84.00	83	70.00	80	396	79.18	
7112	王慧智	男	87.00	96.00	93	81.00	91	448	89.58	
7113	崔霞	女	68.00	88.00	69	70.00	83	378	75.50	
7114	邓丽	女	86.00	88.00	87	77.00	85	423	84.60	
7115	杜燕丽	女	85.00	89.00	87	75.00	85	421	84.18	
7116	马健强	男	62.00	50.00	50	65.00	50	277	55.40	
7117	郭伟东	男	66.00	49.00	49	74.00	49	287	57.40	

图 5-39　套用格式得到的效果

使用了大量的格式后，可能会发现所用的格式并不太合适，依次删除格式显然是一件相当费力的工作，在这种情况下同样可以采用自动套用格式的方法来达到快速删除格式的目的。

5.4.10　在工作表中插入对象

在 Excel 中适当地应用图形对象，可以增强工作表的表达力度。所谓的图形对象就是指文本框、方框、圆、椭圆、线段、箭头和多边形等。下面讲述绘制图形对象、插入图形对象、编辑图形对象和格式化图形对象的操作。

1. 绘制图形对象

在制作报表时加入一些示意图，可以使制作的报表更加生动和直观。Excel 2003 的绘制图形功能，可以帮助用户轻松地绘制出众多常用的图形。

1）利用"绘图"工具栏绘制图形

绘制图形的工具都集中在"绘图"工具栏中，在绘制图形之前，需要先将"绘图"工具栏显示出来，显示"绘图"工具栏的方法如下：

（1）利用工具栏：单击"常用"工具栏中的"绘图"按钮，便会弹出"绘图"工具栏。

（2）利用菜单命令：选择"视图"→"工具栏"→"绘图"命令，也可弹出"绘图"工具栏。

（3）快捷菜单命令：将鼠标指针移动到任意工具栏上，右击，在弹出的快捷菜单中选择"绘图"选项，也可显示"绘图"工具栏。

在"绘图"工具栏中有多个绘图按钮，利用这些按钮可以绘制出常用的各种图形。

2）利用"自选图形"下拉菜单绘制图形

在"绘图"工具栏上还有一个特殊的按钮，这个按钮就是"自选图形"下拉按钮。将鼠标指针移动到该按钮上单击，这时将会弹出一个下拉菜单，在该下拉菜单中列出了各种具体的图形。

下面通过绘制一个标注来讲解如何绘制自定义图形，具体操作步骤如下：

（1）在"绘图"工具栏中单击"自选图形"下拉按钮，在弹出的下拉菜单中选择"标注"→"矩形标注"选项，如图 5-40 所示。

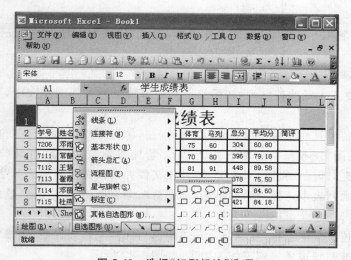

图 5-40　选择"矩形标注"选项

（2）选择在工作表中要添加标注的位置，按住鼠标左键，然后拖动鼠标直到标注框的大小满足需要后释放鼠标。

（3）将鼠标指针移至标注框边框上的圆形控制柄上，当其变为┿时，拖曳鼠标即可调整标注框的大小。

（4）将鼠标指针移至标注框上方的圆形控制柄上，当其变为↺时拖曳鼠标即可旋转标注框。

（5）将鼠标指针移至标注框的指示处，当其变为✛时，拖曳鼠标即可调整其位置。

（6）在标注框中单击，即可在其中输入要标注的内容。在工作表中添加标注内容并调整标注框后的效果。

同样道理，用户可以在"自选图形"下拉菜单中选择不同的选项，以绘制出形状各异的自选图形。

2．插入图形对象

在 Excel 中图形对象除了用"绘图"工具栏绘制外，还有多种方法可以创建，下面将介绍如何在 Excel 中插入图形对象。

1) 插入艺术字

在 Excel 工作表中插入艺术字的具体操作步骤如下：

(1) 在"绘图"工具栏中单击"插入艺术字"按钮 ，打开"艺术字库"对话框，在该对话框中选择一种艺术字样式，如图 5-41 所示。

(2) 单击"确定"按钮，将打开"编辑艺术字文字"对话框，在该对话框中输入需要的艺术字文本，并在"字体"与"字号"下拉列表框中设置好插入文字的字体与字号，单击"字号"下拉列表框右侧的按钮，即可为插入的文字设置字形。

(3) 单击"确定"按钮，在工作表中便插入了艺术字。

插入艺术字后在 Excel 中将弹出"艺术字"工具栏，如图 5-42 所示。

通过"艺术字"工具栏可以对艺术字的形状、格式等进行设置和调整，以得到需要的效果。

艺术字并不是真正的文字，而是一种图形，因此"绘图"工具栏上的按钮对艺术字是有效的。

2) 插入剪贴画

Excel 中提供了大量的剪贴画，如果想把这些剪贴画插入到工作表中，可以用如下方法进行操作：

(1) 在"绘图"工具栏中单击"插入剪贴画"按钮，将打开"剪贴画"任务窗格。

(2) 在"剪贴画"任务窗格的左下角处单击"管理剪辑"超链接，打开剪辑管理器窗口。Office 收藏文件夹对剪贴画进行了分类，展开该文件夹可以选择不同的剪贴画类别。

(3) 在剪贴画列表中选择一个剪贴画，单击剪贴画右侧的下拉按钮，这时会弹出一个下拉菜单。

(4) 在该下拉菜单中选择"复制"选项，关闭窗口回到工作表界面，选择"编辑"→"粘贴"命令，所选择的剪贴画被插入到工作表中了，如图 5-43 所示。

图 5-42   "艺术字"工具栏

图 5-41   "艺术字库"对话框

图 5-43   插入剪贴画后

3) 插入图片

如果需要在 Excel 中插入外部的图片，则可以按以下步骤进行操作：

（1）在"绘图"工具栏中单击"插入文件中的图片"按钮 ，将打开"插入图片"对话框。

（2）单击"查找范围"下拉列表框右侧的下拉按钮，在弹出的下拉列表中选择要插入图片所在的文件夹，并选择需要插入的图片文件。

（3）单击"插入"按钮，图片便被插入到工作表中了。

4）插入文本框

文本框的作用是在图形中添加文字，插入文本框的具体操作步骤如下：

（1）在"绘图"工具栏中单击"文本框"按钮，在工作表中确定文本框的一个顶点，然后拖曳鼠标直到文本框达到所需大小，然后释放鼠标左键。

（2）在文本框中输文字，输入的文字可以在文本框中自动换行。在文本框中强行换行可按 Enter 键。

（3）输入完成后，按 Esc 键或在文本框外单击即可。

5.5　工作表中使用公式和函数

分析和处理 Excel 工作表中的数据离不开公式和函数。公式是函数的基础，是单元格中的一系列值、单元格引用、名称或运算符的组合，公式可以生成新的数值；函数是 Excel 中预定义的内置公式，可以进行数学、文本、逻辑的运算或者查找工作表的信息，与直接使用公式相比，使用函数进行计算的速度更快，同时减少了错误的发生。

5.5.1　公式和函数的使用

1. 使用公式

公式是在工作表中对数据进行分析的等式，它可以对工作表数值进行加、减、乘、除等运算，公式可以引用同一工作表中的其他单元格或者其他工作簿中工作表的单元格。

1）公式的运算符

运算符用于对公式中的元素进行特定类型的运算，Excel 包含四种类型的运算符：算术运算符、比较运算符、文本运算符和引用运算符。

（1）算术运算。在 Excel 中，常用算术运算符有"＋"、"－"、" * "、"/"、"％"、"^"等，其作用如表 5-2 所示。

表 5-2　常用算术运算符

操作符	操作类型	举例	结果	操作符	操作类型	举例	结果
＋	加法	＝1＋100	101	/	除法	＝112.5/5	22.5
－	减法	＝200－4	196	％	百分数	＝5％	0.05
*	乘法	＝2 * 4	8	^	乘方	＝5^2	25

在执行算术运算时，"＋"、"－"、" * "、"/"、"％"、"^"属于二目运算符，要求有两个操作数或变量，例如＝10^2；而"％"只可有一个操作数，例如＝5％，自动将 5 除以 100。

（2）文本运算。文本运算是对正文（文字）进行去除，因此，可将两个或两个以上的文本连接起来。其运算符及作用如表 5-3 所示。

表 5-3　文本运算符

操作符	操作类型	举例	结果
&	文本链接 将单元格同文字连接起来	＝"本月"&"销售" ＝A5&"销售"	本月销售 本月销售(假定 A5 单元格中是文字"本月")

（3）比较运算。比较运算用于逻辑运算，根据判断条件，返回逻辑结果 TRUE（真）或
FALSE（假）。其运算符及作用如表 5-4 所示。例如＝A12＜120，如果 A12 单元格中的数
值小于 120，则返回结果为 TRUE；否则，返回结果为 FALSE。

表 5-4　比较运算符

操作符	说明	操作符	说明
＝	等于	＜＝	小于等于
＜	小于	＞＝	大于等于
＞	大于	＜＞	不等于

（4）引用运算。引用运算是通过引用运算符对单元格区域进行合并运算，其符号及作
用如表 5-5 所示。

表 5-5　引用运算符

引用符	说明	示例
:（冒号）	区域运算符，用在两个引用之间，对包括两个引用在内的所有单元格	B5:B15
,（逗号）	联合运算符，将多个引用合并为一个引用	SUM(B5:B15,D5:D15) 相当于 SUM(B5:B15)＋SUM(D5:D15)
空格	交叉运算符，表示对同时属于两个引用的单元格区域进行引用，类似于对单元格引用进行逻辑"交"运算	SUM(B5:B15,A7:D7)计算同时属于两个区域中单元格 B7 值的和

（5）运算顺序。在 Excel 中，首先进行引用符运算，其次是算术运算符运算，然后是文
本运算符"&"，最后是比较运算符。在算术运算符中，优先顺序是：－（负号）、％、^、（＊、/）
（＋、－）。在公式中输入负数时，只需在数字前面添加负号"－"，而不能用括号。比如：
＝5＊－10 的结果是－50。

2）输入公式

输入公式的操作类似输入文字型数据，不同的是在输入公式的时候总是以"＝"号作为
开始，然后才是公式的表达式。在工作表中输入公式后，单元格中显示的是公式计算后的
结果。

例如，单元格 A1 中已经输入了 100，然后分别在单元格 A2、A3、A4 中输入下列公式：

　　　　＝A1＊100　　　　单元格 A2 中显示值 10 000

　　　　＝(A2＋A1)/A1　　单元格 A3 中显示值 101

　　　　＝A1＋A3　　　　单元格 A4 中显示值 201

若要取消公式，可单击编辑栏左边的"取消"按钮。值得注意的是公式中各元素之间不
能留空格。

2. 函数的使用

为了方便用户的使用,Excel 提供了数百种函数,使用时只需要按规定格式写出函数及所需要的参数即可,使用函数不仅可以减少工作量,而且可以减小输入时出错的概率,为数据运算与分析提供极大的方便。

(1) 函数的一般格式是：＜函数名＞(＜参数 1＞,＜参数 2＞,…)

Excel 函数由 3 部分组成,即函数名、参数和括号。括号表示参数从哪里开始,到哪里结束,括号前后不能有空格。参数可以有多个,它们之间用逗号隔开。参数可以是数字、文本、逻辑值或引用,也可以是常量、公式或其他函数。

例如,求出 A1,A2,A3,A4 四个单元格内的数值之和,可写上函数 SUM(A1:A4),其中 SUM 为求和函数名,A1:A4 为参数。

(2) 函数的输入方法：要引用函数时,用户可以用直接输入和插入函数两种方法。

① 直接输入函数：对于一些变量简单的函数和单变量函数,可以用直接输入的方法来输入函数,直接输入函数的方法如同在单元格中输入公式一样,先输入"＝",然后输入函数。

例如,在单元格中输入函数：

```
＝SQRT(B1)
＝SUM(B2:B6)
```

② 插入函数：

操作方法如下。

- 选择要输入函数的单元格。
- 选择"插入"→"函数"命令,打开"插入函数"对话框,如图 5-44 所示。

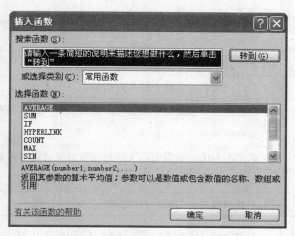

图 5-44　"插入函数"对话框

(3) 从"选择函数类别"下拉列表框中选择要输入的函数类别。这里选择"常用函数"选项。

(4) 在"选择函数"列表中选择所需要的函数。这里选择是 AVERAGE 选项。

(5) 单击"确定"按钮后,出现如图 5-45 所示的"函数参数"对话框,选择要计算的数据所在的单元格。

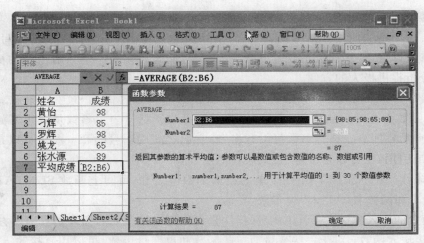

图 5-45　"函数参数"对话框

（6）单击"确定"按钮后，就会在选择的单元格中显示出函数的结果。

在 Excel 2003 中提供了 200 多种工作表函数，按类别可分为 11 大类，如表 5-6 所示。

表 5-6　函数的种类

类　别	简　介
数据库函数	用于分析数据清单或数据库中的数据是否符合特定条件
日期和时间函数	用于在公式中分析和处理日期和时间值
工程函数	用于工程分析
财务函数	用于进行一般的财务计算，如确定贷款的支付额、投资的未来值或净现值，以及债券或息票的价值
逻辑函数	用于进行真假值判断，或者进行复合检验
信息函数	用于确定存储在单元格中的数据类型
查询和引用函数	用于在数据清单或表格中查找特定数值或查找某一单元格的引用
数学和三角函数	可以处理简单和复杂的数学计算
外部函数	用加载宏为 Office 提供自定义选项或自定义功能的补充程序进行加载
文本和数据函数	用于在公式中处理文字串
统计函数	用于对数据区域进行统计分析

Excel 还允许用户自定义函数。如果要在公式或计算中使用特别复杂的计算，而工作表函数又无法满足需要时，用户可以使用 Visual Basic for Applications（VBA）来创建自定义函数。

5.5.2　常用函数的使用

本节重点介绍几个常用函数的使用方法，如果在实际应用中需要使用其他函数或了解函数的详细使用方法，可以参看 Excel 的"帮助"系统或其他参考资料。

1. 求和函数 SUM

格式：SUM(number1,number2,…)

功能：返回某一单元格区域中所有数值的总和。

说明：number1,number2,…为需要求和的参数。

2. 平均数函数 AVERAGE

格式：AVERAGE(number1,number2,…)

功能：返回某一单元格区域中所有数值的平均值。

说明：number1,number2,…为需要求平均数的参数。

3. 计数函数 COUNTA

格式：COUNTA(value1,value2,…)

功能：返回参数数组中所有参数的个数，对于区域参数则返回其中非空白单元格的数目。

说明：所要计数的可以是任何类型的信息，参数一般是区域形式。

4. 求最大值 MAX 函数

格式：MAX(number1,number2,…)

功能：返回一组值中的最大值，忽略逻辑值和文本。

说明：参数一般用于区域的形式。

5. 求最小值 MIN 函数

格式：MIN(number1,number2,…)

功能：返回一组值中的最大值，忽略逻辑值和文本。

说明：参数一般用于区域的形式。

6. 指定日期函数 DATE

格式：DATE(year,month,day)

功能：返回代表指定日期的序列数。

说明：year 是介于 1 900～9 999 之间的一个整数；month 是一个代表月份的数。若所输入的月份大于 12，则函数会自动进位，如 DATE(1997,14,2)将返回代表 1998 年 2 月 2 日的序列数。Day 是一个代表在该月份中的第几天的数，若 Day 大于该月份的天数时，函数会自动进位，如 DATE(1997,3,35)将返回代表 1997 年 4 月 4 日的序列数。

7. 系统日期函数 TODAY

格式：TODAY()

功能：返回计算机系统内部时钟现在日期的序列数。

8. 指定时间函数

格式：TIME(hour,minute,second)

功能：返回代表指定时间的序列数。

说明：hour 指定小时，范围 0～23；minute 指定分；second 指定秒，它们均可自动进位。hour 不进位，但会自动循环。例如 26 小时将作为 2 小时。

例如：＝TIME(12,0,0),对应的时间 12:00:00PM。

9. 系统日期和时间函数

格式：NOW()

功能：返回计算机系统内部时钟现在日期和时间的序列数。

说明：该系列是一个正实数。其中整数部分代表当前日期,小数部分代表当前时间。

10. 左截取子串函数 LEFT

格式：LEFT(text,num-chars)

功能：返回字符串 text 左起 num-chars 个字符的子字符串。

说明：参数 text 是用于截取的字符串,num-chars 为任意的非负整数,用于指定所要截取的字符串的长度,它的默认值为 1。如果 num-chars 大于 text 的总长度,则函数会返回 text 的全部的内容。

例如：＝LEFT("students",3)的返回值为"stu";

＝LEFT("students",13)的返回值为"students";

11. 右截取子串函数 RIGHT

格式：RIGHT(text,num-chars)

功能：返回字符串 text 右起 num-chars 个字符的子字符串。

说明：参数 text 是用于截取的字符串,num-chars 为任意的非负整数,用于指定所要截取的字符串的长度,它的默认值为 1。如果 num-chars 大于 text 的总长度,则函数会返回 text 的全部的内容。

例如：＝RIGHT("apple",3)的返回值为"ple";

＝RIGHT("apple",6)的返回值为"apple"。

12. 任意截取子串函数 MID

格式：MID(text,start-num,num-chars)

功能：返回字符串 text 从 start-num 起 num-chars 个字符的子字符串。

说明：start-num 用于指定从 text 字符串中的第几个字符开始截取,text 中第一个字符的位置为 1。

例如：＝MID("The apple is red",5,5)的返回值为"apple"。

13. 随机数函数 RAND

格式：RAND()

功能：返回一个 0 到 1 之间的随机数。

说明：无参数,但括号不能省略。

14. 四舍五入函数 ROUND

格式：ROUND(number,num-digits)

功能：返回 number 按四舍五入规则保留 num-digits 位小数的值。

说明：参数 number 为任意的实数,num-digits 为任意的整数。

例如：＝ROUND(5.868,2)的返回值为 5.87;＝ROUND(-3.421,2)的返回值为-3.42。

15．求平方根函数

格式：SQRT（number）

功能：返回 number 的平方根。

说明：参数 number 为任意的非负实数。

例如：＝SQRT（64）的返回值为 8；＝SQRT（－64）的返回值为♯NUM！

16．条件求和函数 SUMIF

格式：SUMIF（range，criteria，sum-range）

功能：返回区域 range 内满足条件 criteria 的单元格所顺序对应的区域 sum-range 内的单元格中的数值之和。

说明：range 为任意区域，在此区域中进行条件测试；criteria 为双引号括起来的一个条件表达式，sum-range 为实际求和的区域。

17．条件选择函数 IF

格式：IF（logical-test，value-if-true，value-if-false）

其中 logical-test 为比较条件式，value-if-true 为条件成立时的取值，value-if-false 为条件不成立时的取值。

功能：本功能对比较条件式进行测试，如果条件成立则取第一个值，否则取第二个值。

说明：一个 IF 函数可以实现"二者选一"的运算，若要在更多的情况中选择一种，则需要 IF 函数嵌套来完成。

例如：＝IF（200＞100，"yes"，"no"）的返回值为 yes。

例如：在如图 5-49 所示数据中，利用公式填写评语，条件是，如果期中成绩高于期末成绩，评语为"成绩退步，严重警告中"；如果期末成绩高于期中成绩 40 分以上，则评语为"进步神速，望更加努力"，除此以外的情况评语都为"进步平平，望加倍努力"。

5.5.3　单元格的引用

在 Excel 中，公式的真正作用在于使用单元格引用。它表示在哪些单元格中查找公式中所要使用的数据。通过"单元格引用"，可以在公式中使用工作表上不同单元格中的数据，也可以在几个公式中使用同一单元格中的数据，还可以引用同一工作簿中其他工作表上的单元格数据，或者引用其他工作簿或应用程序中的数据。其他工作簿中单元格的引用称为外部引用。

1．相对地址引用

在输入公式的过程中，除非特别说明，Excel 一般使用"相对地址"引用单元格。所谓"相对地址"引用是指当公式在移动或复制时根据移动的位置自动调整公式中引用单元格的地址。

例如，将单元格 C3 中"＝A3＋B3"复制到单元格 C4 中，则公式将变成"＝A4＋B4"。

2．绝对地址引用

"绝对地址"引用指单元格地址不变的引用。当公式复制或移动到新的单元格中时，公式中所引用的单元格地址保持不变。通常是通过对单元格地址的"冻结"来实现的,也就是在列号和行号前面添加美元符号"$"。

例如,在 B2 的单元格中输入公式"＝＄A＄1＊A3",将 B2 中的公式复制到 B3、B4 时,B3、B4 单元格的内容为"＝＄A＄1＊A4"、"＝＄A＄1＊A5",即 A1 单元格的内容保持不变。

3. 混合地址引用

所谓"混合地址"引用是指在一个单元格的地址引用中,既有绝对地址,又有相对地址。公式复制时,有一个行号或者列号保持不变。

例如,下面的公式为混合地址引用:

　　　　　　＝＄A3＋2　　　　列位置是绝对的而行位置是相对的

　　　　　　＝A＄3＋2　　　　列位置是相对的而行位置是绝对的

4. 三维地址引用

所谓"三维地址"引用是指在一个工作簿中从不同的工作表中引用单元格。"三维地址"引用的一般格式为:工作表名!单元格地址。其中工作表名后的"!"由系统自动添加。

例如,在第二张工作表的 B2 单元格中,输入公式"＝Sheet1! A1＋A2",表示引用工作表"Sheet1"中的单元格 A1,将其与"Sheet2"中的单元格"A2"相加,结果显示在工作表"Sheet2"中的单元格 B2 中。

5.6 Excel 图表

图表是工作表数据的图形化表示。在 Excel 中可以将工作表中的数据以各种图表的形式表示,使数据更加清晰易懂,含义更加形象直观。由于工作表中的数据与图表是相关的,数据发生变化时,图表也会随之发生改变。用户可以通过图表直观地了解数据之间的关系和变化趋势。

5.6.1 创建图表

根据图表放置位置的不同,可以将图表分为嵌入式图表和工作表图表,两种图表的创建方式大体上相同,都可以使用图表向导来创建。

单击"常用"工具栏中的"图表向导"按钮,或选择"插入"→"图表"命令,都可以打开图表向导来创建图表。下面以如图 5-36 所示的学生成绩表为例来说明如何使用图表向导建立图表,具体操作步骤如下:

(1) 在 Excel 工作簿中打开要创建图表的工作表,并选定需要建立图表的数据区域。

(2) 单击"常用"工具栏中的"图表向导"按钮,弹出"图表向导-4 步骤之 1-图表类型"对话框,如图 5-46 所示。

(3) 在"标准类型"选项卡的"图表类型"列表框中选择需要的图表类型,再从"子图表类型"列表中选择子图表种类。

（4）单击"下一步"按钮，弹出"图表向导-4 步骤之 2-图表源数据"对话框（图 5-47），由于在步骤（1）中已选取了数据区域，因此在此处的"数据区域"文本框中不用再做选取，否则可根据实际情况在此选择要创建图表的区域。

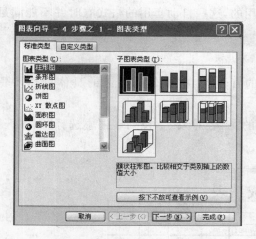

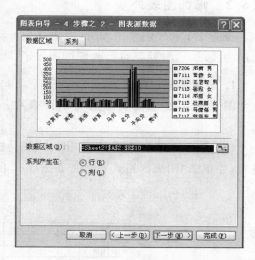

图 5-46　"图表向导-4 步骤之 1-图表类型"　　　　图 5-47　"图表向导-4 步骤之 2-图表源数据"
　　　　　　　对话框　　　　　　　　　　　　　　　　　　　　　　对话框

（5）单击"下一步"按钮，打开"图表向导-4 步骤之 3-图表选项"对话框。

（6）在本例中除了标题之外均采用默认值。单击"下一步"按钮，这时会弹出"图表向导-4 步骤之 4-图表位置"对话框。

（7）在该对话框中单击"作为其中的对象插入"单选按钮（选择此按钮则图表将被作为嵌入式图表插入到工作表中），在其下拉列表框中可以选择插入的位置。

（8）单击"完成"按钮，图表便被嵌入到工作表中了，生成的图表如图 5-48 所示。

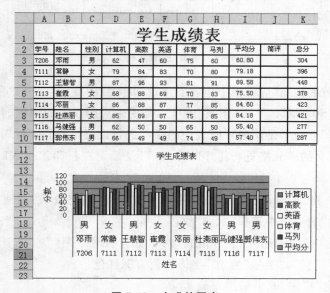

图 5-48　生成的图表

如果在"图表向导-4 步骤之 4-图表位置"对话框中单击"作为新工作表插入"单选按钮，则创建的便是工作表图表了。

5.6.2　修饰图表外观

当使用 Excel 创建图表时，格式都是自动套用的，这些自动套用的格式有时并不能满足用户的需求，这时就要自己来修饰图表了。

1. 设置图表区格式

图表区是整个图表中所有的图表项所在的背景区，格式化图表区的具体操作步骤如下：

（1）激活要修改的图表，在"图表"工具栏中的"图表对象"下拉列表框中选择"图表区"选项，并单击"图表区格式"按钮，如图 5-49 所示。

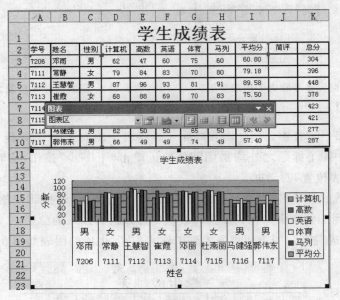

图 5-49　单击"图表区格式"按钮

在打开的"图表区格式"对话框中包含三个选项卡："图案"选项卡、"字体"选项卡和"属性"选项卡，如图 5-50 所示。其中"图案"选项卡是用来对图表区的边框、背景颜色和背景填充进行设置；"字体"选项卡是用来对图表中的字体进行设置的；而"属性"选项卡可以指定图表对象相对于其下文的单元格进行排序的方式，以及确定在打印工作表时是否将图表随工作表一同打印出来。

（2）在"图表区格式"对话框的"图案"选项卡中单击"填充效果"按钮，打开"填充效果"对话框，并在"纹理"选项卡中选择"水滴"纹理。

（3）单击"确定"按钮返回"图表区格式"对话框。打开"字体"选项卡，并设置"字体"为"宋体"、"字形"为"倾斜"，"字号"为 10，字体颜色为深红色。

（4）单击"确定"按钮，效果如图 5-51 所示。

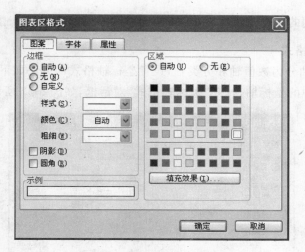

图 5-50　"图表区格式"对话框

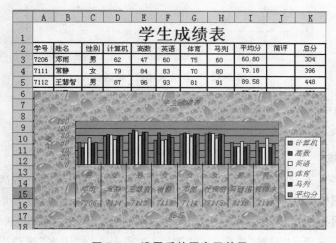

图 5-51　设置后的图表区效果

2. 设置标题格式

在一个图表中不仅有图表标题,而且还有坐标轴标题,这两种标题格式的设置方法相同,具体操作步骤如下:

(1) 在图表标题处右击,在弹出的快捷菜单中选择"图表标题格式"选项。在打开的"图表标题格式"对话框中有"图案"、"字体"和"对齐"三个选项卡。其中,"图案"选项卡用于设置标题边框、标题区颜色和填充效果,"字体"选项卡用于设置字体、字形、颜色和特殊效果,"对齐"选项卡用于标题文本的对齐方式以及文本方向的设置。

(2) 图表标题格式设置完成后,单击"确定"按钮,即可结束操作。

3. 设置图例格式

图例是对图表中数据系列的说明,修改已创建的图表图例的方法如下:

(1) 双击图表中的图例,弹出"图例格式"对话框。

(2) 打开"位置"选项卡,图例的位置为五种:底部、右上角、靠上、靠左和靠右。

（3）设置好图例的图案及字体后，单击"确定"按钮，则图例将置于图表的底部。

4．设置坐标轴格式

图表中的坐标轴分为数值轴和分类轴，设置坐标轴格式的方法如下：

（1）双击图表中的坐标轴，打开"坐标轴格式"对话框，如图 5-52 所示。

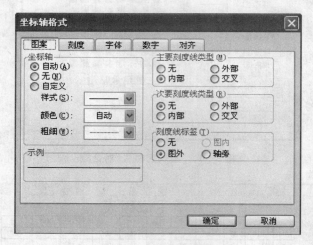

图 5-52　"坐标轴格式"对话框

（2）在各选项中设定相关值。

（3）单击"确定"按钮，完成相关设置。

5．设置网格线

每种坐标轴都有主、次网格线，主要网格线是坐标轴的数据标志点，次要网格线位于主要网格线之间。网格线扩展了坐标轴上的刻度线，这样有助于用户搞清楚数值点的数值大小。如果想修改网格线可以用鼠标双击图表中的网格线，打开"网格线格式"对话框，在该对话框中含有两个选项卡："图案"选项卡和"刻度"选项卡。在"图案"选项卡中可以设置网格线的属性，在"刻度"选项卡中可以设置网格中的最大值、最小值、主要刻度单位、次要刻度单位等。

6．修改图表中的数据源

右击需修改的图表的空白位置，在弹出的快捷菜单中选择"源数据"，或在选中整个图表后再执行"源图表"→"数据"命令，弹出与图 5-47 所示的对话框相似的"源数据"对话框，通过"数据区域"框右边的折叠按钮使对话框折叠后再重新选择数据区域，选择完成后单击"确定"按钮即可完成修改。

5.7　数据管理和分析

在 Excel 2003 中，对数据进行处理需要通过数据清单来进行，因此在操作数据前应先创建好数据清单。数据清单是工作表中包含相关数据的一系列数据行，它可以像数据库一样被浏览和编辑，其中的列类似于数据库中的字段，列标志类似于数据库中的字段名称，行对应数据库中的一个记录。与使用中文 Visual FoxPro 6.0 相类似,在数据清单中,可以利用记录单方便地添加、删除、查找记录,也可以方便地对数据进行排序、筛选、分类汇总、建立数据透视表等操作。

5.7.1　创建数据清单

在 Excel 2003 中,用户可以通过创建数据清单来管理数据。创建数据清单与输入数据并无太大区别,完全可以直接向工作表中输入数据清单中的数据,要注意数据清单在结构上的逻辑性,并且其中的数据不能杂乱无章。以图 5-36 所示的学生成绩表为例创建数据清单,如图 5-53 所示。

	A	B	C	D	E	F	G	H	I	J
1					学生成绩表					
2	学号	姓名	性别	计算机	高数	英语	体育	马列	平均分	总分
3	7206	邓雨	男	62	47	60	75	60	60.80	304
4	7111	常静	女	79	84	83	70	80	79.18	396
5	7112	王慧智	男	87	96	93	81	91	89.58	448
6	7113	崔霞	女	68	88	69	70	83	75.50	378
7	7114	邓丽	女	86	88	87	77	85	84.60	423
8	7115	杜燕丽	女	85	89	87	75	85	84.18	421
9	7116	马健强	男	62	50	50	65	50	55.40	277
10	7117	郭伟东	男	66	49	49	74	49	57.40	287

图 5-53　建立数据清单

1. 建立数据清单的准则

在工作表中建立数据清单时,应注意以下事项:

(1) 每个数据清单相当于一个二维表。

(2) 一个数据清单最好单独占据一个工作表,如果要在一个数据表中存放多个数据清单,则各个数据清单之间要用空白行和空白列分开。

(3) 避免在数据清单中放置空白行和空白列。

(4) 数据清单中的每一列作为一个字段,存放相同类型的数据。

(5) 数据清单中的每一行作为一个记录,存放相关的一组数据。

(6) 在数据清单中的第一行创建列标志,即字段名。

(7) 不要使用空白行将列标志和第一行数据分开。

2. 建立数据清单的过程

了解数据清单的结构和建立时的注意事项后,可以开始建立数据清单了,具体操作步骤如下:

(1) 选定当前工作簿中的某个工作表来存放要建立的数据清单。

(2) 在数据清单的第一行输入各列的列标志,如图 5-53 中的姓名、数学、语文、物理等。

(3) 输入各记录的内容。

(4) 设定数据清单的数据格式。

(5) 保存建立的数据清单。

5.7.2　利用记录单编辑数据

对于数据清单中的数据记录,Excel 2003 允许做与 Visual FoxPro 6.0 中相同的编辑操作,即可新建、删除、修改数据记录或按某些条件查询数据记录,而且操作更加简单,只需要从"数据"下拉菜单中选择"记录单"命令,进入如图 5-54 所示的数据记录单对话框就能完成这些操作。

完成记录的输入后,如果发现有错或要对记录进行增加、修改和删除等操作时,可对记录进行编辑,操作步骤如下:

(1) 单击数据清单中记录区域中的任一单元格(成为活动单元格)以此来选定数据清单。

(2) 选择"数据"菜单中的"记录单"命令,弹出如图 5-54 所示的对话框。

在对话框中,左边显示的是当前记录的内容,右上方是当前记录在数据清单中的位置。在本对话框中可以实现以下几种基本操作。

① 浏览记录内容:通过单击"上一条"和"下一条"按钮,可以查看当前记录的上一条和下一条记录的内容。直接拖动垂直滚动块,可以快速定位在某一个记录上。

② 按条件查找记录:例如要查找"数学>80"的记录,可先单击"条件"按钮,再单击"数学"字段框,输入">80"并按 Enter 键,如图 5-55 所示,即可找到满足条件的记录。如果满足条件的记录不止一个,则可单击"下一条"按钮来查找满足条件的下一条记录。

③ 增加记录:单击"新建"按钮,用户可以在各字段框中输入新的记录内容,输入完后按 Enter 键即可。若单击"上一条"按钮,可以回到浏览状态。

④ 修改记录:在浏览记录内容时,可以对记录内容进行修改,修改完后按 Enter 键即可。

⑤ 删除记录:在浏览记录内容时,单击"删除"按钮即可删除当前的记录。

⑥ 结束操作:单击"关闭"按钮。

图 5-54　数据清单对话框

图 5-55　输入查询条件

数据记录单是一种对话框,利用它可以很方便地在数据清单中输入或显示一行完整的信息或记录。当然它突出的用途还是查找和删除记录。当使用数据记录单向新的数据清单中添加记录时,数据清单中每一列的顶部都必须具有列标。Excel 2003 也将使用这些列标创建记录单上的字段。

5.7.3　数据排序

　　排序是将数据清单中的数据记录按关键字值从小到大(或从大到小)的顺序进行排序的。排序时最多可以同时使用三个关键字,例如,可以指定"班号"为主关键字(第一关键字),"成绩"为次关键字(第二关键字),这样,系统在排序时先按班号排序,对于班号相同的记录,则按成绩高低进行排序。排序可以采用升序(从小到大)的方式,也可以采用降序(从大到小)的方式。如果选择的是字母,则它们的排序是按字母的升序或降序来进行排序的;如果选择是汉字,则它们的排序是按照其汉语拼音中第一个字母的升序或降序来排列的。

　　按递增方式,各排序的数据类型及其数据的顺序如下。

　　(1) 数字:顺序是从小数到大数,从负数到正数。

　　(2) 文字和包含数字的文字:其顺序是 0 1 2 3 4 5 6 7 8 9(空格)!"＃ $ ％ ＆ ' ( ) ＊ ＋ , － . / : ; < = > ? @ [ ] ^ _ ' | ～ A B C D E F G H I J K L M N O P Q R S T U V W X Y Z。

　　(3) 逻辑值:FALSE 在前,TRUE 在后。

　　(4) 错误值:所有的错误值都是相等的。

　　(5) 空白(不是空格)单元格总是排在最后。

　　递减排序的顺序与递增顺序恰好相反,但空白单元格将排在最后。日期、时间和汉字也当文字处理,根据它们内部表示的基础值排序。

　　最简单的排序操作是使用"常用"工具栏中的排序按钮。在这个工具栏上有两个用于排序的按钮,⬆↓按钮用于按升序方式重排数据,⬇↓按钮用于按降序方式重排数据。

　　上面的操作是最简单的操作。如果要进行复杂的排序可以利用"数据"下拉菜单中的"排序"命令进行操作。此命令对于内容较多的数据清单特别有用,若只想对某区域进行排序,也能让您非常满意,因为通过它可以设置各种各样的排序条件,并让 Excel 2003 自动进行排序。选择"数据"→"排序"命令,打开如图 5-56 所示的"排序"对话框,"排序"对话框中的各选项的功能描述如下。

图 5-56　"排序"对话框

1. 主要关键字

　　通过"主要关键字"下拉菜单选择排序字段,选择位于右边的单选按钮,可控制按递增或递减的方式进行排序。

2. 次要关键字

　　通过"次要关键字"下拉菜单选择排序字段,选择位于右边的单选按钮,可控制按递增或递减的方式进行排序。如果前面设置的"主要关键字"列中出现了重复项,就将按次要关键字来排序重复的部分。

3. 第三关键字

通过"第三关键字"下拉菜单选择排序字段,选择位于右边的单选按钮,可控制按递增或递减的方式进行排序。如果前面设置的"主要关键字"与"次要关键字"列中都出现了重复项,就将按第三关键字来排序重复的部分。

4. 有标题行

在数据排序时,数据清单中的标题行不参与排序。

5. 无标题行

在数据排序时,数据清单中的标题行参与排序。

在使用"排序"命令时,若要排序的只是某一个区域,那么执行此命令时屏幕上会显示"排序报警"对话框;若选择打开"扩展选定区域"单选按钮,则在单击"排序"按钮后将排序邻近的相关字段;若打开"以当前选定区域排序"则仅排序选定的区域。

5.7.4 数据筛选

在 Excel 中若要查看数据清单中符合某些条件的数据,就要使用筛选的办法把那些数据找出来。筛选数据清单可以寻找和使用数据清单中的数据子集。筛选后只显示出包含某一个值或符合一组条件的行,而隐藏其他行。

Excel 2003 提供有两条用于筛选的命令:"自动筛选"和"高级筛选"。

1. 自动筛选

自动筛选适用于简单条件的筛选,通常是在一个数据清单的一个列中查找相同的值。利用"自动筛选"功能,可在具有大量记录的数据清单中快速查找出符合条件的记录。

要使用自动筛选功能的具体操作步骤如下:

(1) 选定数据清单。

(2) 在"数据"下拉菜单中选择"筛选"命令。

(3) 从"筛选"子菜单中选择"自动筛选"命令。

注意:如果事先没有选定数据清单中的单元格,或者没有激活任何包含数据的单元格,选择"自动筛选"命令后,屏幕上会出现一条出错信息,并提示可以做的操作。

此后,数据清单中第一行的各列字段名右侧将分别出现一个下拉按钮,如图 5-57 所示,自动筛选就将通过它们来进行。

	学生成绩表								
学号	姓名	性别	计算机	高数	英语	体育	马列	平均分	总分
7206	邓雨	男	62	47	60	75	60	60.80	304
7111	常静	女	79	84	83	70	80	79.18	396
7112	王慧智	男	87	96	93	81	91	89.58	448
7113	崔霞	女	68	88	69	70	83	75.50	378
7114	邓丽	女	86	88	87	77	85	84.60	423
7115	杜燕丽	女	85	89	87	75	85	84.18	421
7116	马健强	男	62	50	50	65	50	55.40	277
7117	郭伟东	男	66	49	49	74	49	57.40	287

图 5-57 自动筛选

通过各列中的下拉列表,就能够很容易地从各列中选定筛选条件,并且选择过的筛选条件的字段名右侧的下拉箭头的颜色将变成蓝色。

注意:若要在数据清单中恢复筛选前的显示状态,只需要选择"数据"菜单,在弹出的"筛选"子菜单中选择"全面显示"命令即可。

2. 高级筛选

如果数据清单中的字段比较多,筛选条件也比较多,自动筛选就显得十分麻烦。针对这种情况,可以使用高级筛选功能来处理。例如,要筛选出同时满足英语 60 分以上、平均分60 分以上的所有同学的信息。如果使用"自动筛选"命令,则需要分别进行三次筛选才可以得到最终的结果,而使用"高级筛选"命令,则可以非常快捷地筛选出结果来,具体操作步骤如下:

(1) 在数据清单所在的工作表中选定一个条件区域,输入筛选条件,如图 5-58 所示。

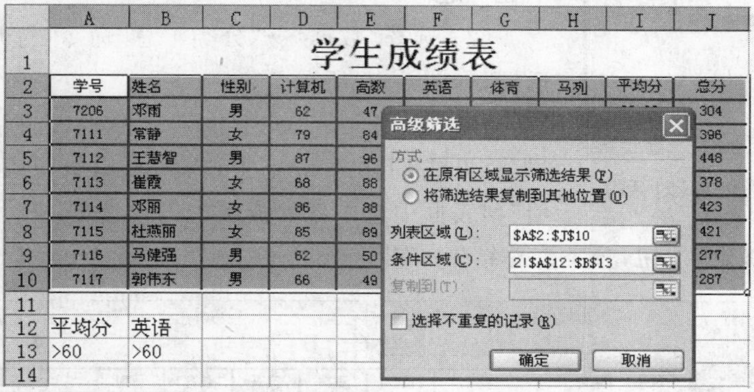

图 5-58　输入筛选条件并打开"高级筛选"对话框

(2) 选定数据清单中的任意一个单元格,选择"数据"→"筛选"→"高级筛选"命令,打开"高级筛选"对话框,在其中输入高级筛选条件,如图 5-58 所示。

(3) 设置完成后单击"确定"按钮,筛选结果如图 5-59 所示。

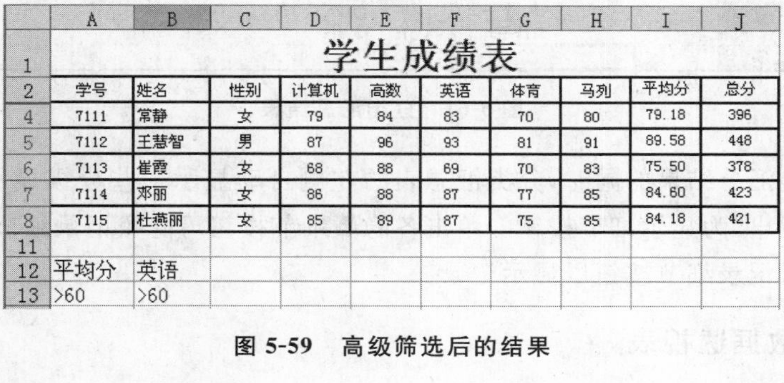

图 5-59　高级筛选后的结果

5.7.5　数据分类汇总

分类汇总是将工作表中的数据按照指定的某个关键字进行分类,并按类进行数据汇总。

在执行数据分类汇总之前,首先应对数据清单进行排序,将数据清单中关键字相同的记录集中在一起。当对数据清单排序后,就可以对记录进行分类汇总了。利用分类汇总功能并选择合适的分类汇总函数,用户不仅可以建立清晰、明了的总结报告,还可以在报告中只显示第一层次的信息而隐藏其他层次的信息。

"分类汇总"功能可以自动对所选数据进行汇总,并插入汇总行。汇总方式灵活多样,如求和、平均值、最大值、标准方差等,可以满足用户多方面的需要。

以上例中的工作表为例,要求按性别对高数和英语成绩进行分类汇总。具体操作步骤如下:

图 5-60　"分类汇总"对话框

(1)选定工作表,选择"数据"→"排序"命令,弹出"排序"对话框。在"主要关键字"下拉列表框中选择"性别"选项,并选中其右侧的"升序"单选按钮,把性别相同的同学集中在一起。

(2)选择"数据"→"分类汇总"命令,打开"分类汇总"对话框,如图 5-60 所示。

(3)在"分类字段"下拉列表框中,选择字段"性别",在"汇总方式"下拉列表框中选择"平均值"选项,在"选定汇总项"列表框中选中各科成绩前的复选框。

(4)单击"确定"按钮,分类汇总结果如图 5-61 所示。

	A	B	C	D	E	F	G	H	I	J
1				学生成绩表						
2	学号	姓名	性别	计算机	高数	英语	体育	马列	平均分	总分
3	7206	邓雨	男	62	47	60	75	60	60.80	304
4	7112	王慧智	男	87	96	93	81	91	89.58	448
5	7116	马健强	男	62	50	50	65	50	55.40	277
6	7117	郭伟东	男	66	49	49	74	49	57.40	287
7			男 平均值	69.25	60.5	63	73.75	62		
8	7111	常静	女	79	84	83	70	80	79.18	396
9	7113	崔霞	女	68	88	69	70	83	75.50	378
10	7114	邓丽	女	86	88	87	77	85	84.60	423
11	7115	杜燕丽	女	85	89	87	75	85	84.18	421
12			女 平均值	79.5	87.25	81	73	83		
13			总计平均值	74.375	73.875	72	73.375	73		
14										

图 5-61　分类汇总结果

在显示分类汇总结果的同时,分类汇总表的左侧自动显示一些分级显示按钮。"一"为隐藏细节按钮;"+"为显示细节按钮。单击各隐藏细节按钮可隐藏记录细节,如要查看记录细节可单击显示记录细节按钮以显示记录。

5.7.6　创建数据透视表

Excel 提供了一种简单、形象、实用的数据分析工具——数据透视表,数据透视表是一种对大量数据进行快速汇总和建立交叉列表的交互式表格,它不仅可以转换行和列以显示源数据的不同汇总结果,也可以显示不同页面以筛选数据,还可以方便地修改。

1. 数据透视表的建立

以如图 5-62 所示的学生成绩表为例,建立数据透视表的具体操作步骤如下。

	A	B	C	D	E	F	G	H
				学生成绩表				
1								
2	姓名	性别	班级	语文	数学	英语	总分	平均分
3	张三	男	1	77	78	67	222	74.0
4	李四	男	2	82	81	79	242	80.7
5	王五	女	1	79	75	76	230	76.7
6	赵六	男	2	61	70	61	192	64.0
7	小可	女	2	79	80	78	237	79.0
8	小明	女	1	73	70	70	213	71.0

图 5-62　学生成绩表

(1) 选中数据清单中的单元格区域,单击“数据”→“数据透视表和数据透视图”命令,弹出“数据透视表和数据透视图向导——3 步骤之 1”对话框,如图 5-63 所示。

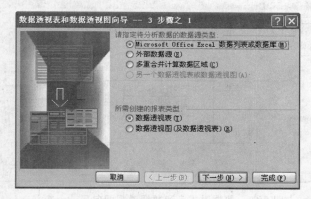

图 5-63　“数据透视表和数据透视图向导——3 步骤之 1”对话框

在该对话框中,“请指定待分析数据的数据源类型”选项区中包括四个选项,其中默认选中“Microsoft Office Excel 数据列表或数据库”单选按钮,其他三个单选按钮的含义及作用如下。

① 外部数据源:使用存储在 Excel 外部的文件或已建立的数据透视表。

② 多重合并计算数据区域:是指建立数据透视表的数据来源于几张工作表。

③ 另一个数据透视表或数据透视图:用同一个工作簿中另外一张数据透视表或数据透视图来建立数据透视表或数据透视图。

在“所需创建的报表类型”选项区中,用户可以根据需要选中“数据透视表”单选按钮或“数据透视图(及数据透视表)”单选按钮。

(2) 本例使用默认设置,直接单击“下一步”按钮,弹出“数据透视表和数据透视图向导——3 步骤之 2”对话框,如果需要修改选定区域,则可在该对话框中进行修改。

(3) 第(1)步中已经选取了要建立数据透视表的数据源区域,因此直接单击“下一步”按钮,弹出“数据透视表和数据透视图向导——3 步骤之 3”对话框,在该对话框中将选择数据透视表所在的位置,本例中选择“现有工作表”选项,如图 5-64 所示。

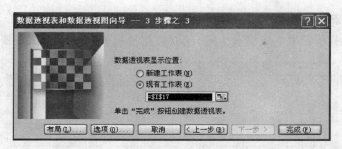

图 5-64　"数据透视表和数据透视图向导——3 步骤之 3"对话框

（4）单击该对话框中的"布局"按钮，将打开布局设置对话框，在该对话框中列出了数据透视表中各个区域的字段名称。

（5）将鼠标指针移至对话框右侧需要的按钮上，并将其拖曳到布局中，如图 5-65 所示。

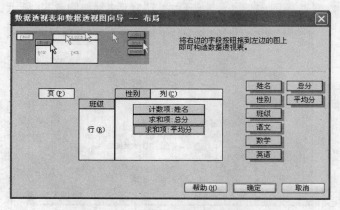

图 5-65　数据透视表和数据透视图向导——布局

（6）单击"确定"按钮，返回到"数据透视表和数据透视图向导——3 步骤之 3"对话框。单击"完成"按钮，则生成了数据透视表，如图 5-66 所示。

	A	B	C	D	E	F	G	H
1				学生成绩表				
2	姓名	性别	班级	语文	数学	英语	总分	平均分
3	张三	男	1	77	78	67	222	74.0
4	李四	男	2	82	81	79	242	80.7
5	王五	女	1	79	75	76	230	76.7
6	赵六	男	2	61	70	61	192	64.0
7	小可	女	2	79	80			
8	小明	女	1	73	70			
9								
10			性别					
11	班级	数据	男	女	总计			
12	1	计数项:姓名	1	2	3			
13		求和项:总分	222	443	665			
14		求和项:平均分	74	147.6666667	221.6666667			
15	2	计数项:姓名	2	1	3			
16		求和项:总分	434	237	671			
17		求和项:平均分	144.6666667	79	223.6666667			
18	计数项:姓名汇总		3	3	6			
19	求和项:总分汇总		656	680	1336			
20	求和项:平均分汇总		218.6666667	226.6666667	445.3333333			

图 5-66　数据透视表

2. 数据透视表的删除

操作步骤如下：

（1）在数据透视表中单击任一单元格。

（2）在"数据透视表"工具栏的"数据透视表"菜单中的"选定"子菜单中，单击"整张表格"按钮。

（3）在菜单栏"编辑"菜单中的"清除"子菜单中，单击"全部"按钮，则数据透视表被删除，删除数据透视表时，源数据不受影响。

5.8　打印工作表

完成工作表的编辑、修改和格式化等任务后，就可以将工作表打印出来了。在打印之前，可以对工作表进行页面设置和打印预览，满意后再将数据发送到打印机进行打印。本节将介绍有关打印的一些基本操作，以及详细的设置和技巧。

5.8.1　页面设置

选择"文件"→"页面设置"命令，将打开"页面设置"对话框，如图 5-67 所示。在该对话框中用户可以对工作表的比例、打印方向等参数进行设置。

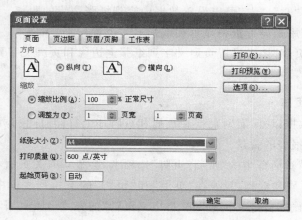

图 5-67　"页面设置"对话框的"页面"选项卡

1. 设置页面

（1）在打开工作表的情况下，选择"文件"菜单下的"页面设置"命令，打开"页面设置"对话框，如图 5-67 所示。

（2）在"方向"选项组中，选择打印方向。Excel 中提供了两种打印方向，即纵向打印和横向打印。纵向打印是每行从左到右打印，打印出的页是竖直的；横向打印是从上到下打印，打印出的页面是水平的，这种方式特别适合于打印宽度大于高度的工作表。在 Excel 中默认的打印方向是纵向打印。

（3）缩放比例：在打印工作表时，可以对工作表进行放大或缩小，以便在指定的纸张上打印出全部的工作表内容。

在"页面设置"对话框的"页面"选项卡中如果选中"缩放"选项区中的"缩放比例"单选按钮,即可在"正常尺寸"前面的数值框中输入缩放比例;如果选中"调整为"单选按钮,则可在其右侧的"页宽"数值框和"页高"数值框中设置页宽和页高,系统将自动按要求的页宽和页高进行打印。

(4) 单击"纸张大小"下拉列表框中的下拉按钮,将弹出下拉列表,在其中选择纸张类型,这样纸张的大小便被确定了。确定纸张大小的作用在于保证整个工作表能被完全打印出来。

(5) 打印质量:细心的用户可能会发现有的文稿打印得非常细致,而有的文稿打印得很粗糙,之所以会有这种区别,与设置的打印质量有一定的关系。

在"页面"选项卡中可以设置打印的质量,其方法是单击"打印质量"下拉列表框右侧的下拉按钮,在弹出的下拉列表中选择一种打印质量,其中点数越大,打印的质量越好。

需要指出的是,有时为了加快打印的速度,可以通过临时更改打印质量来减少打印工作表所需的时间。

2. 设置页边距

打开"页面设置"对话框中的"页边距"选项卡,会显示有关页边距设置的各选项,所有页边距的页面设置如下:

(1) "上"、"下"、"左"、"右"可以设置数据内容到纸张边缘的距离。

(2) "居中方式"用来设置资料显示在纸张上的位置。

(3) "页眉"和"页脚"用来设置页眉文字到纸张上边缘和页脚文字到纸张下边缘之间的距离。

3. 设置页眉／页脚

工作表中除了数据以外,有时需要在页眉和页脚加上打印时间和页数等,以便在查阅报表时,更清楚地知道报表的背景。

打开"页面设置"对话框中的"页眉/页脚"选项卡,会显示有关页眉/页脚设置的各选项,要用 Excel 预置的页眉和页脚,只要在"页眉"和"页脚"的下拉列表框中选择想要的页眉和页脚即可。也可以通过"自定义页眉"和"自定义页脚"的方式设置页眉和页脚。

4. 设置工作表选项

在"工作表"选项卡中可以设置打印区域、打印标题、打印方式、打印顺序等。

(1) 打印区域:用户在打印前需对打印的区域进行设置,否则,系统会把整个工作表作为打印区域,打印区域可以实现在用户控制下只将工作表的某一部分打印出来。也可以通过"文件"→"打印区域"→"设置打印区域"命令来设置打印区域。工作表保存时,"打印区域"也被保存,以后再打开工作表,设置的打印区域依然存在。

如果用户想取消设置的打印区域,可以执行"文件"→"打印区域"→"取消打印区域"命令来实现。

(2) 打印标题:一张工作表分页打印时,如果每页都想打印相同的标题或列标题,可以指定工作表中的某行或某列作为行标题和列标题。这样,打印时输出的每页上都会出现相同的行标题和列标题。

（3）打印：允许选择打印网格线、行号、单色打印和按草稿方式打印。

（4）打印顺序：可以选择先行后列，也可以先列后行，主要是控制超宽内容的打印顺序。

5.8.2　分页符的应用

在打印工作簿时，分页符的作用非常重要，使用分页符可以将较大的工作表打印在不同的页面上。

如果要打印的工作表不止一页，Excel 2003 会自动在其中插入分页符。将工作表分成多页，这些分页符的位置取决于纸张的大小、页边距设置和设定的打印比例。可以通过插入水平分页符改变页面上数据行的数量，也可以通过插入垂直分页符来改变页面上数据列的数量。在分页预览中，还可以用鼠标拖动分页符改变其在工作表的位置。

1. 插入分页符

（1）选择想要分页的位置（行、列或单元格）。

（2）选择"插入"菜单中的"分页符"命令，就会根据所设置的位置强制分页。

2. 删除分页符

删除工作表中的所有人工设置的分页符，可以切换到分页预览视图中右击工作表中任意位置的单元格，从弹出的快捷菜单中选择"重置所有分页符"命令；如果要删除任一人工设置的分页符，可单击水平分页符下方或垂直分页符右侧的单元格，然后选择"插入"菜单中的"删除分页符"命令。

5.8.3　打印预览

对一个工作表进行了页面设置后，为了检查设置是否满足要求，可以在打印预览中进行检查。用户可执行下列操作之一来打开打印预览窗口：

（1）选择"文件"→"打印预览"命令。

（2）选择"常用"工具栏中的"打印预览"按钮。

（3）按住 Shift 键的同时单击"常用"工具栏中的"打印"按钮。

（4）选择"文件"→"打印"命令，在弹出的"打印"对话框中单击"打印预览"按钮。

5.8.4　打印

预览完后，若打印页面的设置符合用户要求，可以在预览状态下单击"打印"按钮，或执行"文件"→"打印"命令，打开"打印"对话框，如图 5-68 所示。

用户可以在"打印机"区域中选择打印机类型。在"打印范围"区域中设置打印页码或全部打印，在"打印份数"区域中设置打印文档的数量，在"打印内容"区域内选择打印对象，然后单击"确定"按钮进行打印。当然也可以直接单击"常用"工具栏的"打印"按钮（这样工作表将按默认的设置直接进行打印）。

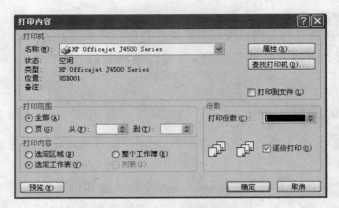

图 5-68　"打印内容"对话框

一、单项选择题

1. Excel 2003 中处理并存储数据的基本单位叫(　　)。

　　A) 工作簿　　　　　　B) 工作表　　　　　　C) 单元格　　　　　　D) 活动单元格

2. Excel 工作表单元格中输入公式＝A3＊100－B4,则单元格的值(　　)。

　　A) 为单元格 A3 的值乘以 100 再减去单元格 B4 的值,该单元格的值不再发生变化

　　B) 为单元格 A3 的值乘以 100 再减去单元格 B4 的值,该单元格的值将随着单元格

　　　　A3 和 B4 的值的变化而变化

　　C) 为单元格 A3 的值乘以 100 再减去单元格 B4 的值,然后单元格 A3 的值随单元

　　　　格 B4 的值的变化发生变化

　　D) 为空,因为公式错误

3. 全选按钮位于 Excel 窗口的(　　)。

　　A) 工具栏中　　　　　　　　　　　　B) 左上角,行号和列号在此相汇

　　C) 编辑栏中　　　　　　　　　　　　D) 底部,状态栏中

4. "单元格格式"对话框中有多达 6 个选项卡,下面的选项中,(　　)不是其中之一。

　　A) 数据　　　　　B) 对齐　　　　　C) 字体　　　　　D) 图片

5. 在 Excel 工作表中输入字符型数据 5118,下列输入中正确的是(　　)。

　　A) '5118　　　　　B) "5118　　　　　C) "5118"　　　　　D) '5118'

6. 如果在单元格中输入当天的日期,需按(　　)组合键。

　　A) Ctrl＋;(分号)　　　　　　　　　B) Ctrl＋Enter

　　C) Ctrl＋:(冒号)　　　　　　　　　D) Ctrl＋Tab

7. 假定单元格中的数据为 2008,将其格式设定为"＃,＃＃0.0",则将显示为(　　)。

　　A) 2,008.0　　　　B) 2.008　　　　C) 2,008　　　　D) 2008.0

8. 在两个活动可见的窗口中用鼠标拖动来复制数据的时候,必须同时按下(　　)键,

才能保证源文件的数据不被剪切掉。

A) Shift　　　　　　B) Alt　　　　　　C) Ctrl　　　　　　D) Space

9. 对某个数据表进行分类汇总以前,必须进行的操作是(　　　)。

A) 求值　　　　　　B) 筛选　　　　　　C) 查询　　　　　　D) 排序

10. 某个 Excel 工作表 C 列所有单元格的数据是利用 B 列相应单元格数据通过公式计算得到的,此时如果将工作表 B 列删除,那么,删除 B 列操作对 C 列(　　　)。

A) 不产生影响

B) 产生影响,但 C 列中的数据准确无误

C) 产生影响,C 列中的数据部分有误

D) 产生影响,C 列中的数据失去意义

二、填空题

1. Excel 2003 中处理并存储数据的文件叫_____。

2. 启动 Excel 2003 的时候,系统默认打开的工作簿中包括_____个工作表。一个工作表的大小为_____行乘以_____列。

3. _____单元格操作过程中,原单元格的数据可以被保留下来;_____单元格操作过程中,原单元格的数据不能被保留下来。

4. 在设置对齐方式的时候,可以分为_____对齐和_____对齐两种方式。

5. 在数据编辑框中将显示三个工具按钮,"×"为_____,"√"为_____,"fx"为_____。

6. Excel 包含四种类型的运算符:_____、_____、_____和_____。

7. 在 Excel 工作表中的公式中运算符号的优先级别由高到低的顺序为_____、_____、_____和_____。

8. 为了提高数据输入的效率,可采用的方法有_____、_____和_____。

9. Excel 单元格的引用分为_____、_____、_____和_____。

10. Excel 2003 中提供的图表大致可分为嵌入式图表和_____。

三、简答题

1. Excel 工作簿和工作表间的关系。

2. 比较表格的删除操作和清除操作。

3. 比较相对地址、绝对地址和混合地址,以及它们在公式复制、移动时的变化规则。

4. 试比较 Excel 自动筛选和高级筛选的异同。

5. "在原工作表中嵌入图表"和"建立新图表"有什么不同? 它们各自如何实现?

6. 试比较 Excel 的图表功能和 Word 中的图表功能。

7. Excel 中,什么是"分类汇总",如何实现?

四、上机操作题

1. 启动 Excel 2003,在工作表 Sheet1 内输入如表 5-7 所示的综合性练习基本数据,并

将 Sheet1 更名为"成绩表"。

表 5-7　学生成绩表

学号	姓名	性别	计算机	高数	英语	体育	马列	总分	平均分	简评
7206	邓雨	男	62	47	60	75	60			
7111	常静	女	79	84	83	70	80			
7112	王志成	男	87	96	93	81	91			
7113	崔霞	女	68	88	69	70	83			
7114	邓丽	女	86	88	87	77	85			
7115	杜燕丽	女	85	89	87	75	85			
7116	马健强	男	62	50	50	65	50			
7117	郭伟东	男	66	49	49	74	49			

2. 利用函数计算每位同学的总分和平均分(保留一位小数)。

3. 根据平均分求出简评(平均分≥85 优秀,70≤平均分<85 良好,60≤平均分<70 及格,平均分<60 不及格)。

4. 对成绩表格式进行设置:设置列标题内容水平居中对齐,字体为楷体、14 号、加粗、加黄色底纹;工作表边框为黑色粗线,内框为黑色虚线。将单科成绩在 85 分以上的成绩设置为加粗斜体、灰色底纹。

5. 根据成绩表中姓名、各科成绩产生一个簇状柱形图,作为新表插入,命名为图表。其中图表标题为"学生成绩表",X 轴标题为"学生姓名",Y 轴标题为"分数",图例显示在表格下方。

6. 复制成绩表,并将副本命名为排序表,对排序表进行排序,首先按"平均分"降序排列,总分相同时再按"姓名"降序排列。

7. 复制成绩表,并将副本命名为筛选表,在筛选表中筛选出计算机成绩在 85～95 分(含 85 和 95 分)之间所有的学生记录。

8. 复制成绩表,并将副本命名为汇总表,在汇总表中汇总出各专业学生各门课程的平均分。

9. 在成绩表中使用数据透视表统计出各专业男女生的人数和总分的平均值。

10. 创建自定义序列"南京、北京、东京、西京"。

第 6 章

PowerPoint 2003 演示文稿

PowerPoint 是 Microsoft Office 办公软件的一个重要组成部分,用来设计制作各种演示文稿。它能将各种图形图像、音频和视频素材融和到一起,广泛应用于学术交流、学校教学、工作汇报、产品演示等场合。本章首先介绍了 PowerPoint 2003 的基础知识,重点介绍了有关幻灯片的各种操作,包括演示文稿的编辑、母版以及创建交互式演示文稿的方法,最后介绍了演示文稿的打印与打包。

【学习要求】

◆ 掌握 PowerPoint 演示文稿建立的基本过程;
◆ 掌握母版的使用方法;
◆ 掌握美化演示文稿的方法;
◆ 掌握设置演示文稿动画效果的方法;
◆ 掌握演示文稿的超链接技术;
◆ 掌握演示文稿的放映方式;
◆ 了解演示文稿的打印与打包。

【重点难点】

◆ 演示文稿的基本制作过程;
◆ 演示文稿中对各种对象的插入操作;
◆ 演示文稿中的动画操作与超链接操作。

6.1　PowerPoint 2003 概述

Microsoft Office PowerPoint 2003 是一款功能强大的演示文稿制作工具,利用 PowerPoint 可以很方便地创建和编辑集文字、图形、图像、声音以及视频剪辑等多媒体元素于一体的电子演示文稿(即幻灯片)。

PowerPoint 2003 内置许多演示文稿模板,通过设置幻灯片对象的动画方案和幻灯片的切换效果,用户能够快速制作出交互性很强的演讲稿,并可在幻灯片放映过程中播放音频流或视频流,使得展示效果图文并茂。因此,PowerPoint 广泛应用于课堂教学、学术交流、会议演讲、产品演示等方面。

6.1.1　PowerPoint 的启动和退出

1. PowerPoint 2003 的启动方法

PowerPoint 是一个标准的 Windows 软件,它的启动和退出遵循 Windows 的操作规范。根据不同的情况,有多种启动和退出 PowerPoint 的方法。

（1）选择"开始"→"所有程序"→Microsoft Office→Microsoft Office PowerPoint 2003 命令,这是一种标准的启动方法,如图 6-1 所示。

图 6-1 "开始"菜单法

（2）双击桌面上 PowerPoint 2003 的快捷方式图标,如图 6-2 所示。这是一种快速启动的方法。

（3）双击任何一个要处理的 PowerPoint 文档（后缀为 .ppt 的文件）。

2. PowerPoint 2003 的退出方法

（1）仅关闭当前演示文稿。选择"文件"→"关闭"命令,等效方法是双击 PowerPoint 标题栏左上角的控制菜单按钮。

图 6-2　快捷方式法

（2）关闭所有演示文稿并退出 PowerPoint。选择菜单"文件"→"退出"命令,等效方法是单击 PowerPoint 标题栏右上角的关闭按钮。

6.1.2　PowerPoint 的操作界面

PowerPoint 启动成功后,操作窗口如图 6-3 所示,通常由标题栏、菜单栏、工具栏、工作区及状态栏等组成。

1. 标题栏

位于 PowerPoint 应用程序窗口顶部,包含图标、应用程序名称"Microsoft PowerPoint"

标题栏
菜单栏
工具栏

工作区

状态栏

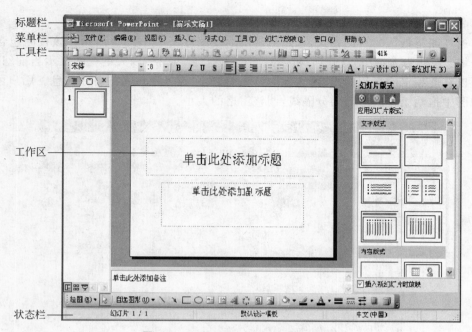

图 6-3　PowerPoint 2003 的操作界面

和当前正在编辑的演示文稿的名称,右侧是常见的"最小化"、"最大化/还原"、"关闭"等窗口控制按钮。

2.　菜单栏

位于标题栏的下方,由文件、编辑和视图等多个菜单项构成。每一个菜单下面有若干个命令项,选择相应的命令项,完成演示文稿的所有编辑操作。

3.　工具栏

位于菜单栏的下方,它由按钮组成。一个按钮就是一种工具,单击某个按钮也就执行了该按钮所代表的操作。

4.　工作区

位于工具栏下方,是编辑幻灯片的区域,由大纲窗格、幻灯片窗格和备注窗格组成。

5.　状态栏

位于屏幕的底部,用于显示当前文档相应的某些状态要素。

6.1.3　PowerPoint 的视图

PowerPoint 2003 提供普通视图、幻灯片浏览视图和幻灯片放映视图三种主要的视图模式,方便用户创建编辑和浏览演示文稿。每种视图都有其特定的显示方式,单击 PowerPoint 窗口左下角的按钮便可在三个视图之间进行切换,视图按钮如图 6-4 所示,从左到右的图标依次是:普通视图、幻灯片浏览视图和幻灯片放映视图。

图 6-4　视图按钮

1. 普通视图

普通视图是默认的视图方式,也是最常用的视图方式,如图 6-5 所示。该视图包含 3 个工作区域:左侧为大纲/幻灯片切换区域;右侧为幻灯片窗格,以大纲视图显示当前幻灯片,用户可以在此编辑幻灯片的内容;底部为备注窗格,可输入演讲者的备注信息。用户可以在普通视图中拖动工作区之间的分隔线,调整窗格的大小。

图 6-5 普通视图

2. 幻灯片浏览视图

此视图中,所有幻灯片都被缩小并按顺序排列在窗口中,便于用户添加、移动、删除或浏览幻灯片,如图 6-6 所示。在浏览视图中用户可以设置幻灯片的放映时间、选择幻灯片的动

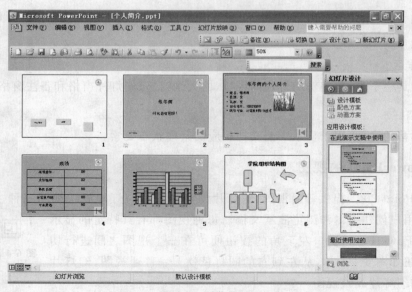

图 6-6 浏览视图

画切换方式、调整幻灯片的顺序等,但不能对单张幻灯片的内容进行修改和编排。

3. 幻灯片放映视图

在放映视图下,演示文稿从当前幻灯片开始按顺序放映,PowerPoint 窗口暂时隐去,每张幻灯片占据整个屏幕,用户可以看到幻灯片的内容、动画效果、视频信息,以及听到各种声音效果等。单击鼠标或按 Enter 键可显示下一张幻灯片,按 Esc 键或放映完所有的幻灯片后退出演示状态。

6.2　演示文稿的制作

6.2.1　演示文稿的创建、保存和关闭

1. 新建演示文稿

在 PowerPoint 2003 中,选择"文件"→"新建"命令,打开如图 6-7 所示的"新建演示文稿"任务窗格,选择"新建"栏中的命令,便可以创建空演示文稿,利用模板创建演示文稿,根据内容提示创建文稿,根据现有演示文稿创建和根据相册创建演示文稿。下面详细介绍各种创建演示文稿的方法。

1) 创建空演示文稿

如果选择了"空演示文稿"选项,PowerPoint 呈现"幻灯片版式"任务窗格,如图 6-8 所示。任务窗格中提供了可供选择的各种版式:文字版式、内容版式、文字和内容版式以及其他版式。

图 6-7　"新建演示文稿"窗格　　　　　图 6-8　"幻灯片版式"任务窗格

为幻灯片选好版式之后,单击所选中的幻灯片版式,幻灯片窗格中的幻灯片立即变换为所选版式。然后在适当的地方输入文本,当然也可以加入剪贴画、图表和表格等。

2) 利用模板创建演示文稿

利用软件提供的设计模板,每个人都可以创建出很漂亮的演示文稿。选好模板后,单击该模板,PowerPoint 会自动创建所启动的新演示文稿的标题幻灯片,演示文稿转变为所选中的设计模板。只要不修改,随后出现的所有幻灯片都会使用相同的设计模板。

3) 利用内容提示向导创建演示文稿

"内容提示向导"根据设计构思和演示文稿建议内容提供了各种普通演示文稿结构。使用该方法创建演示文稿,用户可以迅速制作出专业的演示文稿。在创建文稿过程中,可以通过单击"上一步"按钮返回并修改不满意的步骤,或通过导航结构图单击某一步骤快速返回到相应位置进行修改。

具体操作步骤如下:

(1) 在"新建演示文稿"任务窗格中单击"根据内容提示向导"选项,弹出如图 6-9 所示的"内容提示向导"对话框。

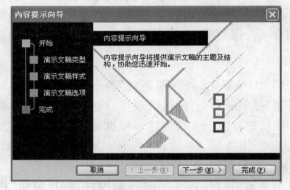

图 6-9 "内容提示向导"对话框

(2) 然后按照向导中每一步的提示操作,生成一份示例演示文稿,用户根据实际内容可以替换幻灯片中相应的文字,添加自己的文本和图片。这种方法适用于有一定格式的文稿,从而可以将更多的精力放在具体的细节描述中。

4) 根据现有演示文稿创建演示文稿

"根据现有演示文稿"是选择一个已有演示文稿的格式,通过对它做进一步的修改和调整来创建新的演示文稿。

5) 根据相册创建演示文稿

如果选择了"相册"命令,打开如图 6-10 所示的对话框。在"相册中的图片"列表中将列

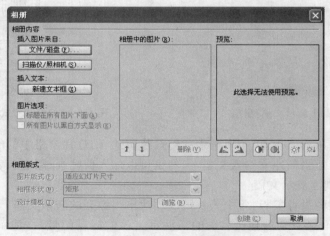

图 6-10 "相册"对话框

出该相册的图片,单击"文件/磁盘"按钮,可以从驱动器的文件夹下选取一张或多张图片;单击"扫描仪/照相机"按钮,可以从扫描仪或数字相机中获取照片。

2. 保存和关闭演示文稿

创建好新的演示文稿之后,选择"文件"菜单中的"保存"命令或单击"保存"按钮🔲,弹出"保存"对话框,选择保存演示文稿的路径,输入演示文稿的文件名,选择"保存"命令,一个新的演示文稿就创建好了,默认情况下演示文稿的名字为"演示文稿 1"。

6.2.2　演示文稿的编辑

下面通过一个应用实例,介绍 PowerPoint 的基本操作。

应用实例:建立具有 6 张幻灯片的"自我介绍"演示文稿,保存为"个人简介.ppt"。

在这个文稿中,除了要输入文稿内容外,还要设计幻灯片版式、应用合适的模板、设置幻灯片切换时的效果及幻灯片演示时的动画效果,为了美化演示文稿,还插入了图片、艺术字等效果,最后打包演示文稿。

1. 在幻灯片中输入文本

(1)第一张幻灯片采用标题幻灯片格式。选择"文件"→"新建"命令,打开"新建演示文稿"任务窗格,如图 6-7 所示。在窗格上单击"空演示文稿",则创建一个新文稿,此时文稿中只有一张幻灯片,其版式为"标题幻灯片"版式,如图 6-11 所示。保存文件,命名为"个人简介.ppt"。

图 6-11　利用"空演示文稿"创建的幻灯片

(2)可以在幻灯片窗格的占位符中或文本框中输入文本。所谓占位符,就是一种带有虚线或阴影线边缘的框,绝大部分幻灯片版式中都有这种框。在这些框内可以放置标题或正文,或者是图表、表格和图片等对象。单击占位符中的任意一处,标注有单击此处添加(标题、副标题或文本等)内容的字样会自动消失,被标准的文本框所替代,在该文本框内可以输入文本内容。文本输入结束后，单击文本框外任意一处可以取消文本框的显示。在"个人简介.ppt"演示文稿的第一张幻灯片上，有标题占位符和副标题占位符。这里在标题占位符中输入姓名"张冬雨"，在副标题中输入一句人生格言"付出总有回报！"。

（3）上述操作只是添加了第一张幻灯片，文稿中其他幻灯片也需要通过插入幻灯片的操作来实现。插入幻灯片有如下几种方法：

① 先选择某张幻灯片，然后选择"插入"→"新幻灯片"命令，则当前幻灯片之后插入了一张新幻灯片。

② 先选择某张幻灯片，然后单击"格式"工具栏的"新幻灯片"按钮，则当前幻灯片之后插入了一张新幻灯片。

③ 右击然后选择弹出菜单中的"新幻灯片"选项，则该幻灯片之后插入了一张新幻灯片。

④ 在"幻灯片版式"任务窗格中，指向所选版式，再单击箭头，在弹出的菜单中单击"插入新幻灯片"选项即可。

2. 更改幻灯片的背景

为了提高演示文稿的可视性，可以更改幻灯片、备注及讲义的背景色或背景设计。PowerPoint 提供了多种方法允许用户自行设计丰富多彩的背景，可以更改背景的颜色，还可以添加底纹、纹理、图案或图片。

在"个人简介.ppt"演示文稿中插入一张幻灯片，第二张幻灯片采用"标题，文本与内容"格式，在标题处输入"张冬雨的个人简介"，在左侧文本框中输入个人基本情况信息，包括姓名、性别、民族、出生年月、所学专业，在右侧插入自己的照片或喜欢的图片，调整好大小和位置，并更改幻灯片的背景，效果如图 6-12 所示。具体操作步骤如下。

图 6-12　更改幻灯片背景实例

（1）选择第二张幻灯片，执行"格式"→"背景"命令，弹出如图 6-13 所示"背景"对话框。

（2）在对话框中单击下拉列表框，单击"其他颜色"，在弹出的"颜色"对话框中选择一种颜色作为背景颜色。

（3）单击"填充效果"，弹出"填充效果"对话框，如图 6-14 所示。其中"渐变"、"图案"和"纹理"三个选项卡的使用方法与 Word 中相应选项卡的方法相同。若打开"图片"选项卡，再单击"选择图片"按钮，将弹出"选择图片"对话框，可根据路径查找到相应的图片文件，然后选择其中一个作为幻灯片的背景。

图 6-13　"背景"对话框

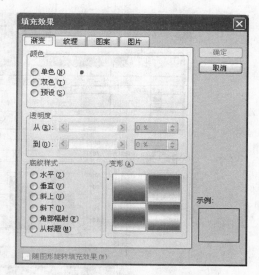

图 6-14　"填充效果"对话框

（4）如果单击"全部应用"按钮，则所设背景将应用于整个演示文稿；如果单击"应用"按钮，则所设背景将应用于选定的幻灯片。

6.2.3　在幻灯片中插入对象

一张幻灯片上可以插入多个对象，正是由于种类丰富的对象，PowerPoint 才拥有了诱人的魅力。PowerPoint 支持的对象种类非常多，包括图表、表格、组织结构图文本框、图片、影片、声音等。

1. 插入图表

图表是用直观的彩图来表示数据表中数据之间关系的一种图形，它经常用于行列数较少的二维表的图形表示，经常用到的图表有柱形图、条形图、饼图等，PowerPoint 使用数据表来产生图表，在放映时只显示图表而不显示数据表。插入图表的方法是：

1）直接创建图表

（1）选择"插入"→"新幻灯片"命令。

（2）然后单击"幻灯片版式"任务窗格中适合的图表版式。

（3）在幻灯片上，双击提示文字"双击此处添加图表"处或单击工具栏上的"插入图表"按钮，出现系统预制的数据表和相应的图表，如图 6-15 所示。

（4）修改数据表，用实际的数据替换数据表中系统提供的数据，数据表的操作方法同Excel 表操作方法类似。若要修改图表文字的字体、字号、颜色等，用鼠标右击图表空白区，选择"设置图表区格式"，弹出如图 6-16 所示对话框。打开"字体"选项卡设置各种效果。

（5）单击图表以外的区域，返回幻灯片。

2）将 Excel 工作表中的单元格链接到演示文稿

（1）在 Microsoft Excel 中，选择要链接的单元格范围，单击"复制"按钮。

（2）切换到 Microsoft PowerPoint，再单击要插入工作表单元格链接的幻灯片或备注页。

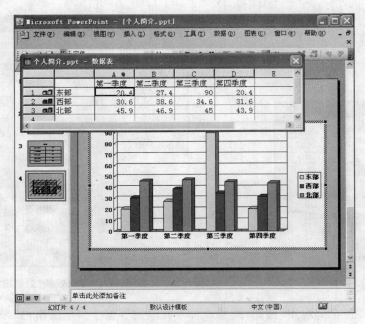

图 6-15　插入图表

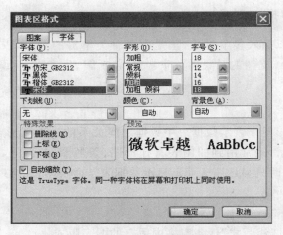

图 6-16　"图表区格式"对话框

（3）选择"编辑"→"选择性粘贴"命令，弹出"选择性粘贴"对话框。

（4）在对话框中，单击"粘贴链接"单选按钮。

（5）单击"确定"按钮完成链接。

2. 插入表格

在 PowerPoint 中可以使用表格。在"个人简介.ppt"演示文稿中插入第三张幻灯片，采用"标题和表格"版式，标题处输入"成绩"，表格由 5 行 2 列组成，内容为本学期的 5 门课程名及对应的分数，操作步骤如下：

（1）选择"插入"→"新幻灯片"命令。

（2）然后单击"幻灯片版式"任务窗格中"标题和表格"版式。

图 6-17　"插入表格"对话框

（3）在幻灯片上，双击提示文字"双击此处添加表格"处，弹出"插入表格"对话框，如图 6-17 所示，填入所需的行数和列数，单击"确定"按钮，弹出如图 6-18 所示的界面。

（4）单击"单击此处添加标题"，输入标题"成绩"。

（5）添加表格内容，如图 6-19 所示。

图 6-18　"标题和表格"界面

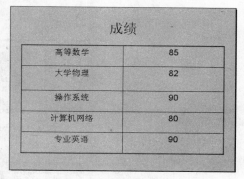

图 6-19　插入表格后的示例

（6）还可以对表格进行格式化。选择"格式"→"设置表格格式"命令，弹出如图 6-20 所示的"设置表格格式"对话框，使用对话框修改表格边框、文本框以及填充颜色。

3. 插入组织结构图

组织结构图表示了一种树状的隶属关系，可以在文档中插入组织结构图说明组织的结构或描述隶属分类关系。

1）插入组织结构图

在文稿中插入第 4 张标题为"学院组织结构图"的新幻灯片，然后添加组织结构图并输入相关内容。操作步骤如下。

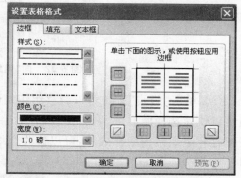

图 6-20　"设置表格格式"对话框

（1）选择"插入"→"图片"→"组织结构图"命令，Office 将会插入一个组织结构图（有一个顶层框和三个从属框），并且显示"组织结构图"工具栏，如图 6-21 所示。

（2）要在某个框中添加文本，则在该框中单击"单击此处添加文本"，并输入所需文本。

（3）再添加一个新框。单击一个现有框将其选中，在"组织结构图"工具栏上单击"插入形状"按钮上的向下箭头，然后单击新框与选中框之间所需的关系，如图 6-22 所示。

- 下属：表示在选中框的下一层插入一个新框并且用一条垂直线把两个框图连接起来。
- 同事：表示在选中框的同一层插入一个新框。
- 助手：表示在选中框的一侧插入一个新框，并且用一条呈直角的线把它们连接起来。

这里选择"同事"关系，然后在框图中输入文本。如果单击"插入形状"按钮（而不是向下箭头），则默认插入一个"下属"框。要删除一个框图，先选中该框，然后按 Delete 键即可。

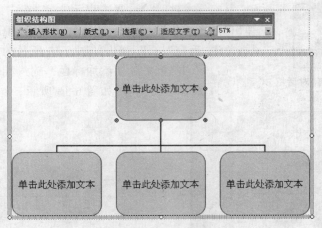

图 6-21　"组织结构图"窗口

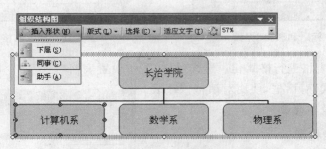

图 6-22　向"组织结构图"添加新框示例

（4）单击"版式"按钮可以调整组织结构图的总体结构，如图 6-23 所示。单击"选择"按钮可以快速选择所有级别、分支、所有助手和所有连接线，如图 6-24 所示。单击"自动版式"按钮打开组织结构图样式库，可以修改组织结构图的总体样式，如图 6-25 所示。

图 6-23　"版式"下拉列表

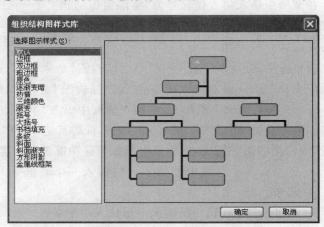

图 6-25　"组织结构图样式库"对话框

图 6-24　"选择"下拉列表

2）插入其他类型的组织图（循环图、射线图、棱锥图、维恩图或目标图）

（1）选择"插入"→"图示"命令，弹出"图示库"对话框，如图 6-26 所示。

（2）在"图示库"对话框中，单击要创建的特定的图示类型，如"循环图"，然后单击"确定"按钮，结果如图 6-27 所示。

图 6-26　"图示库"对话框

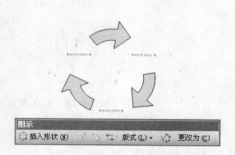

图 6-27　循环图和图示工具栏

（3）要为图示添加文本，请在任何带有"单击此处添加文本"标签的自选图形中单击，然后输入文本。

（4）要向图示中添加新形状，请单击"图示"工具栏上的"插入形状"按钮。要删除形状，请单击其中一个自选图形边框，并单击"删除"按钮。

（5）要重新排列图示中的文本标签，请选择包含要移动的特定标签的自选图形，然后在"图示"工具栏上，单击"后移形状"按钮以将该图示中的标签向一个方向移动，或者单击"前移形状"按钮以将它向另一个方向移动。

（6）要反转图示中标签的顺序，请单击"图示"工具栏上的"反转图示"按钮。

（7）要调整包含图示的绘图区域的大小，请单击"图示"工具栏上的"版式"按钮，然后选择一个选项。"调整图示以适应内容"和"扩大图示"命令会更改包含图示的绘图区域的总体大小，但不会缩放图示本身。

（8）要修改图示的总体样式，请单击"自动套用格式"按钮，然后在"组织结构图样式库"对话框中单击一种样式。

（9）要在保留文本标签的同时将图示转换为其他类型，请单击"图示"工具栏上的"更改为"按钮，然后选择所需的图形类型。

4. 插入文本框

在 PowerPoint 2003 中，文本框中只能放置文本，创建好的文本框以占位符方式显示在幻灯片中。插入文本框的方法是：

（1）单击绘图工具栏上的"文本框"按钮。

（2）在幻灯片上单击要放置文本框的位置，则在目标位置出现一个文本框。

（3）将其修改为所需的大小，再输入文本框内容。

5. 插入图片

在幻灯片中可以插入剪贴画、自选图形和艺术字等图片对象，使演示文稿更加丰富多彩。

插入图片可以先选择幻灯片版式，然后单击图片占位符，也可以在其他版式中使用菜单命令打开"插入图片"对话框，插入需要的对象。

在演示文稿的末尾插入一张幻灯片,练习插入剪贴画和艺术字,内容如图 6-28 所示。具体操作步骤如下。

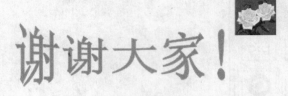

图 6-28　插入剪贴画和艺术字的幻灯片

　　(1) 在"幻灯片版式"任务窗格中,单击"空白"版式旁边向下的箭头,在弹出的菜单中选择"插入新幻灯片"命令,则新建一张空白幻灯片。

　　(2) 单击"绘图"工具栏上的"插入剪贴画"按钮📇,弹出"剪贴画"任务窗格,如图 6-29 所示。单击"搜索"按钮,任务窗格中会出现所有的剪贴画,选择其中一个,则该剪贴画被插入到幻灯片中。Office 默认显示所有剪贴画,通过选择"搜索范围"和"结果类型"可以减少显示的剪贴画数量,方便筛选。

　　(3) 单击"绘图"工具栏上的"插入艺术字"按钮 ⁄4,弹出"艺术字库"对话框,如图 6-30 所示。选择艺术字库中第 1 行第 4 列的样式,然后在打开的"编辑艺术字文字"对话框中,输入艺术字的内容,并设置文字的字体和字号。

图 6-29　"剪贴画"任务窗格

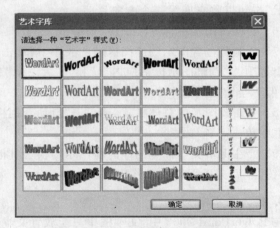

图 6-30　"艺术字库"对话框

　　(4) 还可以在"艺术字"工具栏设置艺术字的格式和形状等,如图 6-31 所示。

6. 插入影片

　　影片指可被系统识别的外部视频文件。PowerPoint 支持的视频文件种类非常多,包括 asf、avi、mpg、wmv 等格式,插入影片的方法是:

图 6-31　"艺术字"工具栏

　　(1) 选择"插入"→"影片和声音"→"文件中的影片"命令。

　　(2) 在弹出的"插入影片"对话框中找到所需插入的视频文件,然后鼠标双击即可。

　　(3) 在随后弹出的对话框中选择"自动"或"在单击时"选项。"自动"指当播放到该张幻灯片时影片自动播放,"在单击时"指当播放到该张幻灯片时只有单击后影片才会播放。

影片插入到幻灯片后,可以通过缩放控点调整大小,双击影片可以在编辑状态下试播放影片,单击则暂停,再次单击则继续,在空白处单击可取消试播放。

7. 插入声音

声音指可被系统识别的外部声音文件。PowerPoint 支持的视频文件种类非常多,包括 mid、mp3、wav、wma 等格式,插入声音的方法是:

(1) 选择"插入"→"影片和声音"→"文件中的声音"命令。

(2) 在弹出的"插入声音"对话框中找到所需插入的声音文件,然后鼠标双击即可。

(3) 在随后弹出的对话框中选择"自动"或"在单击时"选项。"自动"指当播放到该张幻灯片时声音自动播放,"在单击时"指当播放到该张幻灯片时只有单击后声音才会播放。声音插入到幻灯片后以一个喇叭图标来表示,该图标可以缩放,在编辑状态下双击可以试听,单击则停止。

在"个人简介.ppt"第一张幻灯片的姓名处插入一个声音文件,插入成功后显示喇叭图标,如图 6-32 所示。

图 6-32　插入声音的幻灯片

6.2.4　演示文稿的母版

幻灯片母版定义了演示文稿中所有幻灯片的格式,也就是说使用母版可以方便地统一幻灯片的布局和风格,母版中包含可出现在每张幻灯片上的显示元素,如文本占位符、图片、动作按钮等。母版的更改将反映在每张幻灯片上,有助于保持演示文稿的样式始终一致,如果要使个别的幻灯片外观与母版不同可以直接修改该幻灯片。在 PowerPoint 2003 中,提供了三种母版:幻灯片母版、讲义母版和备注母版。

1. 幻灯片母版

如果想对演示文稿做整体的改变,例如,改变演示文稿中的标题样式,不需要逐一改变每个幻灯片的每个标题,只需要在幻灯片母版上做修改,所有应用该母版的幻灯片标题都会自动发生改变。利用母版统一设置幻灯片的格式,标题设置为黑体、48 号、加粗,在母版的右上角插入学院的校徽图案,左下角插入日期,页脚区插入幻灯片编号。具体操作步骤如下:

(1) 选择"视图"→"母版"→"幻灯片母版"命令,结果如图 6-33 所示。

(2) 在幻灯片上单击"单击此处编辑母版标题样式"。

(3) 右击选择"字体",弹出"字体"对话框,选择"黑体"、"加粗"、"48",如图 6-34 所示。

(4) 选择"插入"→"图片"→"来自文件"命令,选择一幅图片。然后调整图片在母版中的位置和大小。

(5) 单击母版幻灯片左下角日期区的"日期/时间"。选择"插入"→"日期和时间"命令,弹出"日期和时间"对话框,如图 6-35 所示。选择其中一项,单击"确定"按钮。

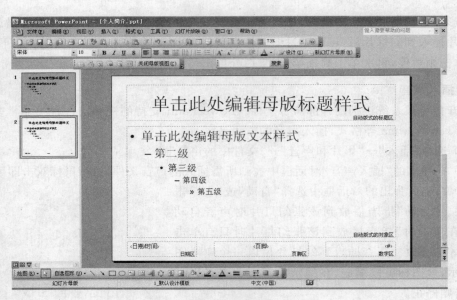

图 6-33 "幻灯片母版"视图

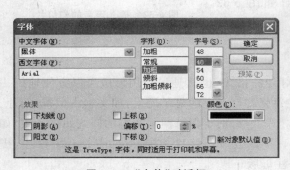

图 6-34 "字体"对话框

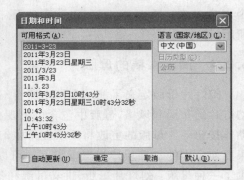

图 6-35 "日期和时间"对话框

（6）单击"页脚区"，选择"视图"→"页眉和页脚"命令，弹出"页眉和页脚"对话框，如图 6-36 所示。

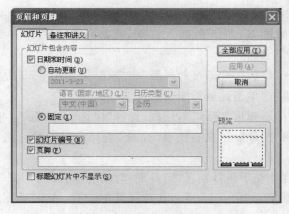

图 6-36 "页眉和页脚"对话框

（7）打开"幻灯片"选项卡，选中"幻灯片编号"选项，再单击对话框中的"全部应用"按钮。

母版上的文本只用于样式，实际的文本（如标题和列表）应在普通视图的幻灯片上输入。若要更改幻灯片母版，已对单张幻灯片进行的更改将被保留。

2．讲义母版

讲义母版的操作与幻灯片母版类似，只是格式化的是讲义，而不是幻灯片。讲义可以使观众更容易理解演示文稿中的内容，讲义包括幻灯片图像和演讲者提供的其他额外信息，以方便一些观众获得演讲的文字资料。讲义母版可打印演示文稿的讲义，每一打印页面可以打印 1、2、3、4、6 或 9 张幻灯片。具体操作步骤如下：

（1）选择"视图"菜单的"母版"命令，在级联菜单中选择"讲义母版"命令，如图 6-37 所示。

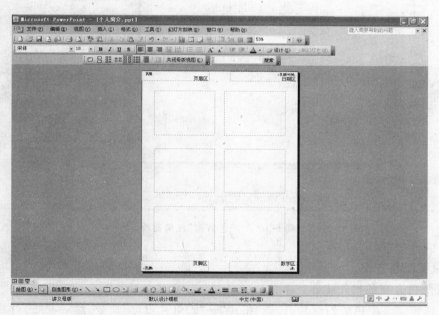

图 6-37　"讲义母版"视图

（2）在打印讲义时，可以从"打印"对话框中的各种不同版式中进行选择。可选打印的版式包括每页 1 张幻灯片、每页 2 张幻灯片、每页 3 张幻灯片、每页 4 张幻灯片、每页 6 张幻灯片、每页 9 张幻灯片等。

（3）对讲义可以进行修改操作，如添加文字、图片、背景等。

3．备注母版

备注母版的操作与前面介绍的其他母版相似，对备注中输入的文本可以设定默认格式，也可以重新定位，还可以根据自己的意愿添加图形、填充色或背景。

6.2.5　应用配色方案

配色方案是指用于演示文稿的多种颜色的组合，最多可添加和显示 8 种颜色。用户可以修改幻灯片前景颜色,使演示文稿更漂亮,给人留下深刻的印象。

设计模板包含默认配色方案以及可选的其他配色方案,这些方案都是为该模板设计的。Microsoft PowerPoint 中的默认或"空白"演示文稿也包含配色方案。

1. 查看配色方案

选择幻灯片,打开"幻灯片设计"→"配色方案"任务窗格,显示出该设计模板可用的配色方案,如图 6-38 所示。处于选中状态的即为所选幻灯片使用的配色方案。

图 6-38　"配色方案"任务窗格

2. 设置配色方案

设置配色方案的操作步骤如下。

(1) 选定需要配色的幻灯片,选择"格式"→"幻灯片设计"命令,然后在"幻灯片设计"任务窗格中单击"配色方案"。

(2) 在任务窗格的"应用配色方案"中,指出了所有的配色方案,再执行下列操作之一:

① 若要将方案应用于所有幻灯片,请单击该方案。

② 若要将方案应用于选定幻灯片,请单击配色方案上的箭头,再单击"应用于所选幻灯片"按钮。

③ 单击底部的"编辑配色方案",弹出"编辑配色方案"对话框,如图 6-39 所示。在"自定义"选项卡的"配色方案颜色"区域上,选择要修改颜色的项目,然后单击"更改颜色"按钮更改该项目的颜色。修改完成后,单击"应用"按钮即可将所做的修改应用于所选的幻灯片上。

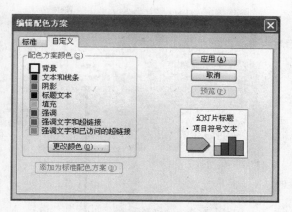

图 6-39   "编辑配色方案"对话框

6.3   创建交互式演示文稿

6.3.1   设置动画效果

幻灯片切换可以拥有动画效果,幻灯片内的对象也可以设置动画效果,这样可以吸引观众的注意力,达到更好的演讲效果。幻灯片内的动画设计分为应用自定义动画和预设动画方案两种。

1. 应用自定义动画

这里设置"个人简介.ppt"的第一张幻灯片中标题的动画效果为"百叶窗",并在"单击鼠标"时产生动画效果;第二张幻灯片即个人简介,采用"棋盘"进入的动画效果,按选项一条一条地显示,间隔 1 秒。具体操作步骤如下:

(1) 选择要设置动画效果的对象,然后选择"幻灯片放映"→"自定义动画"命令,打开"自定义动画"任务窗格,如图 6-40 所示。

(2) 在任务窗格中单击"添加效果"按钮,弹出如图 6-41 所示的下拉菜单,选择"进入"→"百叶窗"命令;在第二张幻灯片中选择"进入"→"棋盘"命令。

若要使幻灯片上的文本或对象以某种效果进入幻灯片放映时的演示文稿,先选择"进入"命令,再单击某种效果即可。

若要为幻灯片上的文本或对象添加某种效果,先选择"强调"命令,再单击某种效果即可。

若要为幻灯片上的文本或对象添加某种效果以使其在某一时刻离开幻灯片,先选择"退出"命令,再单击某种效果即可。

若要为幻灯片上的文本或对象添加某种效果以使其按照指定的模式移动,先选择"动作路径"命令,再单

图 6-40   "自定义动画"任务窗格

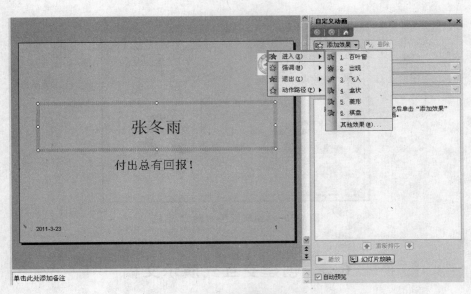

图 6-41 "添加效果"级联菜单

击某种效果即可。

(3) 在"开始"、"方向"、"速度"组合框中将显示动画效果的默认项。"开始"列表中是放映动画的开始时间,有"单击时"、"之前"、"之后"。"方向"列表中是放映动画的方向,有"水平"和"垂直"等。"速度"列表中有"慢速"、"中速"、"快速"等。这里开始列表中使用"单击时"选项。

(4) 在动画效果列表框中列出了应用于幻灯片中的动画效果的内容和顺序,其中数字"1、2、3"等表示效果的播放次序,通过"重新排序"旁的箭头按钮可以对各种对象的出现次序重新进行调整,如图 6-42 所示。

(5) 单击动画效果列表框中的某一个对象,再单击在其右方的向下箭头,弹出一个快捷菜单,如图 6-43 所示。选择"效果选项"命令,打开一个对话框。在"效果"选项卡中,通过"设置"栏选择方向,"增强"栏设置声音、动画播放后对象的颜色及动画文本的方式。在"计时"选项卡中,可以设置延迟时间,如图 6-44 所示。本例中选择"从上一项之后开始"并延迟1 秒。

图 6-42 "重新排序"对象

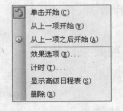

图 6-43 某对象的下拉列表

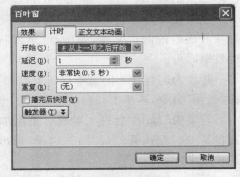

图 6-44 "计时"选项卡

2. 应用预设动画方案

预设动画方案用于给幻灯片中的文本添加预设视觉效果。范围可从微小到显著,每个方案中通常包含幻灯片标题效果和应用于幻灯片的项目符号或段落的效果。具体操作步骤如下:

(1)选择需要应用预设动画方案的幻灯片。

(2)选择"幻灯片放映"→"动画方案"命令,打开"幻灯片设计"任务窗格。如图 6-45 所示。

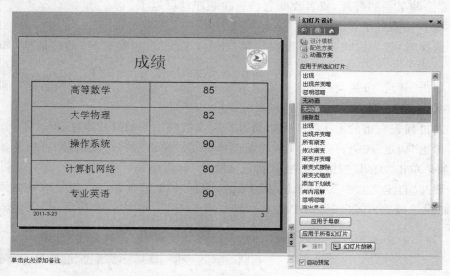

图 6-45 "幻灯片设计"任务窗格

(3)在任务窗格的"应用于所选幻灯片"列表中,单击列表中的动画方案。

(4)若要将方案应用于所有幻灯片,则单击"应用于所有幻灯片"按钮。

6.3.2 在幻灯片之间设置切换效果

幻灯片的切换效果是指在放映时幻灯片出现的方式、速度和声音等。切换方式指定当用户由一张幻灯片切换到另一张幻灯片时屏幕显示的变化情况。

把演示文稿中幻灯片的切换效果设置为"溶解"的具体操作步骤如下:

(1)选择需要应用预设动画方案的幻灯片,选择"幻灯片放映"→"幻灯片切换"命令,打开"幻灯片切换"任务窗格,如图 6-46 所示。

(2)在任务窗格的"应用于所选幻灯片"列表中选择切换效果为"溶解",还可设置切换的速度、声音以及切换方式,是单击鼠标时还是每隔多长时间切换。

(3)单击"应用于所有幻灯片"按钮,为所有幻灯片添加同一切换效果;否则它只对所选幻灯片有效。

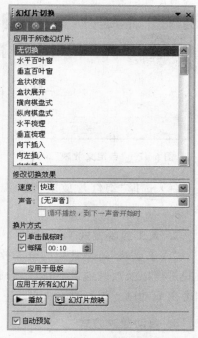

图 6-46 "幻灯片切换"任务窗格

6.3.3 设置放映方式

1. 自定义放映方式

在不同的场合,面对不同类型的观众,演示文稿的某些幻灯片可以不必放映,比如说今天是给在校大学生讲课,明天面对的观众是从业 IT 人员,当然不必重新建立一个新的演示文稿,只要隐藏某些幻灯片,或者改变它的放映顺序就可以了。

具体操作步骤如下:

(1)选择"幻灯片放映"→"自定义放映"命令,出现"自定义放映"的对话框,如图 6-47 所示。

(2)单击"新建"按钮,在"定义自定义放映"对话框中输入"幻灯片放映名称",再单击要放映的多张幻灯片,将它们"添加"到列表中。

(3)通过列表右边的上下箭头可以修改自定义放映中的幻灯片顺序。

(4)单击"确定"按钮,则自定义放映就制作好了。单击"放映"按钮,则可以开始该自定义放映,如果单击"关闭"按钮,则关闭"自定义放映"对话框。

(5)要按"自定义放映"方式放映该幻灯片,选择"幻灯片放映"→"设置放映方式"命令,在弹出的"设置放映方式"对话框中选定一种自定义方式,如图 6-48 所示,然后单击"确定"按钮即可。

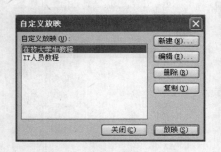

图 6-47 "自定义放映"对话框

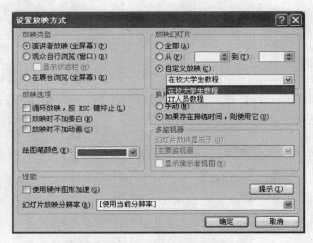

图 6-48 "设置放映方式"对话框

(6)选择"幻灯片放映"的"观看放映"或直接按 F5 键,就可以按自定义方式进行放映了。

2. 人工放映方式

"人工放映"是最常用的全屏放映幻灯片方式。在放映过程中,可以人工控制幻灯片的放映进度以及放映效果;可以部分放映,也可以全部放映,还可以确定是否在放映过程中添加旁白或动画。在人工放映方式下,需要一张一张地切换幻灯片。

3. 自动放映方式

如果在放映时不需要人工干预,从头至尾根据用户自己预先设定的时间间隔放映每一张幻灯片,也可以使用幻灯片切换对话框进行设置。

(1)选择"幻灯片放映"→"幻灯片切换"命令,弹出"幻灯片切换"任务窗格。在换片方式下选中"每隔"复选框,在"每隔"下面的时间文本框内输入"00:10",如图 6-46 所示。

(2)单击"应用"按钮,使所选幻灯片的放映时间为 10 秒。

(3)可以按住 Shift 键连续选中多张幻灯片,设置相同的放映时间。

(4)单击"幻灯片放映"按钮放映幻灯片,观察每张幻灯片的放映时间。

4. 演示文稿的放映

演示文稿创建后,用户可以根据不同的场合设置不同的放映类型。幻灯片的放映类型有"演讲者放映(全屏幕)"、"观众自行浏览(窗口)"和"在展台浏览(全屏幕)"等。

"演讲者放映(全屏幕)":以全屏方式显示演示文稿,这是最常用的幻灯片播放方式,也是系统默认的选项。演讲者具有完全控制权,可用绘画笔进行勾画,适用于大屏幕投影的会议、上课。

"观众自行浏览(窗口)":以窗口的形式显示演示文稿,可浏览、编辑幻灯片,适用于个人浏览的情况。

"在展台浏览(全屏幕)":一般选择"幻灯片放映"→"排练计时"命令,这时幻灯片全屏幕显示,其右上角出现一个如图 6-49 所示的"预演"窗口,使用上面的控制按钮,可以设置每一张幻灯片的放映时间。在放映时,全部幻灯片放映完后,计时器自动统计出整个演示文稿放映的时间。

图 6-49　"预演"窗口

选择"幻灯片放映"→"设置放映方式",在弹出的"设置放映方式"对话框中,可根据需要在"放映类型"框中选择幻灯片的放映方式,在"放映幻灯片"框中选择放映范围,在"换片方式"框中选择换片方式。如图 6-48 所示。

设置完放映方式后,选择"幻灯片放映"→"观看放映"命令或单击"视图方式切换"中的"幻灯片放映"按钮,便可开始放映;如要取消放映,按 Esc 键或者右击,在弹出的快捷菜单中选择"结束放映"。

6.3.4　创建超链接

默认情况下,演示文稿从第一张幻灯片起,按幻灯片从小到大的序号顺序播放,但在实际的幻灯片设计过程中,往往需要改变幻灯片的播放顺序。使用超链接可以从当前幻灯片转到当前演示文稿中的其他幻灯片或其他演示文稿、文件以及某个网页。

1. 使用动作按钮设置

动作按钮是现成的按钮,可以插入到演示文稿中并为其定义超链接。PowerPoint 还包含播放影片或声音的动作按钮。幻灯片放映时,单击这些按钮后会呈现"按下"的效果。

在"个人简介.ppt"的第 1 张幻灯片前插入一张幻灯片作为首页,设置为"标题和文本"版式,标题处写"张冬雨的简历",在文本处写"自我介绍",在文本的下方设置 3 个动作按钮,依次为"个人简介"、"成绩"和"学院组织结构图"。利用超链接分别指向下面的 3 张幻灯片。

1）在单张幻灯片中插入动作按钮

具体操作步骤如下：

（1）定位到第 1 张幻灯片，选择"插入"→"新幻灯片"命令，将新幻灯片插在第 1 张幻灯片之后，然后在"普通"视图下将新换灯片移动到最前面。选择"格式"→"幻灯片版式"命令，应用"标题和文本"版式。

（2）单击"绘图"工具栏上的"自选图形"→"动作按钮"，或选择"幻灯片放映"→"动作按钮"命令，可以看到 PowerPoint 提供的各种动作按钮。选择所需的按钮"动作按钮：自定义"，如图 6-50 所示。

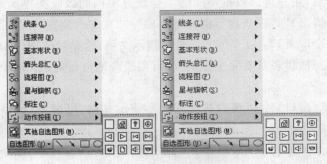

图 6-50　设置"动作按钮"

（3）单击该幻灯片，则在幻灯片中会出现该按钮，同时弹出"动作设置"对话框，如图 6-51 所示。在该对话框中，可以设置动作按钮要进行的动作。

（4）打开"单击鼠标"或"鼠标移过"选项卡，选定在按钮上单击鼠标时启动动作还是鼠标移过按钮时启动动作，默认打开的是"单击鼠标"选项卡。其中"超链接到"选项的下拉列表中包含了许多目标对象，如图 6-52 所示。

图 6-51　"动作设置"对话框

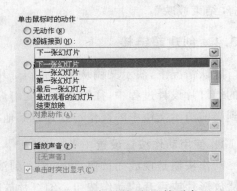

图 6-52　"超链接到"下拉列表

下一张幻灯片：链接到当前幻灯片的后一张幻灯片。

上一张幻灯片：链接到当前幻灯片的前一张幻灯片。

第一张幻灯片：链接到当前演示文稿的第一张幻灯片。

最后一张幻灯片：链接到当前演示文稿的最后一张幻灯片。

最近观看的幻灯片：链接到刚刚访问过的幻灯片，相当于"后退"按钮。

结束放映：退出演示文稿的放映状态，常用于幻灯片的"退出"按钮。

自定义放映：可链接到创建的"自定义放映"。

幻灯片：可打开"超链接到幻灯片"对话框，如图 6-53 所示。从中选择当前演示文稿中需要链接到的幻灯片，这是最常用的一种链接方式。

本例中选择"超链接到"下拉列表中的"幻灯片"，在"超链接到幻灯片"对话框中单击需要链接的幻灯片即可。超级链接添加后只有在放映时才能被激活。如果创建的超级链接转到某张

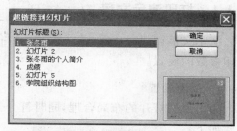

图 6-53　"超链接到幻灯片"对话框

幻灯片，那么这张幻灯片中最好也要加一个返回到原幻灯片的链接。

2）在每张幻灯片中插入动作按钮

在演示文稿"个人简介.ppt"的每张幻灯片中加入一个指向第 1 张幻灯片的动作按钮，使得由超链接转到的幻灯片能够返回到原幻灯片位置。具体操作步骤如下：

（1）选择"视图"→"母版"→"幻灯片母版"命令，打开幻灯片的母版。

（2）再单击"幻灯片放映"→"动作按钮"，然后选择所需的按钮"动作按钮：开始" ◁ 。

（3）单击该幻灯片，弹出如图 6-51 所示对话框。

（4）在"单击鼠标"选项卡中，选择"超链接到"下拉列表中的"第一张幻灯片"，单击"确定"按钮，关闭该对话框。然后在"母版视图"工具栏上单击"关闭母版视图"按钮。

在文稿的每一张幻灯片上都增加了一个"开始"按钮，并超链接到第一张幻灯片。

2. 使用超级链接

创建超链接的具体操作步骤如下：

（1）选择希望用于代表超链接的文本或对象。

（2）选择"插入"→"超链接"命令，出现如图 6-54 所示的对话框。

（3）单击希望"链接到"的位置即可。

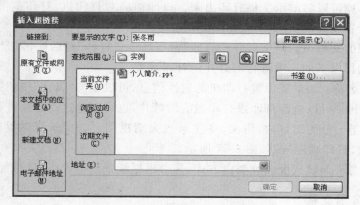

图 6-54　"插入超链接"对话框

6.4　打印与打包演示文稿

6.4.1　打印演示文稿

演示文稿创建完成后，为了存档或以备今后使用，可以打印出来。打印前需要进行一些打印参数的设置。

1. 页面设置

为了使幻灯片的布局合理，同时符合打印机的具体要求，有必要进行页面设置。其操作步骤如下：

（1）选择"文件"→"页面设置"命令，打开"页面设置"对话框，如图 6-55 所示。

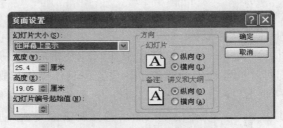

图 6-55　"页面设置"对话框

（2）单击"幻灯片大小"框右边的下拉按钮，从中选择打印介质和页面大小，也可以自定义页面的大小，设置打印"宽度"和"高度"，以及幻灯片的打印方向，还可以设置备注、讲义和大纲的排列方向。

2. 打印预览

使用打印预览，可以查看幻灯片、备注和讲义用纯黑白或灰度显示的效果，也可以进行一定的更改，并可以在打印前调整对象的外观。

3. 打印机的设置

页面设置后就可以将演示文稿打印出来。打印前应对打印机、打印范围、打印份数、打印内容等进行设置或修改。

打开要打印的文稿，选择"文件"→"打印"命令，弹出"打印"对话框，如图 6-56 所示。

用户可以选择以下的选项进行幻灯片的打印设置。

（1）打印机名称：如果要设置打印机的属性信息，可以单击"属性"按钮进一步设置。

（2）打印范围：可以全部打印或打印当前幻灯片，也可以选定幻灯片进行打印。

（3）打印内容：分为幻灯片、讲义、备注页或大纲视图。如果选择的是讲义，还可以设置每页幻灯片数、打印顺序等，如图 6-57 所示。

（4）其他设置：如以灰度或纯黑白方式，是否根据纸张调整大小，是否加框等。

6.4.2　打包演示文稿

一般情况下，在一台计算机上制作好的演示文稿不能简单地复制到另一台计算机上放映。因为这样的复制不能保证放映的演示文稿的完整性，可能会出现字体、播放器、链接文

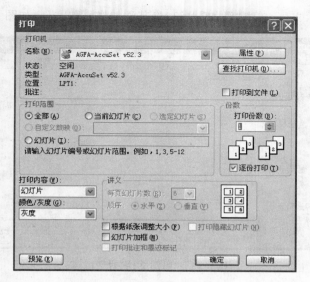

图 6-56　"打印"对话框

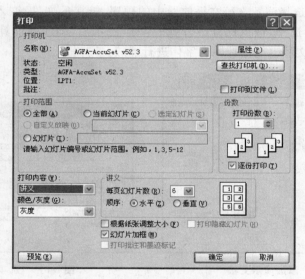

图 6-57　打印讲义可设置项

件不齐全等错误。为了确保正常放映,可以使用打包功能,把演示文稿所需要的全部文件打包在一起。

　　将演示文稿打包成 CD 的操作步骤如下:

　　(1) 将 CD 插入到 CD 驱动器中,打开要打包的演示文稿,选择"文件"→"打包成 CD"命令,弹出"打包成 CD"对话框,如图 6-58 所示。

　　(2) 在"将 CD 命名为"文本框中,为 CD 输入名称。单击"添加文件"按钮,添加需要加入到打包文件的演示文稿,如图 6-59 所示。选择

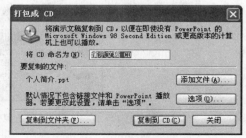

图 6-58　"打包成 CD"对话框

"个人简介.ppt"演示文稿，单击"添加"按钮，将其添加进打包文件，如图 6-60 所示。

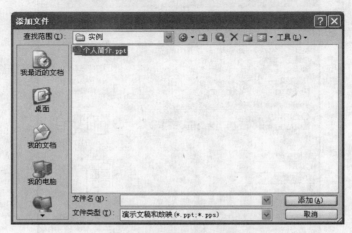

图 6-59　"添加文件"对话框

　　(3) 在图 6-60 中单击"选项"按钮，可以设置打包的演示文稿中包含哪些文件，如设置 PowerPoint 播放器、选择演示文稿在播放器中的顺序、链接的文件、嵌入的 TrueType 字体等，如图 6-61 所示。选中"嵌入的 TrueType 字体"选项后，即使新计算机中没有原计算机中的相关字体，演示文稿也能保持原有字体进行播放。

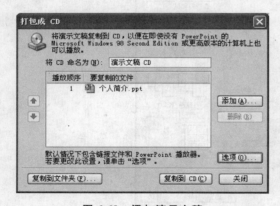

图 6-60　添加演示文稿

图 6-61　"选项"对话框

　　(4) 单击"复制到文件夹"按钮，弹出"复制到文件夹"对话框，如图 6-62 所示。在"位置"文本框中输入打包演示文稿的存放位置，也可以单击"浏览"按钮选择某个位置。
　　(5) 单击"确定"按钮，至此对演示文稿的打包就成功了。

图 6-62　"复制到文件夹"对话框

习　题　6

一、单项选择题

1. PowerPoint 2003 是在 Windows 环境下制作各种（　　）的工具软件。

　　A）文本文件　　　　B）文字表格　　　　C）演示文稿　　　　D）命令文件

2. 在 PowerPoint 中，要切换到幻灯片浏览视图，应选择（　　）。

　　A）视图菜单的"幻灯片浏览"　　　　　B）视图菜单的"幻灯片放映"

　　C）视图菜单的"黑白"　　　　　　　　D）视图菜单的"幻灯片缩图"

3. 在 PowerPoint 浏览视图下，按住 Ctrl 键并拖动某幻灯片，可以完成（　　）操作。

　　A）移动幻灯片　　　B）复制幻灯片　　　C）删除幻灯片　　　D）选定幻灯片

4. 演示文稿中的每一张演示的单页称为（　　），它是演示文稿的核心。

　　A）母版　　　　　　B）模板　　　　　　C）版式　　　　　　D）幻灯片

5. 要插入一张新的幻灯片，应单击（　　）命令。

　　A）"新建文件"　　　　　　　　　　　B）"插入"→"新幻灯片"

　　C）"插入"→"幻灯片副本"　　　　　　D）以上皆错

6. 在 PowerPoint 2003 窗口的大纲窗格中，不可以（　　）。

　　A）插入幻灯片　　　B）删除幻灯片　　　C）移动幻灯片　　　D）添加文本框

7. PowerPoint 2003 可以用彩色、灰色或黑白打印演示文稿的幻灯片、大纲、备注和（　　）。

　　A）观众讲义　　　　B）所有图片　　　　C）所有表格　　　　D）所有动画设置情况

8. 如果在母版的"页脚"中覆盖输入"PowerPoint"，字体是宋体 14 号，关闭母版返回幻灯片编辑状态，则（　　）。

　　A）所有幻灯片的标题栏都是"PowerPoint"，字体是宋体 14 号

　　B）所有幻灯片的标题栏都是"PowerPoint"，字体保持不变

　　C）所有幻灯片的标题栏内容不变，字体是宋体 14 号

　　D）所有幻灯片的标题栏内容不变，字体也保持不变

9. 在 PowerPoint 中，可以创建某些（　　），在幻灯片放映时单击它们，就可以跳转到特定的幻灯片或运行一个嵌入的演示文稿。

　　A）动作按钮　　　　B）过程　　　　　　C）替换　　　　　　D）粘贴

10. 幻灯片打印时，打印范围的选择有（　　）种。

　　A）2　　　　　　　B）3　　　　　　　C）4　　　　　　　D）5

二、填空题

1. PowerPoint 文件默认的扩展名是＿＿＿＿＿。

2. 用 PowerPoint 制作好幻灯片后，可以根据需要使用三种不同的方法放映幻灯片，这三种放映类型是＿＿＿＿＿、＿＿＿＿＿和＿＿＿＿＿。

3. PowerPoint 2003 的各种视图中，显示单个幻灯片以进行文本编辑的视图是＿＿＿＿＿。

4. 在 PowerPoint 2003 中，为每张幻灯片设置放映时的切换方式，应使用"幻灯片放映"

菜单下的_____选项。

5. 在 PowerPoint 中控制用户在幻灯片中所输入的标题和文本的格式和类型的母版是_____。

三、简答题

1. 简述 PowerPoint 的基本功能。
2. 简述在已有的幻灯片文件中插入一张新幻灯片的基本步骤。
3. 简述播放 PowerPoint 文件的基本方法。
4. 幻灯片放映方式有几种？各有什么应用范围？
5. 在 PowerPoint 中使用母版的好处是什么？

四、上机操作题

在一个空演示文稿中，按要求完成下列操作：

1. 插入一张幻灯片，版式采用标题幻灯片。主标题是"2010 年中国上海世界博览会"，设置字体为黑体，动画效果为"从左侧切入"；副标题是"城市，让生活更美好"，动画效果为"横向棋盘式"，声音为"爆炸"，并以"上海世博"为名，保存到"我的文档"中。

2. 使用菜单命令方式添加一张新幻灯片，选择"标题和文本"版式。标题是"期待您的光临"，文本是各展馆名称，幻灯片切换效果设置为"阶梯状向右下展开"。

3. 插入几张只有标题的幻灯片，并插入图片。

4. 创建幻灯片母版，设置标题样式，包括字体、字号、颜色；插入"日期/时间"，添加页脚；单击"幻灯片放映"→"动作按钮"，分别选择"开始"、"前进"、"后退"和"结束"按钮放置在幻灯片母版合适的位置上。

5. 创建超链接，使展馆名称链接到标有各展馆标题的幻灯片上，最后的演示文稿效果如图 6-63 所示。

6. 设置放映方式：人工放映、排练计时和循环放映。

图 6-63　"上海世博"演示文稿

第 7 章

计算机网络基础与 Internet 应用

计算机网络是计算机技术与通信技术相结合的产物。计算机网络尤其是 Internet，正在改变着人们的生活方式、学习方式、工作方式乃至思维方式，并进一步引起了世界范围内产业结构的变化，促进了全球信息产业的发展。本章主要介绍计算机网络的基本概念；Internet 的基本知识，包括 TCP/IP 协议、IP 地址、子网与子网掩码、Internet 域名体系以及 Windows XP 中 TCP/IP 协议的配置；Internet 的介入方式及 Windows XP 中拨号连接的建立与局域网的配置；WWW 服务及相关概念的介绍；电子邮件服务，包括电子邮件的发送和接收过程、简单的邮件传送协议、邮件读取协议以及收发邮件的方式；文件传输服务，包括文件传输协议 FTP、Windows XP 中 FTP 服务器的建立以及如何使用 FTP 下载和上传文件等。

【学习要求】

◆ 了解计算机网络的基本概念；
◆ 理解 TCP/IP 的层次结构以及各层的功能；
◆ 掌握 IP 地址的表示方法，理解子网的概念以及子网掩码的表示方法与用途；
◆ 掌握 Windows XP 中 TCP/IP 协议的配置方法；
◆ 了解 WWW 服务及其相关概念，掌握 IE 浏览器及搜索引擎的使用方法；
◆ 理解电子邮件的发送和接收过程以及相关协议，掌握读取和发送电子邮件的方法；
◆ 理解文件传输服务及其协议，会使用 FTP 上传和下载文件；
◆ 掌握 Windows XP 中 FTP 服务器的建立。

【重点难点】

◆ TCP/IP 的层次结构及功能；
◆ IP 地址的表示方法及子网掩码表示方法与作用；
◆ 电子邮件的发送与接收过程及相关协议；
◆ 文件传输服务及其协议。

7.1 计算机网络的基本概念

7.1.1 计算机网络的形成和发展

计算机网络的形成和发展,大致可分为以下 4 个阶段:

第一阶段是 20 世纪 50 年代。这一阶段处于计算机网络的理论研究阶段,原来彼此独立发展的计算机技术与通信技术开始被人们结合起来进行研究,数据通信技术与计算机通信网络技术也已经逐渐成熟,为计算机网络的产生奠定了理论基础。

第二阶段是 20 世纪 60 年代。美国国防部高级计划局 DARPA(Defense Advanced Research Project Agency)为了实现异构网络间的互连,以应对战争的需要,大力支持网络互连技术的研究,为此开发了大量的网络硬件和软件。1969 年,DARPA 成功地推出了由 4 个交换结点组成的分组交换式计算机网络 ARPANET。ARPANET 开辟了计算机网络技术的新纪元,它的成功问世和使用中的研究成果为以后网络的发展发挥了重要作用,此时的 APRANET 主要使用了分组交换技术。

第三阶段是 20 世纪 70 年代中后期。国际上各种广域网、局域网和分组交换网的发展十分迅速,各个计算机生产厂家纷纷推出了自己的计算机网络系统。此时,制定一个国际上认同的网络体系结构和网络通信协议标准成为亟待解决的问题。国际标准化组织 ISO 将此时国际上具有代表性的各种网络技术加以统一,制定出 OSI 参考模型,为网络的规范化、全球化做出了巨大贡献。

第四阶段是 20 世纪 90 年代。全世界的局域网、城域网、广域网被连接到一起,组成了 Internet。由于 WWW 的发展,Internet 进入了高速发展时期,它渗透到人们的文化、经济、科学、教育、医疗、生活等方方面面。随着 Internet 商业化的迅速发展,Internet 的重要性和优越性将会与日俱增。

7.1.2 计算机网络的定义和功能

1. 计算机网络的定义

计算机网络就是利用通信设备和线路将地理位置不同的具有自治功能的多个计算机系统相互连接起来,以功能完善的网络软件实现资源共享和信息传输的系统。计算机网络的特点如下。

(1)互连性:计算机网络是一个互连的计算机系统群体。

(2)自治性:网络中的计算机是相互独立的,它们有自己的操作系统,可以独立工作也可以在网络协议的控制下与其他计算机协同工作。

(3)统一性:各计算机系统通过通信线路和通信设备进行信息交换、资源共享,并在网络操作系统的控制下相互协作。

(4)分布性:计算机网络中的计算机分布在不同的地理位置上。

2. 计算机网络的功能

计算机网络的诞生使得计算机技术在经济、军事、生产管理及教育、科学部门发挥了重大作用。计算机网络的高速发展,带领世界进入了网络化时代。计算机网络的功能可以归纳为以下几个方面。

1）数据通信功能

不同地区的网络用户可通过网络快速而又可靠地相互传送信息。

2）资源共享功能

在计算机网络上可共享的资源包括硬件资源、软件资源和数据资源。资源共享的结果是避免重复劳动和投资，从而提高资源的利用率，使系统的整体性价比得到改善。

3）增加可靠性功能

在一个计算机系统中，单个部件或计算机的暂时失效必须通过替换资源的办法来维持系统的正常运行。在计算机网络中软件资源和数据资源可以存放在多个位置，用户可以通过多种途径访问网内的某个资源，从而避免单点失效给用户带来的影响。

4）提高系统处理、均衡负载功能

单个计算机的处理能力是很有限的，并且由于种种原因，计算机之间的忙闲程度是不均衡的。同一网络内的计算机可以协同工作和并行处理，从而提高整个系统的处理能力，并且使各计算机上的负载均衡，如现在的分布式计算机系统。

7.1.3 计算机网络的分类

计算机网络的分类方法是多种多样的，其中最主要的分类方法有两种：根据网络所使用的传输技术分类以及根据网络覆盖的地域范围和规模分类。

1. 根据网络的传输技术分类

网络所采用的传输技术决定了网络的主要技术特点，因此，根据网络所采用的传输技术对网络分类是一种很重要的分类方法。由于在通信技术中，通信信道有广播通信信道与点对点通信信道两类，因此，网络所采用的传输技术也只能有两类，即广播（Broadcast）方式和点对点（Point-to-Point）方式。相应的计算机网络也有两类：

1）广播式网络（Broadcast Networks）

在这种网络中，所有的计算机都连接在一个公共通信信道上。当一台计算机利用共享公共信道发送数据帧时，所有的计算机都可以"收听"到这个数据帧。但只有地址与该数据帧的目的地址相同的计算机才接收这个数据帧。

2）点对点式网络（Point-to-Point Networks）

与广播式网络不同，在这种网络中，每条物理线路连接两台计算机。如果两台计算机之间没有直接连接的线路，则它们之间的分组传输要经过中间结点的接收、存储和转发，直到目的站点。由于连接多台计算机之间的线路结构可能很复杂，因此，从源站点到目的站点之间可能存在多条路由。路由选择算法将决定分组从哪条路由到达目的站点。采用存储转发和路由选择是点对点式网络与广播式网络的重要区别之一。

2. 根据网络覆盖的地域范围和规模分类

1）局域网 LAN（Local Area Network）

局域网一般是用微型计算机通过高速通信线路相互连接起来，覆盖有限地理范围的网络。这样的网络一般由一个公司、机关、企业或学校所拥有，便于建立、维护和扩展。

2）广域网 WAN(Wide Area Network)

广域网的地理覆盖范围一般为几十千米到几千千米。有时也称它为远程网。

3）城域网(Metropolitan Area Network)

城域网的地理覆盖范围介于广域网和局域网之间，它是一种高速网络。城域网设计的目标是要满足几十千米范围内的大量企业、机关、公司的多个局域网的互联需求，以实现大量用户之间数据、语音、图形与视频等多种信息的传输功能。

7.1.4 计算机网络的拓扑结构

1. 计算机网络拓扑的定义

计算机网络拓扑是通过网络结点和通信线路之间的几何关系表示网络的结构，它反映出网络中各实体之间的结构关系，而不关心这些实体的物理特征。网络拓扑结构的设计是建设计算机网络的第一步，也是实现各种网络协议的基础，它对网络的性能、系统的可靠性和稳定性以及通信费用都有巨大的影响。

2. 几种常见的网络拓扑结构

1）总线状拓扑结构

总线状拓扑结构是局域网中最常用的拓扑结构之一。在总线状拓扑结构中所有的结点都连接在一条叫做总线的公共通信线路上，总线可以采用同轴电缆或双绞线作为传输介质。总线上的所有结点都可以通过总线发送和接收数据，但同一时刻只能有一个结点利用总线发送数据。总线状拓扑有结构简单、容易实现、易于扩展、可靠性较好等优点。但由于总线为所有结点所共享，就有可能出现在同一时刻有两个或两个以上的结点利用总线发送数据的情况，这种现象叫"冲突"。随着网络规模的增大，产生"冲突"的概率就越高，总线的利用率越低。目前广泛使用的以太网就是一种总线状局域网。

2）环状拓扑结构

在环状拓扑结构中，结点使用点到点的连接线路形成一个封闭的环。环中的数据沿着环单向逐站传输。环状拓扑结构简单，传输时延确定，但环中每个结点和通信线路都会成为网络可靠性的瓶颈。任何一个结点出现故障都会造成整个网络的瘫痪。

3）星状拓扑结构

在星状拓扑结构中存在一个中心结点，其他所有结点都通过点到点的连接线路与中心结点相连，任何两个结点之间的通信都要通过中心结点。因此，中心结点成为网络可靠性的瓶颈。需要说明的是，在传统的共享介质局域网中没有真正的星状拓扑结构网络，只有出现了交换式局域网之后，才出现了真正的物理结构与逻辑结构统一的星状拓扑结构网络。交换式局域网的中心是交换机。

4）树状拓扑结构

树状拓扑结构可以看成是星状拓扑结构的扩展。在这种拓扑结构中，网络中的结点按层次进行连接，同层结点连接在一个中心结点上，上层任何结点都可以作为下层结点的中心结点，这样就可以组成一个倒置的"树"。和星状拓扑比较，由于有多个中心结点，网络可靠性的瓶颈不再集中在一个中心结点上，因此，树状拓扑结构的网络可靠性较高。

5）网状拓扑结构

在网状拓扑结构中，结点之间的连接是任意的、无规律的。网状结构的主要优点是系统可靠性高,但结构复杂,由于一个结点到另一个结点之间的数据通路有多条,因此,必须采用路由选择算法。目前几乎所有的广域网都采用网状拓扑结构。图 7-1 给出了几种常用的网络拓扑结构示意图。

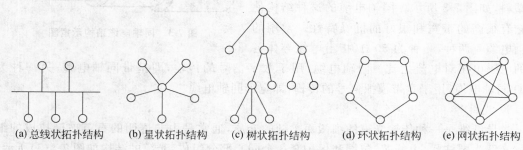

(a) 总线状拓扑结构　　(b) 星状拓扑结构　　(c) 树状拓扑结构　　(d) 环状拓扑结构　　(e) 网状拓扑结构

图 7-1　网络拓扑结构示意

7.1.5　计算机网络的软硬件

与计算机系统的构成一样,计算机网络也是由硬件和软件构成的。网络硬件包括传输介质、网络通信设备等,软件主要包括网络协议和网络操作系统等。

1. 网络传输介质

网络传输介质是指网络中用来连接各个网络结点、传输数据的连接线路,常用的网络传输介质有双绞线电缆、同轴电缆、光纤等。此外,网络信息还可以利用无线电系统、微波无线电系统和红外线技术传输。

1) 双绞线电缆

双绞线电缆是将一对或一对以上的双绞线封装在一个绝缘外套中而形成的一种传输介质,如图 7-2 所示,它是目前局域网最常用的一种传输介质。为了降低信号的干扰程度,双绞线电缆中的每一对导线都是由两根绝缘铜导线相互缠绕而成的。双绞线一般用于星状网络的布线连接,两端安装有 RJ-45 头(接口),连接网卡与集线器,最大网线长度为 100 米。如果要加大网络的范围,在两段双绞线之间可安装中继器,最多可安装 4 个中继器,这样最大传输范围就可达到 500 米。

图 7-2　双绞线电缆结构示意图

双绞线可以分为非屏蔽双绞线(Unshielded Twist Pair,UTP)和屏蔽双绞线(Shielded Twist Pair,STP),STP 又分为 3 类和 5 类双绞线,UTP 分为 3 类、4 类、5 类和超 5 类双绞线。STP 比 UTP 稳定性好,但成本较高。同一种双绞线中按 3 类、4 类、5 类的顺序性能递增。目前,局域网中常用 4 对 5 类 UTP 电缆。其传输速率可达 100 Mbps,网线的最大长度为 100 米。

2）同轴电缆

同轴电缆以单根铜导线为内芯，外裹一层绝缘材料，外覆密集网状导体，最外面是一层保护性塑料，如图7-3所示。同轴电缆的这种结构使得它有很高的带宽和很好的抗噪特性。常用的同轴电缆有两种，一种为50 Ω（指沿电缆导体各

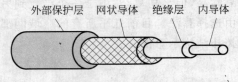

图 7-3　同轴电缆结构示意图

点的电磁电压对电流之比）同轴电缆，用于数字信号的传输，即基带同轴电缆；另一种为75 Ω 同轴电缆，用于宽带模拟信号的传输，即宽带同轴电缆。

3）光纤

光导纤维是一种传输光束的细微而柔韧的介质，通常是由非透明的石英玻璃拉成的细丝。光纤为圆柱状，由纤芯、包层和保护套 3 个同心部分组成，光缆的结构如图7-4（a）所示。每一路光纤包括两根，一根用来接收，一根用来发送。用光纤作为网络介质的 LAN 技术主要是光纤分布式数据接口（Fiber-optic Data Distributed Interface，FDDI）。与同轴电缆相比，光纤可提供极宽的频带且功率损耗小、传输距离长（2 千米以上）、传输率高（可达数千 Mbps）、抗干扰性强（不会受到电子监听），是构建安全性网络的理想选择。

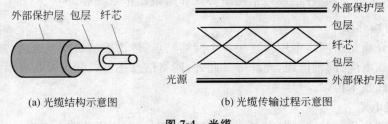

(a) 光缆结构示意图　　　　　　　(b) 光缆传输过程示意图

图 7-4　光缆

光导纤维通过内部的全反射来传输一束经过编码的光信号，其传输过程如图 7-4（b）所示。只要光信号与光纤的入射角大于某一临界角度，光束就可以在内部产生全反射。因此，许多不同的光束可以以不同入射角在一条光纤中传输，这样的光纤称为多模光纤。若光纤的直径减小到几个波长大小，则光纤就如同一个波导，光只能按直线传播，这样的光纤称为单模光纤。单模光纤的性能优于多模光纤。

2．网络通信设备

各种网络通信设备在网络中有不同的作用，下面介绍几种常用的通信设备。

1）网络接口卡

网络接口卡（Network Interface Card）简称网卡，也称为网络适配器，它是构成计算机网络的基本部件。它插在计算机的总线插槽中，并提供连接传输介质的接口。针对不同的传输介质网卡可以提供不同的接口。使用粗同轴电缆传输的网卡提供 AUI 接口；使用细同轴电缆传输的网卡提供 BNC 接口；使用非屏蔽双绞线的网卡提供 RJ-45 接口；使用光纤的网卡提供 F/O 接口。目前，多数网卡能提供多种接口。

2）调制解调器

当计算机利用公用电话线和网络相连时，需要通过调制解调器将计算机连接到电话线上。电话线用于传输连续的模拟信号，而计算机使用的是离散数字信号。调制解调器的作

用是实现模拟信号和数字信号的相互转换。

3）中继器

中继器是网络物理层的一种连接器，用于放大在传输介质中已衰减的电信号。通常一种传输介质的传输距离都有一定的限度。在局域网中每段双绞线的最大长度为 100 米，超过规定的标准传输距离的局域网，需加中继器才能正常运行，但最多允许使用 4 个中继器，即可连接 5 个网段。中继器对信号有放大作用，但没有通信隔离功能，所以不能解决局域网的信息拥挤等问题。

4）集线器

集线器（Hub）是局域网中的重要部件，联网的计算机通过 UTP 与集线器连接，构成物理上的星状拓扑结构。一个集线器有多个端口（8 口、16 口、24 口）。当集线器收到某个结点发送来的信息时，便会将接收到的信息广播到每个端口。

5）网桥

网桥（Bridge）的操作是在网络数据链路层进行的。它用来连接两个相同类型局域网的联网设备，不同局域网之间的通信要通过网桥传送，并确保通信不会被发送到同一个局域网内部。不同网段上的故障也不会影响另一个网段，从而提高了网络的可靠性。

6）路由器

路由器（Router）是在网络层上实现多个网络互联的设备。在通过路由器互联的网络中，只要求每个网络的网络层以上的高层协议相同（例如 TCP/IP 协议），数据链路层和物理层协议可以是不同的。路由器的功能比网桥更强，它除了具有网桥的全部功能外还具有路径选择功能，即当要求通信的工作站分别处于两个局域网且两个工作站之间存在多条通路时，路由器应能根据当时网络上的信息拥挤程度自动地选择传输效率比较高的路径。

7）网关

网关（Gateway）又称为信关，它通过硬件和软件来实现不同网络协议之间的转换功能，也就是协议转换器。它工作在网络传输层或更高层，主要用于不同体系结构的网络或局域网同大型计算机的连接。网关比路由器更复杂，当不同的局域网相联时，网关除具有路由器的全部功能外，更重要的是能进行由于操作系统差异而引起的不同通信协议之间的转换，以实现不同类型的网络之间的通信。

3．网络操作系统

网络操作系统（Network Operating System，NOS）是网络用户与计算机网络的接口，能使网络上的计算机方便而有效地共享资源，是为网络用户提供所需的各种服务的软件和有关协议的集合。除了 PC 操作系统所具有的功能以外，网络操作系统还应具有网络通信和为网络用户访问网络资源提供服务的能力。目前比较流行的网络操作系统有微软公司的 Windows NT Server、Windows 2000 Server、Linux 和 UNIX 等。

4．网络协议

网络协议（Network Protocol）是指计算机网络中相互通信的对等实体之间进行信息交换时所必需遵守的规则、约定与标准的集合。这些规则明确规定了所交换数据的格式以及时序问题。一个网络协议主要由以下 3 个要素组成。

（1）语法：即数据和控制信息的结构和格式。

（2）语义：即需要发出何种控制信息，完成的动作以及做出的应答。

（3）时序：即事件实现顺序的详细说明。

网络协议对计算机网络来说是必不可少的，一个功能完备的计算机网络需要制定一套复杂的协议集。类似于普通软件系统，复杂的计算机网络协议也要被划分成一个个功能单一的"小模块"，在计算机网络协议中，这些"小模块"组织成层次结构。每一层协议都完成一定的功能，相邻层之间通过接口通信，每一层都使用下层提供的服务，向上层提供服务并对上层屏蔽其实现的细节。

7.2　Internet 的基础知识

Internet 的中文名称是"因特网"，人们也常把它称为"互联网"或"国际互联网"。Internet 并不是一个具体的网络，它是全球最大的、开放的、由众多网络互联而成的一个广泛集合，有人称它为"计算机网络的网络"。它允许各种各样的计算机通过拨号方式或局域网方式接入，并以 TCP/IP 协议进行数据通信。由于越来越多的人使用网络，接入的计算机越来越多，Internet 的规模也越来越大，网络上的资源变得越来越丰富。正是由于 Internet 提供了包罗万象、瞬息万变的信息资源，它正在成为人们交流、获取信息的一种重要手段，对人类社会的各个方面产生着越来越重要的影响。

7.2.1　Internet 概述

1. Internet 的概念

Internet 是一个计算机互联网络，又称为国际互联网。它是一个全球性的巨大的计算机网络体系，把全世界数万个计算机网络、数万台主机连接起来，包含了难以统计的信息资源，向全世界提供信息服务。它是世界由工业化过渡到信息化的必然结果和重要特征。

从计算机网络通信的角度来看，Internet 是一个采用统一的通信协议（TCP/IP 协议）、通过 Internet 网关（实际上就是路由器）将各个国家、地区、机构的计算机网络相互连接起来的数据通信网。

从网络拓扑结构的角度来看，Internet 是一种网状结构。Internet 的接入网络可以是不同介质和访问协议的异构网络，如以太网、令牌环、FDDI、ATM 等，只要遵循 TCP/IP 协议就可以在网络层得到统一，从而连成一个网络。作为 Internet 结构基本实体的计算机（通常叫做主机（Host）或结点（Node））可以是不同体系结构、运行不同操作系统的异种计算机。除主机外，Internet 上还有网络设备和通信线路，它们也叫通信网络，负责传送信息和进行路由选择以及网络流量控制、错误纠正等网络控制任务。

从信息资源的角度来看，Internet 是一个集各个部门、各个领域的各种信息资源为一体，供网上用户共享的信息资源网。Internet 使用户坐在计算机前，就可以看到全世界的信息资源，它让世界变得越来越小，给我们提供了一个自由、平等的空间。在 Internet 上，可以消除在日常生活中的身份、地位、性别、年龄等各方面的差别，可以不受限制地发表言论或者与网友进行交流。Internet 就是一个虚拟社会，在这里体现出一种全新的人际关系和交流手段。

2. Internet 的形成和发展

1969 年底，实验性的 ARPANET 开通，当时 ARPANET 只有 4 个结点。在此后的几年里,ARPANET 的发展十分迅速。到 1975 年,ARPANET 已经连入了 100 多台计算机,并结束了网络实验阶段,移交给美国国防部国防通信局正式运行。这一阶段研究的重点是网络互联,网络互联技术研究的深入导致了 TCP/IP 协议的出现和发展。到 1979 年,TCP/IP 体系结构和协议规范已基本完成。1980 年,开始在 ARPANET 上使用 TCP/IP 协议,并建立了以 ARPANET 为主干网的早期 Internet。

1985 年,美国国家科学基金会开始涉足 Internet 技术的研究和开发,并在全国建立了6 个计算机中心和主干网 NSFNET,以连接全美的区域性网络。这些区域性网络连接了各大学校园网、研究机构网和企业网等,并逐渐取代 ARPANET,在 Internet 中扮演着举足轻重的角色。由此,Internet 翻开了崭新的一页。此后,其他国家也相继建立了本国的TCP/IP 网络,并连接到美国的 Internet 上,逐步形成了全球性的互联网络。

受 NSFNET 层次结构的影响,Internet 也采用了层次结构。普通的用户计算机通过电话线连入校园网或企业网或当地的 Internet 供应商 ISP,办公室的计算机通过局域网连入校园网或企业网,校园网和企业网连入国家或地区主干网,国家和地区的主干网又通过接入因特网主干网而连入因特网,从而构成一个全球范围内的互联网。目前,美国高级网络和服务公司 ANS(Advanced Network and Services)所建设的 ANSNET 为因特网的主干网。

3. Internet 在中国的发展

中国与 Internet 发生联系是在 20 世纪 80 年代中期。1994 年,由国家计算机和网络设施 NCFC 代表中国正式向 Internet 注册服务中心进行注册。注册标志着中国从此在Internet 上建立了代表中国的域名 CN,有了自己正式的行政代表与技术代表,意味着中国用户从此能全功能地访问 Internet 资源,并且能直接使用 Internet 的主干网 NSFNET。在NCFC 的基础上,截至 1997 年,我国已经建成了中国四大主干网:即中国科技网 CSTNET、中国教育与科研网 CERNET、中国金桥信息网 CHINAGBN 和中国公众互联网 CHINANET,并与 Internet 建立起了各种连接。

1) 中国科技网 CSTNET

CSTNET 是我国最早建设的四大互联网络之一,其前身是中国科学院计算机网络。它由该网内的中国科学院院网、北京大学校园网、清华大学校园网构成核心成员,其服务主要包括网络通信服务、域名注册服务、信息资源服务和超级计算机服务。网上科技信息资源有科学数据库、中国科普博览、科技成果、科技管理、技术资料、农业资源和文献情报等。该网拥有中国最高域名的服务器,其范围覆盖全国,成为全国性的科研教育网络。

2) 中国教育与科研网 CERNET

CERNET 是由国家教育部负责建设的,覆盖全国教育机构的计算机网络,其目标是把全国主要地区的高等院校、中小学校连接起来,实现资源共享,并与国际性学术计算机网络互联,使其成为我国教育系统进入世界科学技术领域的入口。CERNET 分 4 级管理,分别是全国网络中心、地区网络中心和地区主结点、省教委科研网以及校园网。CERNET 的网络中心设在清华大学,利用一条 2 Mbps 的专线与 Internet 国际网络互联。

3) 中国金桥信息网 CHINAGBN

CHINAGBNET 又称中国国家公用经济信息通信网,是我国经济和社会信息化的基础设施之一。金桥网是建立在金桥工程上的业务网,支持金关、金税、金卡等"金"字头工程的应用。金桥网分为基干网、区域网和接入网三个部分。金桥网实行天地一网,即天上卫星网和地面光纤网的互联互通,可以覆盖全国各省市和自治区。CHINAGBNET 主要以卫星和微波连接为手段。

4) 中国公众互联网 CHINANET

CHINANET 是中国电信经营管理的中国公用计算机互联网。CHINANET 于 1995 年 5 月正式向社会开放,截至 2000 年底,CHINANET 已在全国各个省、市建立了达 2.5 Gbps 带宽的主干网,开通了连接到美国、欧洲、亚洲国家的国际通路,出口带宽达 2 Gbps。CHINANET 是中国因特网的骨干网,是美国因特网在中国的延伸,是全球因特网的一部分。由于普通用户上 CHINANET 的拨号号码统一为 163,所以它又被称为 163 网。

在随后的两三年中,我国又相继建成了中国联通互联网 UNINET、中国网通公用互联网 CNCNET 和中国移动互联网 CMNET 三大互联网。这些互联网运营机构都在全国各大中城市建立了自己的 ISP,为用户接入 Internet 提供了方便。

7.2.2　TCP/IP 协议

在每个计算机网络中,都必须有一套统一的协议,否则计算机之间无法进行通信。网络协议是网络中各台计算机进行通信的一种语言基础和规范准则,它定义了计算机进行信息交换所必须遵循的规则。Internet 采用了 TCP/IP 协议,Internet 能以惊人的速度发展是与 TCP/IP 协议分不开的。

TCP/IP(Transmit Control Protocol/Internet Protocol)最早是由 ARPA 制定并加入到因特网中的。以后,TCP/IP 进入商业领域,并以实际应用为出发点,支持不同厂商、不同机型、不同网络的互联通信,并成为目前令人瞩目的工业标准。

TCP/IP 协议采用了层次体系结构,所涉及的层次包括通信子网层、传输层、网络层和应用层。每一层都实现特定的网络功能,其中 TCP 负责实现传输层的服务,IP 协议实现网络层的功能。这种层次结构系统遵循着对等实体通信原则,即 Internet 上两台主机之间传送数据时,都以使用相同功能进行通信为前提,这也是 Internet 上主机之间地位平等的一个体现。TCP/IP 协议由一系列协议组成的,这些协议形成了一组从上到下的单向依赖关系。TCP/IP 参考模型与 TCP/IP 协议簇之间的依赖关系如图 7-5 所示。

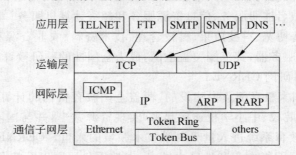

图 7-5　TCP/IP 参考模型与协议簇

1. 通信子网层

这一层没有专门的协议,而是使用连接在 Internet 网上的各通信子网本身所固有的协议。如以太网(Ethernet)的 802.3 协议、令牌环网(Token Ring)的 802.5 协议、分组交换网的 X.25 协议等。这也正体现了 TCP/IP 协议的兼容性和适应性,它为 TCP/IP 的成功奠定了基础。

2. 网际层

网际层包括三个子协议：ICMP 协议、ARP 协议和 RARP 协议。

互联网控制信息协议（Internet Control Message Protocal，ICMP）虽然与 IP 协议属于同一层，但 ICMP 数据报是被封装在 IP 数据报中发送的。ICMP 协议通常被用于在 IP 主机、路由器之间传递控制消息。控制消息是指网络通不通、主机是否可达、路由是否可用等网络本身的消息。这些控制消息虽然并不传输用户数据，但是对于用户数据的传递起着十分重要的作用。该协议经常被用来调试和监视网络。

网际协议 IP 是 TCP/IP 协议中最主要的协议之一，它负责处理来自传输层的分组发送请求和输入的数据报文。该层以上的各层协议都要使用 IP 协议来发送和接收数据。

地址解析协议（Address Resolution Protocol，ARP）/反地址解析协议（Reverse Address Resolution Protocal，RARP）分别负责实现从 IP 地址到物理地址（如以太网网卡 MAC 地址）和从物理地址到 IP 地址的映射。IP 协议要使用这两个协议实现对某台主机的访问。

3. 运输层

运输层有两个协议：TCP 协议和 UDP 协议。传输控制协议（Transmission Control Protocal，TCP）提供面向连接的可靠的传输服务。TCP 协议在传输数据之前必须建立连接，数据传送结束后要释放连接。因此，不可避免地增加了很多开销，如确认、流量控制、计时器以及连接管理等。这样不仅使协议数据单元的首部变长，还要占用许多处理器资源。而用户数据报（User Datagram Protocol）则提供一种无连接的不可靠的传输服务，它在传输数据前不需要建立连接，远程主机的传输层在收到 UDP 数据报后不需要提供任何确认信息。

4. 应用层

应用层协议很多，并且随着 Internet 应用的增加不断有新的应用层协议加入到 TCP/IP 协议中。应用层协议可以分为三类：一类是依赖于 TCP 的协议，如远程登录协议 TELNET、简单邮件传输协议 SMTP、文件传输协议 FTP 等；一类是依赖于 UDP 的协议，如简单网络管理协议 SNMP、简单文件传输协议 TFTP；还有一类是既依赖于 TCP 又依赖于 UDP 的协议，如域名服务 DNS 等。

7.2.3　IP 地址

1. IP 地址的表示方法

就像电话机的电话号码一样，计算机在 Internet 上的每个连接都被授权单位赋予一个世界上唯一的编号，这个编号被叫做 IP 地址。一个 IP 由网络号和主机号两部分组成，网络号用于标识主机所在的逻辑网络，主机号用于识别一个逻辑网络中的一台主机。由此，IP 地址可标识 Internet 中任何一个网络中的任何主机。IP 地址由 32 位二进制数值（4 个字节）组成，为了便于用户使用和记忆，采用了点分式十进制表示法，即将 4 个字节中的每个字节用一个十进制数表示（从 0 到 255），中间用"."分隔。例如，二进制 IP 地址 10100011 10110000 00001101 11000101，用点分式的十进制表示为 163.176.13.197。

2. IP 地址的分类

IP 地址分为 5 类，各类是按照 IP 地址的前几位来区分的，其一般格式如图 7-6 所示。

1）A 类地址

在 A 类地址中，第一个字节为网络地址（共 126 个），其余 3 个字节为主机地址（共

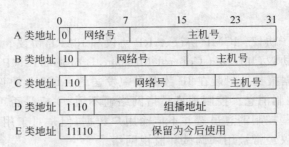

图 7-6   5 类 IP 地址

16 387 064 个),其地址范围为 1.0.0.0~127.255.255.255。A 类地址适用于大型网络。

2）B 类地址

在 B 类地址中,前两个字节为网络地址(共 16 256 个),后两个字节为主机地址(共 64 576 个),其地址范围为 128.0.0.0~191.255.255.255。B 类地址适用各地区的网络管理中心使用。

3）C 类地址

在 C 类地址中,前三个字节为网络地址(共 2 064 512 个),后一个字节为主机地址(共 254 个),其地址范围为 192.0.0.0~223.255.255.255。C 类地址适用于校园网或企业网使用。

4）D 类地址

D 类地址是组播地址(有的地方也称多播地址),使用这类地址可以直接将数据报发送给多个主机,其地址范围为 224.0.0.0~239.255.255.255。

5）E 类地址

E 类地址是保留地址,以备将来使用,其地址范围为 240.0.0.0~247.255.255.255。

给定一个网络地址,从第一个字节的值就可以判断出这个地址是哪一类地址,从而获得这个地址的网络号和主机号。目前常用的是 A 类、B 类和 C 类地址,D 类和 E 类地址很少使用。

3. 关于 IP 地址的分配问题

据国家互联网信息中心发布的第 16 次中国互联网发展状况统计报告,截至 2005 年 6 月 30 日,中国内地 IPv4 地址数已达 68 300 032 个,而且这个数字还在逐年上升。如此多的 IP 地址,如何保证每台设备的 IP 地址的唯一性呢? 网络号由一个非营利性的机构 (Internet Corporation for Assigned Names and Numbers,ICANN)来管理,以避免冲突。该机构把部分地址空间委托给各种区域性的权威机构,然后这些权威机构又将 IP 地址分配给 ISP 和其他公司。A 类 IP 地址由国际网络信息中心(Network Information Center,NIC)分配。B 类 IP 地址由 Inter NIC、ENIC 和 APNIC 分配。其中 Inter NIC 负责北美地区;ENIC 负责欧洲地区;APNIC 负责亚太地区,中国隶属 APNIC,APNIC 设在日本东京大学。中国互联网络信息中心 CNNIC 是我国最高级别的 IP 地址分配机构,C 类地址由国家或地区的网络信息中心(NIC)分配。

7.2.4   子网与子网掩码

1. 子网

在 IP 地址的使用上可能存在两种情况。一种情况是一个小公司或单位申请到一个

IP 地址,但是该单位的网络很小,仅有几十台计算机。对于这样的网络即使给它分配一个 C 类地址(最多可以有 254 台主机)也是一种浪费。还有一种情况是当一个大的集团或学校申请到一个 B 类地址(甚至可能是 A 类地址),当网络中的结点很多时,大量的网络数据和广播信息在网络上传输,会导致网络的性能和效率下降;并且路由表也会很大,路由表信息过多就会引起路由选择的计算时间过长,从而引起路由器的工作效率大幅度下降。

为了解决这些问题,常常把一个较大的网络分成多个较小的物理网络,并通过路由器或第三层交换机将多个子网连接起来。每个小的网络使用不同的网络编号,这样的小网络被称为"子网"。相应地,需要对 IP 地址中的主机号部分再次进行划分,用主机号部分的高几位表示子网号。例如,可以对网络号 166.128.0.0(这是一个 B 类地址,前 2 个字节表示网络号)进行再次划分,使其第三个字节表示主机号,因此,IP 地址 166.128.56.3 的网络号为 166.128.56.0,主机号为 3。

不难发现,采用子网划分技术后,不仅可以将一个网络地址分配给若干个小的公司或单位,而且也可以将一个大的集团或学校划分成若干个子网,从而便于管理,也可以提高网络的性能和效率。

2. 子网掩码

1) 子网掩码的表示

采用子网划分技术后,很难区分一个 IP 地址的网络号部分和主机号部分,为此引入了子网掩码的概念。子网掩码也叫子网屏蔽码,它是由前面连续的"1"和后面连续的"0"组成的 32 位二进制数,分别对应 32 位 IP 地址的网络号部分和主机号部分。如一个 C 类 IP 地址 198.176.65.1,若用其最后一个字节的高 2 位表示子网号,则它的子网屏蔽码为 255.255.255.192。

默认的子网掩码用于没有划分子网的 TCP/IP 网络。不同类型的网络使用的默认的子网掩码是不同的,表 7-1 给出了各类网络的默认子网掩码。

表 7-1　各类网络的默认子网掩码

网络类别	子网掩码(以二进制位表示)	子网掩码(以十进制表示)
A 类	11111111.00000000.00000000.00000000	255.0.0.0
B 类	11111111.11111111.00000000.00000000	255.255.0.0
C 类	11111111.11111111.11111111.00000000	255.255.255.0

2) 子网掩码的使用

在传输数据报之前,源主机 IP 和目的主机 IP 都要与主机的子网掩码进行按位"与"操作。如果这两个结果相同,则 TCP/IP 协议判断出目的主机与源主机在同一个局域网上,可以直接传递;否则,判断出目的主机不在本地局域网上,这时需要将待发送的数据报转发到默认网关上,以便进一步转发到远程网络上。默认网关收到一个数据报时,也会将数据报的目的 IP 地址与自己的子网掩码进行按位"与"操作,判断是否和它属于同一个网络,如果是同一个网络则直接投递;否则,进行路由选择,将其转发到与其相连的下一个路由器上。以此类推,直到数据报被发送到目的网络为止。

7.2.5　Internet 域名系统 DNS

1. 域名系统概述

IP 地址是一种数字型的网络标识和主机标识。数字型标识对计算机网络来说是最有效的,但不便人们记忆。为了解决这个问题,网络设计人员又设计了 Internet 的域名系统 DNS。域名系统让 Internet 的用户用有意义的域名来表示主机,而不是用枯燥的、难于记忆的数值型的 IP 地址来表示主机。

DNS 采用了客户/服务器模式的运行机制,服务器包含了与 DNS 数据库分配有关的信息,客户通过向服务器发出请求来获得目的 IP 地址。当某一个应用程序需要将主机名转换成 IP 地址时,该应用程序就成为域名系统的一个客户,并将待转换的域名放在 DNS 请求报文中以 UDP 数据报的方式发向本地域名服务器。本地域名服务器在查找到域名后将对应的 IP 地址放到应答报文中返回给该应用程序。应用程序获得 IP 地址后就可以访问该 IP 地址对应的主机了。

2. 因特网的域名体系

因特网的域名采用了层次结构,也就是说,DNS 将整个 Internet 划分成多个顶级域,并为每个顶级域规定了国际通用的域名。顶级域有两种:通用域和国家域,通用域是按组织模式划分的,国家域是按地理模式划分的,每个申请加入 Internet 的国家和地区都可以作为一个顶级域。表 7-2 列出了部分顶级域名。

表 7-2　域名前缀

类型	顶级域名	单位类型	类型	顶级域名	单位类型
通用域	com	商业机构	国家域	cn	中国
	edu	教育机构		us	美国
	gov	政府部门		uk	英国
	mil	军事部门		jp	日本
	net	网络服务商		…	…
	org	非营利性组织			
	int	国际组织			

顶级域被赋予管理本域的权力后,它将自己管理的域继续划分,形成二级域,并将二级域的管理权授予其下属的管理机构。以此类推,形成一个层次型域名结构。这些域可以用一棵倒置的目录树表示,如图 7-7 所示。

3. DNS 域名服务器

有了域名系统后,一台主机的主机名就由它所属的各级域名和分配给它的名字共同构成,顶级域名放在最右面,分配给主机的名字放在最左面,各级域名之间用"."隔开。例如 cn－>edu－>tsinghua 下面的 www 的主机名为 www.tsinghua.edu.cn。这样的主机名只是方便了用户的记忆,计算机之间通信时仍然使用计算机 IP 地址。这就需要将主机名转换成对应的 IP 地址,这个过程叫域名解析。

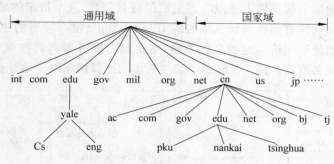

图 7-7　因特网域名结构

在因特网中,对应于域名结构,域名服务器也构成一定的层次结构。每个域名服务器保存着它所管辖区域内的主机的名字和 IP 地址的对照表,这组域名服务器是域名解析的核心。每个域名服务器不但能够进行一些域名到 IP 地址的转换,而且还必须具有访问其他域名服务器信息的能力。当自己不能进行域名到 IP 地址的转换时,可以知道到哪个域名服务器上去查找域名信息。域名服务器共分为三种。

(1) 本地域名服务器:每个因特网服务提供者、大学或公司等都可以建立一个本地域名服务器,有时称为默认域名服务器。当一个主机发出 DNS 请求报文时,这个请求报文首先被送到该主机的本地域名服务器。当要查询的主机属于本域时,本地域名服务器立即将所查询的主机名转换为 IP 地址,通过 DNS 应答报文将查询的结果返回给发出查询的主机。

(2) 根域名服务器:根域名服务器用来管理顶级域,它不直接对顶级域下面所属的所有域名进行转换,但它一定能够找到下面的所有二级域的域名服务器。当一个本地域名服务器查询不到被查询的主机的信息时,该本地域名服务器就会以 DNS 客户的身份向某根域名服务器发出 DNS 请求报文。若该根域名服务器有被查询的主机的信息,就发送 DNS 应答报文给本地域名服务器,本地域名服务器再将获得的结果发送给发起查询的主机。如果根域名服务器没有被查询的主机的信息,它一定知道某个保存有被查询的主机信息的授权域名服务器的 IP 地址,并将这个 IP 地址发送给本地域名服务器。

(3) 授权域名服务器:每个主机必须到授权域名服务器处注册登记。一般情况下,一个主机的授权域名服务器就是它的本地 ISP 的一个域名服务器。在因特网中,许多域名服务器同时充当本地域名服务器和授权域名服务器。授权域名服务器总能将其所管辖的主机名转换 IP 地址。

4. 域名解析

域名解析有两种:递归解析和反复解析。递归解析就是本地域名服务器系统一次性地完成域名到 IP 地址的转换,即使没有所要查询的主机的信息,它也会查询别的域名服务器。反复解析是当本地域名服务器中没有被查询的主机的信息时,它就会将一个可能有该域名信息的 DNS 服务器的地址返回给请求域名解析的 DNS 客户,DNS 客户再向指定的 DNS 服务器查询。

在实际应用中通常是将两种解析方式结合起来进行域名解析。当本地域名服务器没有所要查询的主机的域名信息时,就请求根域名服务器,根域名服务器将有可能查到该主机域名信息的域名服务器地址返回给本地域名服务器。本地域名服务器再到指定的域名服务器上查询,如果指定的域名服务器上还没有该主机的域名信息,这个指定的域名服务器再查询它的子域名服务器,这样直到查询到该域名的 IP 地址为止(没有注册的主机域名除外),然后将查询到的 IP 地址返回给本地域名服务器,本地域名服务器再将查询结果返回给 DNS客户,至此完成了域名解析。图 7-8 显示了某主机访问搜狐网站时的地址解析过程。

图 7-8   DNS 地址解析过程

7.2.6   Windows XP 中 TCP/IP 协议的配置

Windows XP 默认安装时自动安装 TCP/IP 协议,但要确保自己的计算机能正确上网,还必须对 TCP/IP 协议进行正确的配置。在 TCP/IP 协议配置中,最基本的设置是为本机系统设定一个 IP 地址和一个 DNS 服务器。配置过程如下。

(1) 右击"网上邻居"图标,选择"属性"选项。在"网络连接"窗口中右击"本地连接"再选择"属性"选项,打开"本地连接属性"对话框。

(2) 在"此连接使用下列选定组件"列表框中选定"Internet 协议(TCP/IP)"组件,单击"属性"按钮,打开"Internet 协议(TCP/IP)属性"对话框,打开"常规"选项卡。

(3) 这时需要根据本计算机所在网络的具体情况,决定是否使用网络中的动态主机配置协议(DHCP)提供 IP 地址和子网掩码。若是,则选定"自动获得 IP 地址"单选按钮(通过校园网上网的计算机一般选择这一项),那么所在网络的 DHCP 服务器会自动租用一个IP 地址给该计算机,然后转(5)。若不想通过 DHCP 服务器分配 IP 地址,则手工输入 IP 地址和子网掩码,选定"使用下面的 IP 地址"单选按钮。

(4) 分别在"IP 地址"、"子网掩码"、"默认网关"文本框中输入 IP 地址、子网掩码、本地路由器的 IP 地址。

(5) 选择"自动获得 DNS 服务器地址"或者选择"使用下面的 DNS 服务器地址"选项,若选择后者,必须在"首选 DNS 服务器"文本框中输入正确的 DNS 服务器的 IP 地址,否则不能上网。同时,在"备用 DNS 服务器"文本框中输入正确的备用 DNS 服务器的 IP 地址,以备在主 DNS 服务器失效时还能正常上网。

(6) 若要为选定的网络适配器指定附加 IP 地址和子网掩码或添加附加网关地址,单击"高级"按钮,打开"高级 TCP/IP 设置"对话框,注意:最多只能指定 5 个附加 IP 地址和子网掩码。

(7) 在"默认网关"选项区域中可以对已有的网关地址进行编辑、删除或者添加新的网关地址。

（8）在"IP 设置"选项卡的"接口跃点数"文本框中，可以输入或修改该数值。这个数值用来设置网关的接口指标。若在"默认网关"列表框中有多个网关选项，则系统会自动启用接口指标数值最小的一个网关，默认情况下接口指标的数值为 1。

（9）单击"确定"按钮，系统返回"Internet 协议（TCP/IP）属性"对话框，再单击"确定"按钮以使设置生效。

注意，在设置之前必须知道是否有 DHCP 服务器连接到本网络中、本地路由器的 IP 地址、本计算机使用的域名服务器的 IP 地址、本网络的子网掩码等信息。否则，配置后的计算机将不能正常上网。

7.3　接入 Internet

7.3.1　Internet 接入方式概述

1. 因特网服务供应商

因特网服务供应商（Internet Service Provider，ISP）是提供连接 Internet 的公司，是用户接入因特网的入口点，它的作用有两个：一个是为用户提供接入因特网的服务，用户的计算机必须通过某种通信线路连接到当地的 ISP 上；ISP 的另一个功能就是为用户提供各种信息服务，如电子邮件服务、信息发布代理服务等。

目前的 ISP 很多，每个国家和地区都有自己的 ISP。我国的四大互联网营运机构——中国科技网 CSTNET、中国教育与科研网 CERNET、中国金桥信息网 CHINAGBN 和中国公众互联网 CHINANET——在全国的各大中城市都设立了 ISP。此外，在全国还遍布着由四大互联网延伸出来的 ISP，这些 ISP 为用户接入因特网提供了方便。

2. 连接到 ISP

用户计算机可以通过多种通信线路连接到 ISP，但归纳起来可以分为两类，即电话线路和数据通信线路。

1）通过电话线连接到 ISP

由于电话线上传输的是连续的模拟信号，而计算机输出的是离散的数字信号，因此，用户计算机不能直接连接在电话线上，而是通过调制解调器和电话线路相连，如图 7-9 所示。同样，ISP 的远程访问服务器也要通过调制解调器连接在电话线上，以完成数模（或模数）转换。电话拨号上网的速率一般较低，目前较好的线路的最高传输速率可以达到 56 kbps，一般的线路只能达到 33.6 kbps，而较差的线路的速率会更低，因此，这种连接方式只适合于小型单位和个人使用。

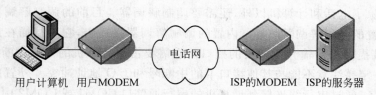

用户计算机　用户MODEM　　　　电话网　　　　ISP的MODEM　ISP的服务器

图 7-9　通过电话线连接的示意图

2）通过数据通信线路连接到 ISP

这种方式不需要调制解调器,用户计算机通过网络适配器连接到本地路由器上,路由器再通过数据通信线路连接到 ISP,如图 7-10 所示。目前的数据通信线路很多,如 DDN、X. 25、帧中继、综合业务数字网 ISDN 等,这些数据通信网由电信部门管理,用户和 ISP 可以租用。

用户计算机　　用户路由器　　　　　　　　　ISP的路由器　ISP的服务器

图 7-10　通过数据通信连接的示意图

从理论上讲,用户端的规模可以小到一台微机,也可以大到一个企业网或校园网。但是由于数据通信线路的带宽通常较宽,且租用费用较高,如果只连接一台微机,未免显得有点大材小用。因此,在这种连接方式中,用户端一般是一个具有一定规模的局域网。

用户连接到因特网的方法大体有两种,一种是拨号上网,另一种是局域网直接连接。

7.3.2　拨号上网

1. 拨号上网方式简介

拨号上网方式分为采用终端仿真方式和采用 PPP 协议直接连接两种。终端仿真拨号上网在硬件方面要采用电话线和调制解调器,通过调制解调器拨号登录到 Internet 上的一台主机上,将本地计算机仿真为远端主机的远程终端,使用远程主机的软件来使用 Internet,这时本地的计算机没有一个独立的 IP 地址,对于网络上的用户来讲,根本不知道有一台计算机连上了 Internet。这种方式用户能使用的 Internet 的功能取决于远程主机。远程主机不能提供的服务,本地用户也无法使用。现在这种方式已经很少使用了,更多的拨号用户都使用了 PPP 协议的直接连接方式,如数字用户线路 xDSL(目前常用 ADSL)就是这种方式。采用 SLIP/PPP 协议上网虽然也是通过调制解调器和电话线登录,但它不是仿真终端,而是通过在 PPP 协议上运行 TCP/IP 协议与自己的 ISP 或单位的网络中心的远程访问服务器建立连接,进入 ISP 或网络中心的局域网,然后通过路由器连入 Internet,本地主机成为 Internet 上的一台主机,可以有自己的 IP 地址,只要在本地计算机上安装了相应的应用软件,基本上可以使用 Internet 的全部功能。

2. 接入因特网所需要的软硬件

拨号上网除了电话和计算机以外,还需要调制解调器。目前的调制解调器有内置的调制解调器和外置的调制解调器两种。内置的调制解调器接口卡,它一端插在计算机的总线插槽中,另一端提供与传输介质连接的接口。它需要占用计算机的一个中断号和一组 I/O 地址,配置时一定要注意不能与其他接口卡的中断号和 I/O 地址冲突。外置的调制解调器是一个独立设备,通过串行线连接到计算机的串行通信口 COM1 或 COM2 中。由于它已经被指定所用的串行通信口,因此没有复杂的配置过程,只需要安装正确的驱动程序即可使用。

7.3.3 局域网连接

局域网上网方式不同于拨号上网,它不需要电话线和调制解调器,而使用网络专用线,如光缆、双绞线,将安装有网络适配器(也叫网络接口卡)的计算机连入与 Internet 互联的局域网。这种方法速度快,一般开机就自动建立了连接,使用方便。而电话拨号方式要占用一条电话线,上网的时候不能打电话,打电话时不能上网。一般拨号上网的速度只有 56 kbps,而局域网的一般速度为 10～100 Mbps 或更高,所以在局域网中运行速度很快。当然这不是说通过局域网上网的用户就一定比通过拨号上网的用户访问 Internet 的速度快很多,因为这涉及 ISP 或单位网络中心与 Internet 的连接带宽及网络上当前上网的用户数量,如果带宽大(速度快)、当前用户数少,网络负荷轻,则局域网络用户的速度一般要快于拨号上网用户的上网速度。随着公用通信网络和通信技术的迅速发展,通过局域网络上网所享受的速度会比拨号上网越来越有明显的优势。

7.3.4 在 Windows XP 中建立拨号连接

1. 安装调制解调驱动程序

在建立拨号连接之前一定要确保计算机中安装了正确的调制解调器驱动程序。如果调制解调器还没有安装驱动程序,在启动时,系统将会找到这个调制解调器并出现的一个“添加/删除硬件向导”窗口。在这个窗口中,选择“不要检测我的调制解调器,我将从列表中选择”选项,单击“下一步”按钮,然后在左侧的“制造商”和右侧的“型号”栏中选中与已安装的调制解调器类型相匹配的调制解调器类型和型号,选定该设备的安装端口(如 COM2 口)进行安装即可。如果“制造商”和“型号”栏中没有与已安装的调制解调器类型相匹配的类型和型号,则将随卡的驱动光盘插入光驱,单击“从磁盘上安装”按钮,选择驱动程序所在的位置,单击“确定”按钮并按照安装向导的提示进行驱动程序的安装。

2. 建立拨号规则

单击 Windows XP 的“开始”→“控制面板”菜单,双击“电话和调制解调器”命令,打开如图 7-11 所示的“位置信息”对话框。然后按如下步骤建立拨号规则:

图 7-11　“位置信息”对话框

（1）在"位置名称"后的文本框中输入"拨号位置"名，如"我的位置"。

（2）在"目前所在的国家（地区）"后选择"中华人民共和国"，在"区号"后输入所在城市的"电话区号"。

（3）如果电话在一个电话局域网内（如在本校园内可拨内线免费打电话，而向网外打电话时需要加一个外线号码），需在"您拨外线需要先拨哪个号码?"后的文本框内输入电话的本地外线号码。

（4）单击"确定"按钮，保存设置。

3. 建立一个新连接

单击 Windows XP 的"开始"→"控制面板"菜单，双击"Internet 选项"，则打开"Internet 属性"对话框，打开"连接"选项卡，如图 7-12 所示，然后按如下步骤可以建立一个拨号连接：

（1）"建立连接"按钮用于建立"本地连接"（通过局域网的连接），要建立"拨号连接"需单击"添加"按钮。

（2）界面上会出现"新建连接向导"，选择"拨号到专用网络"，然后单击"下一步"按钮。

（3）在"电话号码"后的文本框中输入您的 ISP 的电话号码，如 16900，单击"下一步"按钮。

（4）单击"完成"按钮，结束连接的建立过程，自动打开"拨号连接设置"对话框。

（5）在"拨号连接设置"对话框中，单击"属性"按钮，打开如图 7-13 所示的"拨号连接属性"对话框。

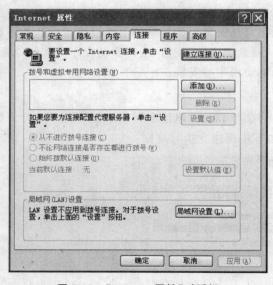

图 7-12 "Internet 属性"对话框

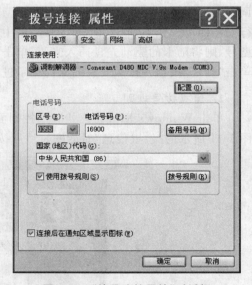

图 7-13 "拨号连接属性"对话框

（6）在"常规"选项卡下，选择"使用拨号规则"复选框，这时"区号"下的列表框被激活，在下拉列表框中选择本地的区号。

（7）在"网络"选项卡中，查看"我正在呼叫的拨号服务器类型："后的文本框中是否为"ppp：windows 95/98/nt4/2000，internet"，若不是，则单击下拉列表，选择"ppp：windows 95/98/nt4/2000，internet"。

(8) 单击"确定"按钮,保存设置。此后,一般可以正确拨号上网,如果拨号连接还有问题,就要检查一下 MODEM 是否安装正确。

7.3.5　在 Windows XP 中局域网上网配置

计算机通过局域网上网需要使用网卡连接网络,因此,通过局域网上网需要做两方面的工作,一方面要进行网卡的配置,另一方面要配置 TCP/IP 协议。在 7.2.7 节中已经给出 TCP/IP 协议的配置步骤,下面介绍在 Windows 2000 中网卡的配置方法。

1. 安装网卡

如果网卡是即插即用的 PCI 网卡,则将网卡插上并启动机器后,Windows XP 会自动配置。如果不是即插即用的网卡,则要进行配置。在控制面板中双击"添加硬件"图标,然后单击"下一步"按钮,这时计算机就会查找新设备(没有安装驱动程序的设备),根据安装向导的提示进行安装,在列出的适配器清单中选择所需品牌和型号的网卡,然后单击"确定"按钮,开始安装网卡驱动程序。如果列表中没有所需的驱动程序,则将随卡的驱动软盘插入软驱,选择"从磁盘安装"即可。

2. 网卡资源配置

安装驱动程序后,选择"开始"→"控制面板"命令,在"控制面板"窗口,双击"系统"打开"系统属性"对话框,打开"硬件"选项卡,单击"设备管理器"按钮,在"设备管理器"窗口中右击网卡名字,选择"属性"选项,打开"网卡属性"对话框,在该对话框的"资源"选项卡下,可以对网卡的资源(如中断和 I/O 地址)进行设置或调整,如果资源没有冲突,就完成了网卡的设置。

7.4　WWW 服务

WWW 服务是在 Internet 上广泛使用的网页浏览方式,它是 Internet 普及和发展的一个重要基础,它使制作和浏览包括各种多媒体内容在内的网页成为可能。

7.4.1　WWW 简介

万维网(World Wide Web,WWW)简称 Web,是一种使用最为广泛,发展最为迅速的应用。万维网的最大的特点是为用户提供了丰富多彩的图形界面和巨大的信息,覆盖了几乎每一个可以想象到的主题,使用户可以很方便地访问各种形式的信息,包括文本、图形图像、声音视频等,而且可以很容易地从一个站点转到另一个站点。可以说正是万维网的出现,才使得 Internet 在全球范围内得到空前的普及。

1989 年,万维网的设计开始于日内瓦的欧洲原子核研究委员会 CERN。他们希望开发一个能使分布在好几个国家的物理学家们更方便地协同工作的计算机环境,以便非常容易地交换各种报告、计划、绘图、照片和其他文档。1993 年 2 月,第一个图形界面的浏览器(browser)开发成功,起名为 Mosaic。1995 年,著名的 Netscape Navigator 浏览器上市。在接下来的 3 年时间里,Netscape Navigator 和 Microsoft 的 Internet Explorer 卷入了一场浏览器大战,每一方都疯狂地增加比对手更多的功能。1998 年美国在线以 42 亿美元收购了

Netscape 公司,从而结束了 Netscape 作为独立公司的短暂生涯。目前最受欢迎的浏览器是 Netscape 公司的 Navigator 和微软公司的 Internet Explorer。

WWW 采用客户机/服务器模式工作。浏览器是用户计算机上的 WWW 客户程序。万维网上的超媒体信息所在的计算机则运行服务器程序,该计算机也被称为 WWW 服务器。浏览器向 WWW 服务器发出服务请求,服务器程序向浏览器传送相应的 WWW 超媒体文档。WWW 客户和服务器之间通过超文本传输协议(HyperText Transfer Protocol,HTTP)进行对话。万维网上的信息分布在整个 Internet 上,那么如何唯一地来标识万维网文档是一个很关键的问题。万维网采用了统一资源定位符(Uniform Resource Locator,URL)来标识万维网上的各种文档,这样就可以使每个文档在 Internet 范围内都具有唯一的标识。万维网解决的另一个问题是如何使不同作者创建的不同风格的文档都能被 Internet 上的各种计算机显示出来。万维网规定所有的文档都采用超文本标记语言(HyperText Markup Language,HTML)来描述,WWW 服务器负责用 HTML 语言来描述并组织各种文档,这些文档通常被称为万维网网页;而客户机上的浏览器负责解释使用 HTML 编写的超媒体文档,并将信息展示给用户。

目前因特网上的许多功能都集成在 Web 上,可以预见,随着因特网应用的不断增加,Web 上将会集成越来越多的因特网服务。

7.4.2　Web 页面

Web 页面(简称 Web 页)是 WWW 中信息资源的基本元素。这些 Web 页不像书本那样采用平面的顺序结构,而是采用超文本的格式,可以包含指向其他 Web 页或其内部特定位置的超链接。文档中的每一点、每个词、每张图片都可以指向另外的地方,只要单击它就能看到相应的详细信息。这样在不同内容之间可以随心所欲地跳来跳去,从而阅读自己感兴趣的内容。

主页(HomePage)是一种特殊的 Web 页面。从内容上讲,主页是指包含个人或机构基本信息的页面,用于对个人或机构进行综合性介绍,它是访问个人或机构详细信息的入口点。用户通过主页上所提供的链接便可以进入到其他页面,访问关于个人或机构的详细信息。某机构在发布自己的 Web 网站时,通常将主页设置成 WWW 服务器的默认页。因此,用户输入 URL 时只需要给出 WWW 服务器的主机名,而不必指定具体的路径和文件名,WWW 服务器就会自动将其默认页(主页)返回给用户。例如,要访问搜狐网站的主页时只需输入 http://www.sohu.com,则 WWW 服务器 www.sohu.com 就会查找到默认页并返回给用户。对于个人网站来说,主页并不一定是 WWW 服务器的默认页,这种情况下必须知道主页的路径和文件名才能访问个人主页。

7.4.3　统一资源定位符 URL

在因特网中存在着大量的 Web 页面,类似于计算机系统中的文件,必须有一种机制能够唯一地标识每个 Web 页,为此在因特网中引入了统一资源定位符 URL 的概念。URL 能够有效地给每个 Web 页面分配一个全球范围内唯一的名字。URL 包括三个部分:协议、页面所在的计算机的主机名和页面的文件名,URL 的常用格式如下:

<协议>: //<主机名>[/文件名]

其中：协议是必选项，除了最常用的 HTTP 协议和 FTP 协议，还可以指定很多其他类型的协议，表 7-3 列出了一些常见的 URL；冒号后边的主机名也是必须的，它可以是由各级域名组成的主机名也可以是主机的 IP 地址；文件名和主机名之间用"/"隔开，文件名可以缺省，如访问主页时可缺省文件名，如果没有缺省，一定要指明所在的正确路径；另外，URL 不区分大小写字母。

表 7-3　一些常见的 URL

协议	描　　述	举　　例
http	超文本传输协议	http：//www. sxu. edu. cn/dlib/list. asp
ftp	文件传输协议	ftp：//ftp. cs. vu. nl/pub/minix/readme
file	本地文件	file：///E：/xml/XMLdoc. txt
news	新闻组	News：comp. os. monix
telnet	远程登录	telnet：//www. w3. org

7.4.4　超文本标记语言 HTML

1. HTML 语言概述

Web 页面一种结构化文档，这种结构化文档是使用超文本标记语言 HTML 书写而成的。HTML 语言是一种用于创建超文本链接的基本语言，它可以用于定义格式化的文本、色彩、图像与超文本链接等。

HTML 语言作为一种标识性的语言，是由一些特定符号和语法组成的，所以理解和掌握都是十分容易的。可以说，在所有的计算机编程语言中 HTML 语言在是最简单易学的。组成 HTML 的文档都是 ASCII 文档，所以创建 HTML 文件十分简单，只需一个普通的字符编辑器即可。如 Windows 中的记事本、写字板都可以，也可以采用专用的 HTML 编辑工具，如 CoffeeHTML、Homesite、HTMLedit Pro 等工具，它们的特点是能够自动检查 HTML 文档中的语法错误并协助改正。

许多公司都开发出了图形化的 HTML 开发工具，使得网页的制作变得非常简单。如微软公司推出的 Microsoft FrontPage，Adobe 公司推出的 Adobe Pagemill，Micromedia 公司推出的 Dreamweaver 等编辑工具，它们被称为"所见即所得"的网页制作工具。这些图形化的开发工具可以直接处理网页，而不用书写费劲的标记。这使得用户在没有 HTML 语言基础的情况下也可以编写网页。

2. HTML 语言的特点

HTML 语言的主要特点如下。

(1) 通用性：HTML 作为 Internet 上的标准语言和通用信息描述方式，可以把分布广泛的各种信息资源联系在一起，为所有的信息系统提供一个真正的公开接口。

(2) 简易性：HTML 文档制作简单，并且随着 HTML 版本的升级，仍能保持其使用简单的特点。

(3) 可扩展性：HTML 中采用子类元素的方式作为系统扩展的保证。

(4) 平台无关性：HTML 可以在不同的操作系统之上使用。

(5) 可以使用不同方式创建 HTML 文档：文本编辑器和专用的 HTML 编辑器都可以

用来创建 HTML 文档。

3. HTML 语言的功能

目前,HTML 语言已经发展到了 4.0 版本,它的功能也在不断的发展壮大,下面简单介绍一下 HTML 语言的基本功能:

(1) 出版联网文档,这种文档也可以包含标题,文字,表格,图像以及声音和影视文件等。

(2) 通过超文本链接可以检索和阅读联网信息。

(3) 使用 HTML 语言可以将 Internet 上不同区域的服务器上的资源链接起来,从而达到资源共享的目的。

(4) 设计交易单(FORM),这是一种用来从读者处收集信息的 Web 文档,可以与远程服务单位进行交易。

(5) 通过 HTML 与网络数据库的连接,使得用户可以在网上进行方便的数据查询。

7.4.5　超文本传输协议 HTTP

1. 超文本传输协议 HTTP 概述

超文本传输协议 HTTP 是 WWW 客户机与 WWW 服务器之间的应用层传输协议,它精确地定义请求报文和响应报文的格式。HTTP 是一个面向事务的客户/服务器协议。HTTP 使用 TCP 作为底层传输协议,其端口号是 80,客户可以使用多个端口和服务器的80 端口之间建立多个连接。其工作过程包括以下几个阶段。

(1) 服务器不断地监听 TCP 的 80 端口,以便发现是否有浏览器(即客户进程)向它发出连接请求。

(2) 一旦监听到连接请求,立即建立连接。

(3) 浏览器向服务器发出浏览某个页面的请求,服务器接着返回所请求的页面作为响应。

(4) 释放 TCP 连接。

2. HTTP 连接

在 HTTP 1.0 中,当 TCP 连接建立起来以后,浏览器发送一个请求,当服务器返回响应报文后,TCP 连接就被释放。在 Internet 发展的早期,由于 Web 页面只包含 HTML 文本,这种方法似乎已经足够了。但是,近年来,Web 页面中包含有大量的图标、图像等信息,因此建立一个连接仅仅传输一个图标,显得代价太昂贵了。为此,HTTP 1.1 开始支持持续连接。通过这种连接,就可以在建立一个 TCP 连接以后发送更多的请求并得到更多的响应信息,把建立和释放 TCP 连接的开销分摊到多个请求上,从而降低了由于 TCP 连接的建立和释放而造成的开销。

3. HTTP 的工作过程

当用户在浏览器的地址栏中输入要访问的 HTTP 服务器地址的 URL 时,浏览器和被访问的 HTTP 服务器的工作过程如下:

(1) 浏览器分析 URL 并向本地 DNS 服务器请求解析 HTTP 服务器的 IP 地址。

(2) DNS 服务器解析出该 HTTP 服务器的 IP 地址并将 IP 地址返回给浏览器。

（3）浏览器与 HTTP 服务器建立 TCP 连接，若连接成功，则进入下一步。

（4）浏览器向 HTTP 服务器发出请求报文，请求访问服务器的指定页面。

（5）服务器作出响应，将浏览器要访问的页面发送给浏览器，在页面传输过程中，浏览器会打开多个端口，与服务器建立多个连接。

（6）释放 TCP 连接。

（7）浏览器收到页面并显示给用户。

7.4.6 Internet Explorer 浏览器的使用

现在常用的浏览器软件有 Netscape 公司的 Navigator 系列软件和 Microsoft 公司的 Internet Explorer 系列软件。下面以中文版的 Internet Explorer 为例，介绍如何使用网络浏览器。

1. IE 浏览器的启动和窗口界面

安装 Windows 2000 操作系统时，会自动安装 Internet Explorer 5.0。启动 Internet Explorer 5.0 的方法有多种，常用的方法为：单击任务栏上的"快速启动"工具栏中的浏览器图标或者双击桌面上的浏览器图标 Internet Explorer。启动 Internet Explorer 5.0 后，窗口结构如图 7-14 所示。

图 7-14　IE 浏览器窗口结构图

Internet Explorer 5.0 的窗口从上到下依次是标题栏、菜单栏、常用工具栏、地址栏、链接工具栏、浏览窗口、状态栏。标题栏显示当前页面的标题或名称。菜单栏集中了 Internet Explorer 5.0 中提供的所有命令，很多命令的功能与用法和 Word、Excel 中命令的功能和用法相同，常用 IE 浏览器中那些不同于 Word、Excel 中的命令的功能将在常用工具栏中详细介绍。

常用工具栏为管理浏览器提供了一系列常用的功能和命令。用户地址栏显示出目前要访问的 Web 结点的地址。要转到新的 Web 结点，直接在此栏的空白处输入结点的 Web 地址（URL），并在输入完后按 Enter 键即可。在地址栏右侧有一个向下的箭头，用鼠标单击，在地址栏下方会出现一个列表，里面包含了最近输入到地址栏中的地址，直接单击某个地址也可以浏览该地址所指的页面。

地址栏下方有一个链接工具栏,链接工具栏上有四个页面图标,用鼠标单击某个图标就可以打开相应的页面。工具栏、地址栏和状态栏都是可拖动或隐藏的,单击"查看"菜单,单击勾选的菜单项就可以将对应的工具栏(或地址栏,或状态栏)从浏览器窗口上隐藏掉,单击未勾选的菜单项则可以将对应的工具栏显示到浏览器窗口中。用户可根据自己的爱好任意调整其布局。

浏览器窗口显示 Web 页面信息,在页面中包含各种各样的超链接,这些链接可以是文字也可以是图片或图像,当把鼠标移到这超链接上时,鼠标指针会变成手形,单击某个超链接,可以打开其链接的页面;当浏览的页面信息一屏显示不下时,在浏览器窗口的左侧会出现一个垂直滚动条,可以拖动垂直滚动条使页面中的信息上下移动。

窗口最下方有一个状态栏,最左边的一栏,当输入数据时,显示当前进行的操作;当鼠标停留在超链接上时,显示链接的网页地址;后面几栏分别显示联机状态、安全信息等内容。

2. IE 的常用工具栏的使用

1)"后退"按钮、"前进"按钮

"后退"按钮功能是返回上一次访问过的页面,如果想向后返回好几个页面,可以单击该按钮右侧的小箭头,按钮下方将出现一个列表,按访问的顺序列出在访问当前页面前访问过的页面名称,只要单击列表中的某个页面,就可以"后退"到该页面。当我们浏览第一个主页时,该按钮处于非激活状态。"前进"按钮的作用是转到下一页。如果在此之前没有使用"后退"按钮,则"前进"按钮将处于非激活状态,不能使用。

2)"停止"按钮

当浏览器正在连接 WWW 服务器时,单击"停止"按钮可以终止数据传输,这时候浏览器中只显示已经传输的数据所代表的内容。

3)"刷新"按钮

单击它后可以重新装载页面数据。当需要对方主机把页面的信息重新传递时,只需单击"刷新"按钮,浏览器会再次与对方主机建立连接,把该页面的信息重新装载一遍。

4)"主页"按钮

这里的主页是指每次打开 Internet Explorer 时最先显示的页面。单击"主页"按钮将返回到 IE 浏览器设置的默认主页。通常是把最经常浏览的页面设置为主页,每次启动 IE 时,它都将自动浏览主页。

5)"搜索"按钮

单击"搜索"按钮,将自动连接到微软公司提供的网络搜索服务的网页上。

6)"收藏夹"按钮

单击"收藏夹"按钮会在浏览器窗口的左边列出收藏夹中的内容,在收藏夹的文件夹上单击可以展开该文件夹,列出其中的内容,如图 7-15 所示。单击收藏夹中的网页图标就可以浏览相应的页面。

7)"历史"按钮

"历史"按钮的功能是列出几天来浏览过的页面。在列出的日期上单击,可以列出当天浏览过的全部站点,在列出的站点上单击,可以列出在该站点上浏览过的所有页面的名称。用鼠标单击历史记录中的网页图标就可以浏览相应的页面。

收藏夹
文件夹

图 7-15　收藏夹文件夹

3. 保存感兴趣的内容

1）保存网页到收藏夹

在网上浏览时，遇到许多感兴趣的网页，而且它们的内容又是不断更新的，如股票信息查询、火车票余额信息发布等，将来在上网时又希望再次浏览该网页。IE 提供了收藏夹功能，可以记住该网页的网址。操作方法如下：当浏览某个网页时，可以选择"收藏"→"添加到收藏夹"菜单命令，随后出现一个对话框，在名称栏中修改该页的名称（也可以使用默认的名称），在创建到列表中选择将该页保存到那一个文件夹下，如觉得这里列出的文件夹不够的话，也可以单击"新建文件夹"按钮，创建自己的文件夹。最后单击"确定"按钮，将当前浏览的网页保存到刚刚选定的收藏夹中的文件夹下。

2）保存页面内容

实际上，当浏览 WWW 页面时，是把服务器上的一个个 HTML 文件传输到自己的计算机上。在遇到感兴趣的网页时，把相应的 HTML 文件保存下来。操作如下：选择菜单栏中"文件"菜单下的"另存为"命令，在"保存在"列表框中选择将该 HTML 文件保存到计算机上的那一个文件夹下，在"文件名"中输入保存后的文件名，在"保存类型"中选择以什么方式保存该 HTML 文件，在"编码"中选择以哪种字库保存该文件中的文字信息。最后单击"保存"按钮。将页面保存为硬盘上的文件后，可以随时用 IE 将其打开。操作如下：单击"文件"菜单中的"打开"命令，选择准确的路径和文件名后，单击"打开"按钮。

3）保存图形

在 Web 页面中的文字和图片的来源是不同的，文字在 HTML 文件中，而图片则是该HTML 文件所链接的单独的图片文件。因此当再次打开被保存的页面时，原来精美的图片没有了，只是在原来的位置上有一个占位符。为了看到图片，可以在浏览页面时，在图片位置右击，在快捷菜单中选择"图片另存为"命令，出现"保存图片"对话框，其后操作类似于保存页面的操作。

4. 重新访问最近查看过的 Web 页

1）通过地址栏下拉列表

地址栏下拉列表中保存了最近访问过的站点地址，方法为：单击"地址"栏右端的下拉列表按钮,打开地址列表,在地址列表中选择需要打开的地址。

2)通过历史记录

历史记录中保存了用户曾经访问过的所有站点和网页。其方法为:在工具栏上单击"历史"按钮。窗口左端将出现"历史记录"窗口,包含几天或几周前访问过的 Web 站点的链接,单击某个链接浏览器就会连接到对应页面。

5. IE 浏览器的常规选项设置

启动 IE 浏览器,单击"工具"→"Internet 选项",打开"Internet 选项"对话框,如图 7-16 所示。该对话框中包括"常规"、"安全"、"隐私"、"内容"、"连接"、"程序"和"高级"7 个选项卡,通过这 7 个选项卡可以改变 IE 浏览器的设置。

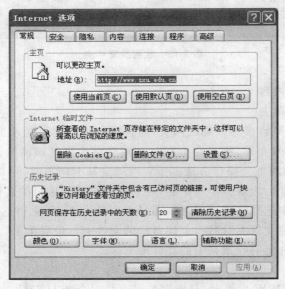

图 7-16 "Internet 选项"对话框

打开"Internet 选项"对话框后,其默认的选项卡就是"常规"选项卡,如图 7-16 所示。在这个选项卡中可以设置如下选项。

1)改变主页设置

在"主页"区域的"地址"文本框中输入经常浏览的页面地址,单击"使用当前页"按钮可以将浏览器的主页设为指定页面;如果单击"使用默认页",则会将 IE 默认的主页 http://home.microsoft.com/intl/cn 设置为浏览器的主页;若单击"使用空白页",则每次启动 IE 浏览器时浏览窗口将显示空白页。

2)设置临时文件的可用磁盘空间

在用户计算机上有一个存储 Web 页和文件的临时文件夹,它的作用是存储已经访问过的网页,以便再次访问时直接从硬盘上打开,从而使访问 Web 页的速度大大提高。增加此文件夹的空间可以加快以前访问过的网页的显示速度,但同时却减少了其他文件的磁盘可用空间。可以单击"设置"按钮,改变临时文件夹的大小,也可以单击"删除文件"将临时文件夹中的所有内容删除。

3)设置网页在历史记录中保存的天数

在"常规"选项卡的"历史记录"区域,可以更改 IE 浏览器保存网页的天数,如果总是浏览经常访问的网页,可以将"网页保存在历史记录中的天数"设置得大一些;也可以单击"清除历史记录"按钮清空历史记录文件夹中的内容。

4)自定义 Web 页的显示方式

用户可以通过"常规"选项卡最下面的 4 个按钮,根据自己的爱好设置 Web 页显示的颜色、字体等。

通过"安全"、"内容"、"连接"、"程序"和"高级"选项卡还可以为 Web 内容指定不同的安全区域、为每个安全区域设置不同的安全级别、设置分级审查、设置文件下载的安全性等。作为一个普通的上网用户,一般使用 IE 浏览器对这些选项的默认设置,很少或几乎不改变这些选项的设置,因此,这里不作详细介绍。

7.4.7　搜索引擎简介

1. 什么是搜索引擎

Internet 是一个巨大的信息资源宝库,几乎所有的 Internet 用户都希望宝库中的资源越来越丰富,使之应有尽有。的确每天都有新的主机连接到 Internet 上,每天都有新的信息资源增加到 Internet 中,使 Internet 中的信息以惊人的速度增长。然而 Internet 中的信息资源分散在无数台主机之中,如果用户想将所有主机中的信息都做一番详尽的考察,无异于大海捞针。那么用户如何在数百万个网站中快速有效地查找想要得到的信息呢?这就要借助于 Internet 中的搜索引擎。

搜索引擎是 Internet 上的一个网站,它的主要任务是在 Internet 中主动搜索其他 Web 站点中的信息并对其自动索引,其索引内容存储在可供查询的大型数据库中。当用户利用关键字查询时,该网站告诉用户包含该关键字信息的所有网址,并提供通向该网站的链接。

用户在使用搜索引擎时必须知道搜索站点的主机名,通过该主机名用户可以访问到搜索引擎的主页,如图 7-17 所示是著名的 Google 搜索引擎的主页,用户只要选中要查找信息的类型(网页、图片、资讯、论坛等),在搜索框中输入要查找信息的关键词,单击"Google 搜索"按钮,搜索引擎就会给用户返回包含该关键字信息的 URL,并提供到该站点的超链接,

图 7-17　Google 搜索引擎主页

单击这些超链接,用户就可以获得所要查找的信息。

2. 常用搜索引擎简介

目前国内用户使用的搜索引擎主要有两类:即英文搜索引擎和中文搜索引擎。常用的英文搜索引擎包括 Google、Yahoo 等,常用的中文搜索引擎主要有:baidu(中文)、Google(中文)、3721、搜狐、新浪等。下面对这些常用的搜索引擎作简要的介绍。

1) Google 搜索引擎

其主机名为 http://www.google.com,是目前最优秀的支持多语种的搜索引擎之一,约搜索 3 083 324 652 张网页。提供网站、图像、新闻组等多种资源的查询。包括中文简体、繁体、英语等 35 个国家和地区的语言的资源。

Google 严谨认真,对查询要求"一字不差"。例如:对"贵宾饭店"的搜索和"贵宾酒店"的搜索,会出现不同的结果。因此在搜索时,用户可以尝试不同的关键词。

当用户要搜索满足多个关键词的信息时,只需要依次输入多个关键词,关键词之间用空格分隔,Google 就会在关键词之间自动添加"AND",并查找符合全部查询条件的网页。如果想逐步缩小搜索范围,只需输入更多的关键词。

2) Yahoo 搜索引擎

其主机名为 http://www.yahoo.com,有英、中、日、韩、法、德、意、西班牙、丹麦等 12 种语言版本,各版本的内容互不相同。提供类目、网站及全文检索功能。目录分类比较合理,层次深,类目设置好,网站提要严格清楚,但部分网站无提要。网站收录丰富,检索结果精确度较高,有相关网页和新闻的查询链接。有高级检索方式,支持逻辑查询,可限时间查询。设有新站、酷站目录。

3) 百度(baidu)中文搜索引擎

其主机名为 http://www.baidu.com,全球最大的中文搜索引擎。提供网页快照、网页预览/预览全部网页、相关搜索词、错别字纠正提示、新闻搜索、Flash 搜索、信息快递搜索、百度搜霸、搜索援助中心等功能。只要在搜索框中输入关键词,并单击"百度搜索"按钮,百度就会自动找出相关的网站和资料。百度会寻找所有符合用户全部查询条件的资料,并把最相关的网站或资料排在前列。关键词的内容可以是:人名、网站、新闻、小说、软件、游戏、星座、工作、购物、论文。输入多个关键字搜索,可以获得更精确更丰富的搜索结果。

4) 搜狐搜索引擎

主机名为 http://www.sohu.com,搜狐于 1998 年推出中国首家大型分类查询搜索引擎,到现在已经发展成为中国影响力最大的分类搜索引擎。每日页面浏览量超过 800 万,可以查找网站、网页、新闻、网址、软件、黄页等信息。用户可以在搜索框中直接输入自己想查找信息的关键词,找到相关信息。这种方法对网站、网页、新闻、网址、软件五类信息都适用。

5) 新浪搜索引擎

其主机名为 http://search.sina.com.cn,互联网上规模最大的中文搜索引擎之一。设大类目录 18 个,子目录 1 万多个,收录网站 20 余万。提供网站、中文网页、英文网页、新闻、汉英辞典、软件、沪深行情、游戏等多种资源的查询。

6) 3721 网络实名/智能搜索

其主机名为 http://www.3721.com,是 3721 公司提供的中文上网服务——3721"网络实名",使用户无须记忆复杂的网址,直接输入中文名称,即可获得网站。3721 智能搜索系统不仅含有精确的网络实名搜索结果,同时集成了多家搜索引擎。

7.5 电子邮件服务

随着 Internet 在全世界的普及,人与人之间的距离也越来越近,而电子邮件 E-mail (Electronic mail)在人们的日常生活中被越来越广泛地使用着,而且大有取代我们传统交流方式的趋势。在网上,E-mail 的使用频率和范围甚至要超过 WWW,而且使用它还可以参加范围广泛的专题讨论,订阅电子刊物。

7.5.1 电子邮件服务概述

电子邮件服务是因特网上使用最频繁和最受用户欢迎的服务,它为因特网用户提供一种快捷、廉价的现代化通信手段,特别是在国际之间的交流中发挥着重要的作用。电子邮件能够迅速地普及是与它自身的特点分不开的。首先,电子邮件收发速度快。电子邮件比人工邮件传递速度快,可达范围广,且比较可靠。一封信通过电子邮件只用十几分钟就能邮寄到千万里之外的地方,而传统的邮件即使寄特快专递也需要几天时间。其次,使用电子邮件收发邮件方便快捷。越来越多的家庭拥有了计算机,使用计算机,就可以免除写地址、贴邮票、粘信封、到邮局寄信等许多麻烦。只要把邮件写好,单击软件的按钮,邮件就被发送出去。利用软件,还能把收到的邮件管理得井井有条。再次,电子邮件可以将文字、图片、图像、声音等多种信息集成到一个邮件中进行传送。

1. 邮件服务器和电子邮箱

电子邮件服务采用客户机/服务器工作模式,电子邮件服务器是邮件系统的核心。邮件服务器的功能有两方面:一方面它负责接收用户的邮件,并根据邮件的目的地址将邮件发送到对方的邮件服务器中;另一方面它负责接收从其他邮件服务器发送来的邮件,并根据收件人的账号将邮件分发到各自的邮箱中。

如果某个用户要利用一台邮件服务器收发邮件,该用户必须在这个服务器上申请一个合法的账号(包括用户名和密码)。一旦一个用户在一台邮件服务器上申请到一个合法账号,该邮件服务器就会在自己的硬盘上为这个用户分配一块存储空间以存放该用户的邮件,这样的存储空间叫做邮箱。

在因特网中,每个用户的邮箱都有一个全球唯一的标识符,这就是用户的电子邮件地址。TCP/IP 的电子邮件系统规定电子邮件地址由用户账号和邮件服务器的主机名两部分组成,两部分用"@"分隔,符号"@"读作英文中的"at",表示"在"的意思。如:joy001@sohu.com 为一个合法邮箱地址,其中前一部分是用户搜狐网站上申请的用户名,后一部分为邮件服务器的主机名。

2. 电子邮件的信息格式

类似于普通的邮政信件,电子邮件也由信封和内容两部分组成,其中邮件内容又分为邮件首部和邮件主体。TCP/IP 邮件系统规定了邮件内容首部的格式,邮件内容首部主要有收件人地址、主题、抄送等信息。当用户填写好首部后,邮件系统会自动将邮件信封所需要的信息提取出来并写在信封上,可见邮件信封的内容并不需要用户自己填写。邮件主体是用户要发送的内容。在 ARPANET 的早期,电子邮件中的信息只能用英文书写并且以 ASCII 形式来表示消息文本。目前,使用多用途的因特网邮件扩展协议(Multipurpose Internet Mail Extensions,MIME),不但可以发送各种形式的文本信息,而且还可以将语音、图形、图像和视频等多媒体信息集成到邮件中。利用电子邮件我们可以给远在天边的朋友发一张音乐贺卡,将自己的美好祝愿带给他;利用电子邮件我们可以给日夜思念的亲人发去自己的叮嘱和照片,将人间的真情传递到他身边。

7.5.2　电子邮件的系统组成及发送和接收过程

　　一个电子邮件系统由如图 7-18 所示的三个组成部分,即用户代理、邮件服务器和电子邮件协议。用户代理是在用户 PC 上运行的程序,它是用户和邮件系统的接口,用户利用它来编辑、阅读、发送和接收邮件;邮件服务器是电子邮件系统的核心构件,功能是发送和接收邮件,同时还向发信人报告邮件的传送情况(已交付、传送失败、丢失等)。电子邮件在发送和接收过程中所必须遵守的格式和规则就是电子邮件协议。其发送和接收过程如下:

　　(1)用户利用用户代理编辑一份电子邮件,指明收件人地址,然后利用 SMTP 协议将邮件发送到发送方的电子邮件服务器。

　　(2)发送方的邮件服务器收到该邮件后,按照收件人地址中的邮件服务器的主机名,通过 SMTP 协议将邮件发送到接收方的电子邮件服务器,接收方的邮件服务器根据收件人地址中的账号将邮件放入对应的邮箱中。

　　(3)利用 POP3 或 IMAP 协议,接收方用户可以在任何时间、地点使用用户代理从自己的邮箱中读取邮件。

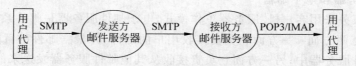

图 7-18　电子邮件的组成和工作过程

7.5.3　简单邮件传送协议 SMTP

　　简单邮件传输协议(Simple Message Transfer Protocol,SMTP)是目前 Internet 上通用的电子邮件传输协议。SMTP 的主要特点是简单明了,容易实现。它主要定义了邮件格式以及邮件服务器之间如何通过 TCP 连接进行邮件的传输,而并不规定用户界面等其他标准。SMTP 是工作在两种情况下:一是电子邮件从客户机传输到服务器;二是从发送方服务器传输到接收方服务器。SMTP 使用客户机/服务器工作方式,负责发送邮件的进程就是 SMTP 客户,负责接收邮件的进程是 SMTP 服务器。

7.5.4　邮件读取协议:POP 和 IMAP

1. 邮局协议 POP

　　邮局协议(Post Office Protocol,POP)是一个非常简单、但功能有限的邮件读取协议。邮局协议最早公布于 1984 年,经过几次更新,目前使用的第三个版本 POP3 已经成为因特网的标准。大多数 ISP 都支持 POP 协议。POP 使用客户机/服务器工作方式,在接收邮件的用户的计算机上运行着 POP 客户程序,而在接收方 ISP 的邮件服务器上则运行 POP 服务器程序。当然,为了能接收发送方邮件服务器的 SMTP 客户程序发送来的邮件,这个 ISP 邮件服务器上也必须同时运行 SMTP 协议。

当使用 POP 协议读取邮件时,邮箱中的邮件被下载到用户的客户机中,一旦邮件被交付给用户计算机,邮件服务器就不再保留这些邮件,用户需要在自己的计算机中阅读和管理邮件。因此 POP 实际上是一个脱机协议。

2. 因特网报文存取协议 IMAP

因特网报文存取协议(Internet Message Access Protocol,IMAP)是另一个广泛使用的邮件读取协议,现在较新的版本是 1994 年的 IMAP4。和 POP 协议一样,IMAP 协议也使用客户机/服务器工作方式。它们最大的差别在于:使用 IMAP 读取邮件时,在用户计算机上运行的 IMAP 客户程序首先要与接收方 ISP 邮件服务器上的 IMAP 服务器程序建立 TCP 连接,用户在自己的计算机中操纵 ISP 邮件服务器的邮箱中的邮件,就像在本地操纵一样。由此可见,IMAP 协议是一个联机协议。

7.5.5　用 WWW 方式接收和发送邮件

1. 申请免费邮箱

使用 WWW 收发电子邮件,必须首先申请一个电子邮箱。一般的 ISP 都提供电子邮件服务,在向当地 ISP 申请账户时,它会给您提供一个邮箱地址;另外,也可以在 Internet 的某个网站上申请一个免费邮箱,现在很多网站都提供免费的电子邮箱服务,如搜狐、雅虎、163 等。下面以在 163 网站上申请免费电子邮箱为例介绍如何在 Internet 上申请免费邮箱。

(1) 使用 IE 浏览器打开 163 网站的主页,单击浏览器窗口最上方的"免费邮箱"超链接,这时打开一个"网易 163 邮箱"窗口。

(2) 在窗口的左下方单击"注册 2280 兆免费邮箱"按钮,163 注册向导将显示一些服务条款,阅读服务条款后单击"我接受"按钮。

(3) 按照注册向导的提示信息,输入通行证用户名、密码、密码提示问题、密码提示答案和安全码后,单击"提交表单"按钮;注意,如果您填写的用户名已经存在,注册向导会重新输出原来的页面,让您另选一个用户名,这种情况可能会重复多次,直到您输入的用户名在 163 上是唯一的为止,注册向导出现输入个人信息的页面。

(4) 填写您的个人资料,单击"提交表单"。

(5) 这时页面出现恭喜您注册成功的消息,单击"开通 2280 兆免费邮箱",这时出现一个页面,页面上会显示本网站的 POP3 服务器和 SMTP 服务器的主机。用户要记住这些信息,因为在使用 Outlook Express 收发电子邮件时需要这些信息。

注册成功后就可以登录 163 网站收发电子邮件了。

2. 收发电子邮件

(1) 打开 163 网站的主页,单击浏览器窗口最上方的"免费邮箱"超链接,这时打开一个"网易 163 邮箱"窗口。

（2）在"网易163邮箱"窗口的右侧输入已注册的用户名和密码，单击"登录邮箱"就可以进入您的邮箱。在收件箱中有一封未读邮件，这是网易邮件中心发给您的邮件，也是您的邮箱接收的第一封邮件。仔细阅读这封邮件，它向您介绍了163免费邮箱的使用技巧。

（3）在邮箱中收发邮件的方法与Outlook Express中收发邮件的方法几乎相同，这部分内容将在下面详细介绍。

（4）邮件收发完后，为了您邮箱的安全，一定要单击"退出"链接，退出邮箱。

7.5.6　使用Outlook Express收发电子邮件

Outlook Express是IE浏览器的一个邮件和新闻组程序，使用它可以编辑邮件、阅读和发送邮件，并可以预览邮件而不需要事先打开这些邮件，并可以方便地在邮件文件夹、新闻器和新闻组之间转换，可以不连接Internet而阅读文件，在Windows默认安装时也会自动安装它。使用Outlook Express收发电子邮件叫做POP方式，这种方式收发邮件同样需要申请一个邮箱地址，7.5.5节已经介绍了申请免费邮箱的方法，这里不再赘述。下面仅介绍使用Outlook Express收发电子邮件的过程。

1. 设置邮件账号

（1）打开Outlook Express，单击"工具"，然后选"账户"。

（2）单击"添加"，在弹出的菜单中选择"邮件"，进入"Internet连接向导"。

（3）在"显示名："字段中输入用户的姓名，然后单击"下一步"按钮。

（4）在"电子邮件地址："字段中输入用户的完整的邮箱地址，如mymail@163.com，然后单击"下一步"按钮进入如图7-19所示的服务器配置对话框。

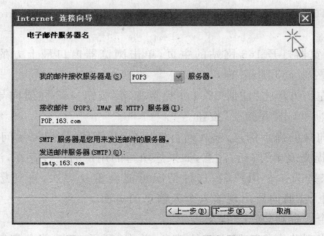

图7-19　OutLook Express服务器配置

（5）在"我的接收邮件服务器是"下拉列表中选择"POP3"，在"接收邮件（POP3，IMAP或HTTP）服务器"中输入你在163网站上申请的真实邮箱的POP3服务器的域名pop.163.com。在"发送邮件服务器（SMTP）"字段中输入你在163网站上申请的真实邮箱的SMTP服务器的域名smtp.163.com，单击"下一步"按钮。

（6）在"账户名"和"密码"字段中分别输入自己邮箱的用户名（仅输入@前面的部分）和密码，单击"下一步"按钮。

（7）单击"完成"按钮后,在"工具"→"账户"中,打开"邮件"选项卡,选中刚才设置的账号,单击"属性"。

（8）在属性设置窗口中,打开"服务器"选项卡,选中"我的服务器需要身份验证"复选框,并单击旁边的"设置"按钮。

（9）登录信息选择"使用与接收邮件服务器相同的设置",确保在每一字段中输入了正确信息,单击"确定"按钮;账号设置完成后,就可以直接使用 Outlook Express 创建、发送和接收邮件了。

2．使用 Outlook Express 创建和发送邮件

（1）单击 Outlook Express 窗口工具栏中的"创建邮件"按钮（第一个按钮）,这时Outlook Express 就会打开一个邮件编写窗口,邮件编写窗口包括 5 部分：菜单栏、工具栏、电子邮件头部、格式工具栏、邮件内容。这时邮件内容部分的背景色（即信纸）是白色的,如果想点缀一下你的邮件,可以单击 Outlook Express 窗口中的"创建邮件"按钮后的下拉列表框选择一种喜欢的信纸。

（2）在电子邮件头部写入收信人的电子邮件地址和邮件主题,邮件主题是对邮件内容的概括性总结,可以不写;如果您的邮件同时要发送给多个人,可以在"抄送"后写入另外几个人的邮件地址,写完一个邮件地址后按 Enter 键,再写另外一个邮件地址。

（3）在邮件内容部分写入邮件的正文,在编写邮件内容的过程中可以使用格式工具栏提供的工具设置文字格式。

（4）单击邮件编写窗口的"发送"按钮,发送邮件。如果设置正确,Outlook Express 的发件箱变为空,否则,刚编写的邮件会一直在发件箱中。

3．使用 Outlook Express 接收和读取邮件

（1）单击 Outlook Express 窗口工具栏中的"发送/接收"按钮,邮箱中的所有邮件就会被复制到收件箱中,这时在 Outlook Express 左侧窗口的"本地文件夹"列表的"收件箱"后面用一个带小括号的数字表明接收了几封邮件。

（2）选中"收件箱",在 Outlook Express 右侧窗口中列出了"收件箱"中的所有邮件信息,新接收的邮件（未读邮件）信息以粗体显示。

（3）双击想要读取的邮件,该邮件的内容就会在一个邮件读取窗口中显示出来。

7.6　文件传输服务

文件传输（FTP）服务是 Internet 上使用最早的服务功能之一。FTP 服务是以它所使用的文件传输协议 FTP 命名的。FTP 服务为计算机之间双向文件传输提供了有效的手段,使用 FTP 服务,用户可以将本地计算机上的文件传送到远端计算机上,或者可以将远端计算机上的文件传输到本地计算机上。这些文件可以是任意类型的文件,包括正文文件、二进制文件、图像文件、声音文件和数据压缩文件等。

7.6.1　文件传输服务概述

FTP 服务也采用客户机/服务器工作模式,远端提供 FTP 服务的计算机称为 FTP 服务

器,使用 FTP 服务的用户计算机叫做 FTP 客户机。将文件从服务器传送到客户机的过程叫下载,而将文件从客户机发送到服务器的过程叫上传。理论上,FTP 用户既可以上传文件也可以下载文件,但在实际应用中,为了保证 FTP 服务器的安全,几乎所有的 FTP 匿名服务只允许用户下载文件,不允许用户上传文件。

FTP 服务是一种实时交互式的联机服务,用户必须通过相应的身份验证,才可以进行与文件传输相关的操作,即要求用户必须在该 FTP 服务器上有合法账号(用户名和口令)。而 Internet 上最受欢迎的是匿名(anonymous)FTP 服务,用户在登录这些服务器时不用事先注册一个账号,而是以 anonymous 为用户名,或者是 FTP 服务器会告诉用户怎样登录该FTP 服务器。

7.6.2　文件传输协议 FTP

文件传输协议(File Transfer Protocol,FTP)是 Internet 上使用得最为广泛的文件传送协议,它使用 TCP 进行传输。在进行文件传输时,FTP 需要两个端口,一个端口是作为控制连接端口,也就是 21 端口,用于给服务器发送指令以及等待服务器响应;另一个端口是数据传输端口,端口号为 20(仅 PORT 模式),用来建立数据连接,主要作用是从客户机向服务器(或从服务器向客户机)发送一个文件或目录列表。

两种连接的建立都要经过一个"三次握手"的过程,同样,连接释放也要采用"四次握手"的方法。控制连接在整个会话期间一直保持打开状态。数据连接是临时建立的,在文件传送结束后将被关闭。

FTP 的连接模式有两种:PORT 和 PASV。PORT 模式是主动模式,PASV 模式是被动模式,这里都是相对于服务器而言的。

7.6.3　Windows XP 中 FTP 服务器的建立

FTP 服务器端的软件有很多,可以使用微软的因特网信息服务系统(Internet Information Server,IIS),也可以使用专业软件。下面我们介绍使用微软的 IIS 建立 FTP 服务器的方法。

1. 安装 IIS

Windows XP 默认安装时不安装 IIS 组件,需要手工添加安装。进入"控制面板",双击"添加/删除程序",选择"添加/删除 Windows 组件"按钮,在弹出的"Windows 组件向导"窗口中,将"Internet 信息服务(IIS)"项选中。再单击右下角的"详细信息",在弹出的"Internet 信息服务(IIS)"窗口中,找到"文件传输协议(FTP)服务",选中后单击"确定"按钮即可。

需要注意的是:安装完后需要重启计算机。

2. 配置 FTP 服务器

单击"开始"→"控制面板"→"管理工具"→"Internet 信息服务",进入"Internet 信息服务"窗口后,找到"默认 FTP 站点",右击鼠标,在弹出的快捷菜单中选择"属性",打开"默认FTP 站点属性"对话框,如图 7-20 所示。在该对话框中,可以设置 FTP 服务器的名称、端口、访问账户、FTP 主目录位置、用户进入 FTP 时接收到的消息等,当然这些设置是创建

FTP 站点时已经设置好的,可以不做任何修改。

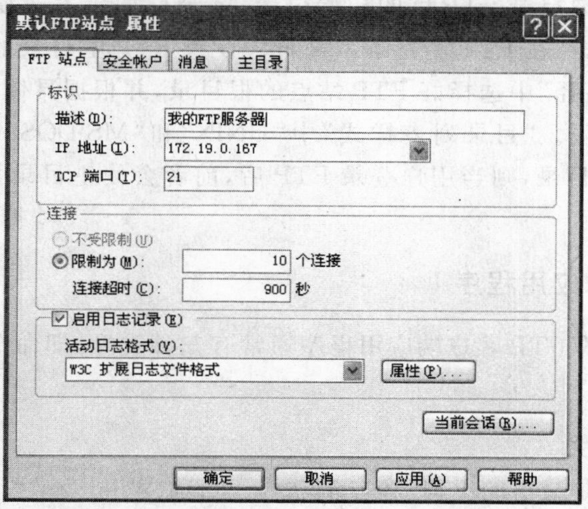

图 7-20　"默认 FTP 站点属性"对话框

1) FTP 站点基本信息

打开"FTP 站点"选项卡,其中的"描述"选项为该 FTP 站点的名称,用来称呼您的服务器,可以随意填,比如"我的 FTP 服务器";"IP 地址"为服务器的 IP,系统默认为"全部未分配",一般不需要改动,但如果在下拉列表框中有两个或两个以上的 IP 地址时,最好指定为公网 IP;"TCP 端口"一般仍设为默认的 21 端口;"连接"选项用来设置允许同时连接服务器的用户最大连接数;"连接超时"用来设置一个等待时间,如果连接到服务器的用户在线的时间超过等待时间而没有任何操作,服务器就会自动断开与该用户的连接。

2) 设置账户及其权限

很多 FTP 站点都要求用户输入用户名和密码才能登录,这个用户名和密码就叫做账户。不同用户可使用相同的账户访问站点,同一个站点可设置多个账户,每个账户可拥有不同的权限,如有的可以上传和下载,而有的则只允许下载。用户名和登录密码在"安全账户"选项卡中设置。

3) 安全设定

进入"安全账户"选项卡,有"允许匿名连接"和"仅允许匿名连接"两项,默认为"允许匿名连接",此时 FTP 服务器提供匿名登录。"仅允许匿名连接"是用来防止用户使用有管理权限的账户进行访问,选中后,即使是 Administrator(管理员)账号也不能登录,FTP 只能通过服务器进行"本地访问"来管理。至于"FTP 站点操作员"选项,是用来添加或删除本 FTP 服务器具有一定权限的账户。IIS 与其他专业的 FTP 服务器软件不同,它基于 Windows 用户账号进行账户管理,本身并不能随意设定 FTP 服务器允许访问的账户,要添加或删除允许访问的账户,必须先在操作系统自带的"管理工具"中的"计算机管理"中设置 Windows 用户账号,然后再通过"安全账户"选项卡中的"FTP 站点操作员"选项添加或删除。但对于 Windows XP 专业版,系统并不提供"FTP 站点操作员"账户添加与删除功能,只提供 Administrator 一个管理账号,因此,如果在客户端使用非匿名登录时,只能输入 FTP 服务器所在计算机的管理员的用户名和密码。

4）设置 FTP 主目录

FTP 主目录是用户登录 FTP 后的初始位置，登录后如果不改变 FTP 服务器的当前目录，用户的所有操作都在 FTP 主目录下进行。设置 FTP 主目录的方法是：进入"主目录"选项卡，在"本地路径"中选择好 FTP 站点的根目录，并根据具体情况设置该目录的读取、写入、目录访问权限。"目录列表样式"中"UNIX"和"MS-DOS"的区别在于：假设将D：\FTP 设为站点主目录，则当用户登录 FTP 后，前者会使主目录显示为"\"，后者会显示为"D：\FTP"。

7.6.4　FTP 客户端应用程序

因特网用户使用的 FTP 客户端应用程序通常有三种类型，即命令行方式、浏览器方式和 FTP 下载工具。

1．FTP 命令行方式

FTP 命令行方式是最早的 FTP 客户端软件。目前 Windows 系列的操作系统都保留了这种方式，FTP 命令行包含约 50 条命令，这些命令需要在 Windows 的命令行窗口中执行。下面列出了几种常用的 FTP 命令。

1）FTP 的命令

命令格式：ftp［-v］［-d］［-i］［-n］［-g ］［-w：windowsize］［主机名/IP 地址］

其中：

-v　不显示远程服务器的所有响应信息；

-n　限制 FTP 的自动登录；

-i　在多个文件传输期间关闭交互提示；

-d　允许调试、显示客户机和服务器之间传递的全部 FTP 命令；

-g　不允许使用文件名通配符；

-w：windowsize　传输缓冲区大小，默认为 4096 B。

使用 FTP 命令成功登录远程 FTP 服务器后进入 FTP 子环境，在这个子环境下，用户可以使用 FTP 的内部命令完成相应的文件传输操作。

2）FTP 常用内部命令

（1）open host［port］：建立指定 FTP 服务器连接，可指定连接端口。

（2）user user-name［password］［account］：向远程主机表明自己的身份，需要口令时，必须输入。

（3）cd remote-dir：进入远程主机目录。

（4）dir［remote-dir］［local-file］：显示远程主机目录，并将结果存入本地文件。

（5）get remote-file［local-file］：将远程主机的文件 remote-file 传至本地硬盘的 local-file。

（6）put local-file［remote-file］：将本地文件 local-file 传送至远程主机。

（7）bye：退出 FTP 会话过程。

（8）quit：同 bye，退出 FTP 会话。

2．浏览器方式

通常浏览器是用来访问 Web 页面的。实际上，我们只要在 URL 中指定不同的协议，也可以访问其他的服务。使用启动浏览器访问 FTP 服务器的操作方法很简单,只要将 URL 中的 HTTP 替换成 FTP 并按 Enter 键后便可以从指定的 FTP 服务器上下载文件。此外,Web 页面中通常有一些 FTP 服务器的链接,通过单击这些链接也可以访问 FTP 服务器。

3. FTP 下载工具

目前,市面上流行着很多种 FTP 下载工具,这些下载工具大多可以从网上免费下载,如 FlashGet、GetRight、Crystal FTP 等。只要从网上下载一个 FTP 下载工具,安装成功后即可使用它方便地下载文件。FTP 下载工具的一个最大的优点是可以实现断点接续,即当下载了一部分时如网络突然中断,恢复连接后可以继续下载剩余部分。

7.6.5　使用 FTP 下载和上传文件

本节介绍怎样使用 FTP 服务上传和下载文件,实验条件:两台能上网的计算机且计算机上运行 Windows XP 操作系统。

1. 使用命令方式下载和上传文件

使用命令方式既可以下载文件也可以上传文件,其步骤如下:

(1) 按照 7.6.3 节中的方法将一台计算机配置成 FTP 服务器,在 FTP 服务器的 D 盘上建立一个文件夹 FTPServer,将这个文件夹设置成 FTP 主目录。在主目录下建立一个文本文件 F1. TXT,以备将来下载使用。

(2) 在另一台计算机上单击"开始"→"运行",在运行框中输入 CMD 命令,打开命令窗口。

(3) 在命令窗口中登录 FTP 服务器,根据步骤(1)中的配置信息输入用户名和口令,参考命令如下:

```
C:\>ftp
ftp>open 172.19.0.1        //登录 FTP 服务器,也可以不用 IP 地址而用主机名
User: xxx                  //输入用户名,输入 FTP 服务器的管理员的用户名
Password  *****            //输入用户密码,输入 FTP 服务器的管理员的密码
```

如果在显示器上出现"230 User xxx logged in."信息,则表示输入的用户名和用户密码通过认证,登录成功。

(4) 在命令窗口中输入如下命令,查看 FTP 服务器主目录下的目录及文件:

```
ftp>dir                    //注意:ftp>是命令行提示符,不是要输入的命令
```

(5) 在命令窗口中输入如下命令,从 FTP 服务器将文件 F1. TXT 下载到本地计算机 D 盘的根目录下。当然,还可以下载其他类型的文件,但一定要确保该文件在 FTP 服务器上存在。

```
ftp>get f1.txt d:\f1.txt   //可以指定另一个不同的文件名,即下载的同时给该文件重命名
```

查看本地计算机 D 盘的根目录是否有文件 F1. TXT,其内容是否与服务器上对应文件的内容相同。

(6) 在本地计算机的 D 盘上建立文件 F2. DOC,在命令窗口中输入如下命令,将本地文

件 F2. DOC 上传到 FTP 服务器上。

```
ftp>put f2.doc
```

查看 FTP 服务器的主目录是否有文件 F2. DOC,其内容是否与本地计算机上的 F2. DOC 的内容相同。

(7) 在命令窗口中输入如下命令,退出 FTP 程序。

```
ftp>quit
```

2. 使用浏览器方式下载文件

使用浏览器方式只能下载文件,不能上传文件,且使用 FTP 的匿名登录服务,其步骤如下:

(1) 继续上一实验,在 FTP 服务器的主目录文件夹下建立文件 README. DOC,以备下载使用。

(2) 查看 FTP 服务器的主机名,方法是:右击“我的电脑”,选择“属性”选项,打开“计算机名”选项卡,“完整的计算机名”后即为该计算机的主机名,假设为 host1。

(3) 在另一台计算机上启动 IE 浏览器,在地址栏中输入如下 URL:ftp://host1/readme. doc(当然,也可以用其 IP 地址),按 Enter 键,这时在浏览器窗口上就会显示 FTP 服务器上 README. DOC 文件的内容。

(4) 在 IE 浏览器的地址栏中输入如下 URL:ftp://host1,按 Enter 键,这时在浏览器窗口上显示 FTP 服务器主目录下的文件目录,用户可以将任何一个文件复制到本地磁盘上。

(5) 关闭浏览器窗口。

习 题 7

一、单项选择题

1. 计算机网络有局域网、广域网和城域网,其划分依据是( )。
   A) 通信传输的介质 　　　　　　　　B) 网络拓扑结构
   C) 信号频带的占用方式 　　　　　　D) 网络的规模
2. 目前广泛使用的以太网的网络拓扑结构是( )。
   A) 总线状拓扑结构 　　　　　　　　B) 环状拓扑结构
   C) 网状拓扑结构 　　　　　　　　　D) 星状拓扑结构
3. 从网络拓扑结构上讲,Internet 是一种( )。
   A) 总线状结构 　　B) 环状结构 　　C) 网状结构 　　D) 星状结构
4. Internet 的主干网是( )。
   A) ARPANET 　　B) NSFNET 　　C) ANSNET 　　D) CHINANET
5. TCP/IP 的通信子网层的协议是( )。
   A) 以太网(Ethernet)的 802.3 协议 　　B) 令牌环网(Token Ring)的 802.5 协议

C）分组交换网的 X.25 协议　　　　　D）通信子网本身的协议

6. 下列说法正确的是（　　）。

　　A）TCP 和 UDP 是传输的协议，都为用户提供面向连接的可靠的传输服务

　　B）TCP 和 UDP 是传输的协议，但 TCP 提供面向连接的可靠的传输服务，而 UDP 提供无连接的不可靠的传输服务

　　C）TCP 和 UDP 是传输的协议，但 UDP 提供面向连接的可靠的传输服务，而 TCP 提供无连接的不可靠的传输服务

　　D）TCP 和 UDP 是传输的协议，都为用户提供无连接的不可靠的传输服务

7. 下面有效的 IP 地址是（　　）。

　　A）235.256.129.22　　　　　　　　　B）202.202.45.86

　　C）172.19.0.286　　　　　　　　　　D）280.167.66.350

8. 若 192.166.192.23 第四个字节高两位表示子网号，则其子网掩码是（　　）。

　　A）255.255.255.0　　　　　　　　　 B）255.255.255.89

　　C）255.255.255.192　　　　　　　　 D）255.255.0.0

9. 关于 IP 地址，下列说法正确的是（　　）。

　　A）连接在 Internet 上的每一个主机都有一个唯一的 IP 地址

　　B）在 Internet 上的每个主机的 IP 是由用户自己确定的

　　C）Internet 上的每个设备只能有一个 IP 地址

　　D）计算机在 Internet 上的每个连接都被授权单位赋予一个唯一的 IP 地址

10. WWW 客户和服务器之间通过（　　）协议进行通信。

　　A）HTML　　　　　B）HTTP　　　　　C）FTP　　　　　D）DNS

11. 主页是指（　　）。

　　A）网站的默认页　　　　　　　　　　B）有超链接的网页

　　C）网站的首页　　　　　　　　　　　D）网站的主要内容所在页

12. 若某用户在域名为搜狐的网站上申请了一个免费邮箱，账号名为 mymail，则该用户的电子邮件地址是（　　）。

　　A）mymail@www.sohu.com　　　　　 B）mymail@com.sohu

　　C）sohu.com@mymail　　　　　　　　 D）mymail@sohu.com

13. 关于电子邮件下列说法不正确的是（　　）。

　　A）用户从服务器上读取电子邮件的协议只能是 POP3

　　B）电子邮件从发送方服务器向接收方服务器传输时使用的协议是 SMTP

　　C）用户在 Internet 上收发电子邮件的先决条件是申请一个邮箱地址

　　D）电子邮箱是在邮件服务器上为合法用户分配一块用以存放该用户的邮件存储空间

14. FTP 协议为用户提供的服务是（　　）。

　　A）文件处理服务　　　B）文件下载服务　　C）文件转换服务　　D）文件传输服务

15. 我国某所高校要建立 WWW 网站，其域名的后缀应该是（　　）。

　　A）.COM　　　　　B）.EDU.CN　　　　C）.COM.CN　　　　D）.NET

二、填空题

1．计算机网络的功能包括_____、_____、增加可靠性功能和提高系统处理、均衡负载功能。

2．在通信技术中，通信信道有两类：_____和_____。

3．网络协议的三要素是_____、_____和_____。

4．统一资源定位符 URL 包括协议、_____和_____。

5．子网掩码的作用是_____。

6．在 Internet 域名系统中有三种域名服务器：_____、_____和授权域名服务器，其中_____总能将其所管辖的主机名转换成 IP 地址。

7．因特网服务供应商 ISP 的作用有_____和_____。

8．通过电话线连接到 ISP，用户端计算机必须通过_____和电话线相连。

三、上机操作题

1．查看计算机的 IP 地址和子网掩码：方法是右击"网上邻居"图标，选择"属性"选项。在网络连接窗口中右击"本地连接"再选择"属性"选项，打开"本地连接属性"对话框，再在项目列表框中选择"Internet 协议（TCP/IP）"，单击"属性"按钮，打开"Internet 协议（TCP/IP）属性"对话框，查看本计算机的 IP 地址和子网掩码。如果本机选择的是"自动获得 IP 地址"单选按钮，则看不到本机 IP 地址，使用如下方法进行查看。

执行"开始"→"运行"，在"运行"对话框中输入"CMD"，单击"确定"按钮，在命令窗口中输入"IPCONFIG"命令，按 Enter 键。

2．启动 IE 浏览器，将您学校的主页设置成 IE 浏览器的主页。

3．打开搜狐的搜索引擎，搜索"Internet 在中国"的所有网页。

4．按照 7.5.6 节的内容在 Outlook Express 中为您的邮箱建立一个邮件账号，在 Outlook 中给您的朋友发个邮件。

5．有条件的话，按照 7.6.3 节的方法在您的计算机上安装并配置一个 FTP 服务器，在另一台计算机打开 IE 浏览器，在地址栏输入"ftp：//您的主机名"，按 Enter 键。

第 8 章

网页制作软件 FrontPage 2003

FrontPage 2003 是 Office 2003 中的重要组件之一,是一种网站创建和管理程序,可创建功能强大的网站。本章主要介绍网站的建立和网站的管理;网页的建立方法并向网页中添加一些基本元素,包括文本、图片、水平线、表格等;网页常用的美化方法:包括动态网页的实现、超链接和书签的使用、表单的应用、图像映射的使用;站点的发布方法。

【学习要求】

◆ 了解 FrontPage 2003 的基本知识;
◆ 掌握网站的建立和管理;
◆ 掌握网页的建立,并设置网页属性;
◆ 掌握向网页中添加一些基本元素;
◆ 掌握网页常用的美化方法;
◆ 掌握站点的发布方法。

【重点难点】

◆ 网站和网页的基本概念;
◆ 用表格布局网页;
◆ 超链接的使用和图像映射的使用;
◆ 表单的应用;
◆ 站点的发布方法。

8.1　FrontPage 2003 概述

8.1.1　FrontPage 2003 简介

随着计算机与网络的普及,越来越多的朋友想拥有一个属于自己的网站。对于个人或团体来说,拥有网站便是走出了展示自己风格的第一步。这里将详细讲解一个可以随时随地轻松制作网站的工具:FrontPage 网页设计软件。长期以来,人们习惯于利用 HTML 语言在文本编辑器中制作网页。但是对于那些对 HTML 语言不很熟悉的人来说,要想利用文本编辑器用

HTML 语言制作出自己理想的网页的确是一件叫人头疼的事。

FrontPage 2003 是 Microsoft Office 2003 中的一员,加之微软公司强大的技术支持和市场推广能力,使得目前最新推出的 FrontPage 2003 的功能越来越强大,市场占有率也越来越高,所以一直是网页制作与开发软件中的佼佼者。该软件无论是在独立的 Web 站点管理和 Web 页面创建方面,还是在团队协同工作等方面都有新的突破。FrontPage 2003 在保留了以前版本中传统功能的基础上,又增加了许多新功能,分别涉及网页设计、网站的开发、数据驱动网站的开发、网站内容的维护更新与发布、图片库的应用等,使用户更加容易地创建 Web 站点,对 Web 站点的控制和管理更加方便,而且支持多用户联机协同开发 Web 站点。它可以用来设计、制作大家平时上网所看到的普通网页以及留言簿、聊天室信息,论坛等互动式的网页。

FrontPage 是微软公司 Office 系列办公软件的一个,它很好地实现了网页制作者与HTML 语言的分离。人们再也不必和难记、难懂的代码打交道,只须在编辑器中输入文本或图片,FrontPage 会帮助我们将这些文本或图片转换成相应的 HTML 语言代码,而且在编辑器中见到的网页与在浏览器中见到的基本相同。在 FrontPage 中编辑网页,就像在Word 中编辑文本一样,只要能熟练地使用 Word,那么 FrontPage 的使用方法就已经掌握一半了。

8.1.2 FrontPage 2003 窗口界面

执行"开始"→"程序"→Microsoft Office→Microsoft Office FrontPage 2003 命令,便可以启动 FrontPage 2003。启动之后屏幕上就会出项如图 8-1 所示的中文 FrontPage 2003 窗

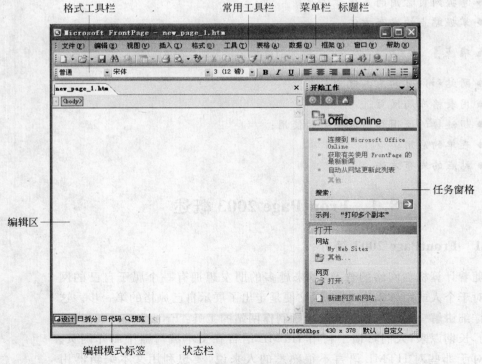

图 8-1 FrontPage 2003 窗口界面

口界面。它的窗口是由标题栏、菜单栏、常用工具栏、格式工具栏、编辑区、状态栏和任务窗格等部分组成。标题栏显示当前被编辑文件的标题等信息；菜单栏上包含 FrontPage 2003 提供的所有命令；工具栏为我们的操作提供极大的便利；编辑区是直接制作、编辑网页的地方；任务栏是 FrontPage 2000 等早期版本所不具有的，使用它可以便捷、迅速地完成一些常用操作。

编辑区是用户进行页面设计和编辑的区域，用户在这里不仅可以输入、格式化和美化文本，也可以绘图、插入表格、图像、声音等多媒体对象，而且还可以添加表格、表单、字幕、超链接等网页元素。编辑区下面有 4 个切换标签，通过这四个按钮可以在四种视图之间进行切换。①"设计"标签：该方式是系统默认的编辑模式，网页的编辑制作主要是在该方式下进行的，其操作界面体现了所见即所得的风格。②"拆分"标签：该方式下将编辑窗口拆分成上下两部分，即"代码"和"设计"，在这个窗口中可以对照"设计"标签的情景，对网页的设计代码进行修改。③"代码"标签：每个网页对应于一个文件，使用 FrontPage 2003 编辑网页实际上是系统自动生成相应的 HTML 文件。在这个窗口中，可以像在文本编辑器里一样对 HTML 代码进行编辑和修改。有时为了实现一些特殊效果，常常需要在此标签窗口中直接输入 HTML 语言代码。④"预览"标签：在此窗口中可以预览网页在 IE 浏览器中的样子，特别是当网页中存在动态图片或 FrontPage 组件时，预览起来非常方便。有些情况下，为保证所制作的网页在 IE 浏览器中的整体效果，也可以执行菜单栏上的"文件"→"在浏览器中预览"命令，打开浏览器进行预览。

任务窗格是用户在进行某项工作时所用到的相关操作，当任务窗格没有出现在窗口上时，单击"视图"→"任务窗格"菜单项，之后任务窗格出现在编辑窗口的右边。也可以通过选择"文件"→"新建"命令显示任务窗格。通过单击任务窗格上的下拉列表框可以在几种任务窗格之间切换。单击某个任务的某个选项，就会执行相应的操作。

8.2　网站的基本操作

8.2.1　创建新网站

网站(Web Site)是 WWW 上的一个结点，网站中保存了多个网页以及站点结构，网页间用超链接联系。网页可以是站点的一部分，也可以独立存放，但只有当网页存放到网站中时，网页的许多特性才有效。可以把网站认为是一个文件夹，而网页就是这个文件夹里的子文件。

每个站点都有一个主页(首页)，通过主页上的超链接，可以进入其他网页。通常，主页文件名为 index.htm 或 default.htm。站点建立后，FrontPage 2003 会自动生成一些站点运行所需要的文件，将来制作的网页就统一纳入整个站点的管理，为以后管理站点提供了方便。

创建网站主要有两种方法，一种是使用 FrontPage 2003 中的模板和向导创建；另一种是创建空白网站。下面对这几种情况分别进行详细的介绍。

1. 使用模板创建

使用 FrontPage 2003 中的模板创建网站的具体操作步骤如下：

（1）在 FrontPage 2003 窗口中执行"文件"→"新建"命令，打开"新建"任务窗格。

（2）在任务窗格中的"新建网站"下选择"由一个网页组成的网站"，打开"网站模板"对话框，如图 8-2 所示。

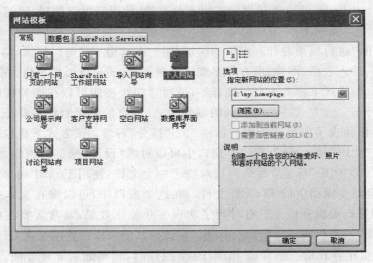

图 8-2　"网站模板"对话框

（3）在该对话框中选择所需的网站模板，如选中"个人网站"，在"指定新网站的位置"下拉列表框中输入网站的保存地址，如输入 d:\my homepage。

（4）设置完成后，单击"确定"按钮即可创建网站，并将该网站保存到指定的位置，创建后的网站如图 8-3 所示。从图中可以发现，FrontPage 2003 窗口被分成两部分，左边是"文件夹列表"，右边是文件夹列表中所选文件夹的内容。其中 _private 文件夹主要存放一些私人内容，通常是不希望别人看到的；而 images 文件夹专门用来存放图片文件，是 FrontPage 服务器扩展的存放图片文件的默认文件夹。

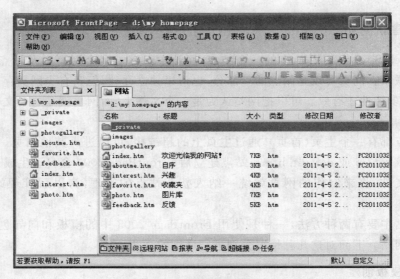

图 8-3　创建后的个人网站

2. 使用向导创建

所谓向导是指一种将操作过程分为若干个步骤的引导程序。FrontPage 2003 中提供了 4 种创建网站的向导,分别是导入网站向导、公司展示向导、讨论网站向导和数据库界面向导。使用向导创建网站的具体操作步骤如下:

(1) 在"网站模板"对话框中选择所需的网站向导,如选中"公司展示向导";在"指定新网站的位置"下拉列表框中输入网站的保存地址。

(2) 设置完成后,单击"确定"按钮,弹出"公司网站建立向导"对话框(一)。

(3) 单击"下一步"按钮,弹出"公司网站建立向导"对话框(二)。

(4) 在该对话框中的"选择要包含在网站中的主要网页"选项组中选择所需的选项,然后单击"下一步"按钮,弹出"公司网站建立向导"对话框(三)。

(5) 在该对话框中的"请选择要显示在主页的主题"选项组中选择所需的选项,然后单击"下一步"按钮,弹出"公司网站建立向导"对话框(四)。

(6) 在该对话框中的"请选择要显示在'新增内容'网页中的主题"选项组中选择所需的选项,然后单击"下一步"按钮,弹出"公司网站建立向导"对话框(五)。

(7) 在该对话框中设置需要向导创建的产品网页和服务网页的数目,单击"下一步"按钮继续进行设置,直到弹出"公司网站建立向导"对话框时,单击"完成"按钮即可创建公司网站。

3. 创建空白网站

虽然利用模板和向导可以很方便地建立个人站点,但容易造成大家的网页千篇一律。所以可以建立空白网站,按照自己的思想去建立喜欢的样式。在"网站模板"的"常规"选项卡中选择"空白网站"即可创建出一个空白网站。

8.2.2 向网站中添加网页

创建一个网站后,可以向该网站添加网页。常用的方法有两种:一种是创建一个新网页,将该网页保存在指定的网站中;另一种将已经存在的网页导入到指定的网站中。

将新建网页保存到 Web 网站中:在 FrontPage 2003 中新建一个网页,选择"文件"→"保存"命令,打开"保存"对话框,在"保存位置"下拉列表框中选择指定的网站文件夹,输入文件名后单击"保存"按钮,则该网页被保存到所选网站中。

将已经存在的网页导入指定网站:选择"文件"→"导入"命令,在"导入"对话框中单击"添加文件"按钮,在"查找范围"列表框中选择网页文件所在的位置,双击要导入网站的网页文件名,单击"打开"按钮即可从文件系统向当前的 FrontPage 网站中导入网页。如果要导入一个文件夹,则在"导入"对话框中单击"添加文件夹"按钮即可。

8.2.3 管理网站

网站常见的管理包括:打开、保存、关闭和删除。

(1) 打开网站:可选择"文件"→"打开网站"命令,在弹出的"打开网站"对话框中选择要打开网站的位置和名称,然后单击"打开"按钮。

(2) 保存网站:对网站编辑完毕后,可选择"文件"→"保存"命令,对打开的网站进行保存。

（3）关闭网站：要关闭当前 FrontPage 中的网站，只需要选择"文件"→"关闭"命令即可。

（4）删除网站：执行"视图"→"文件夹列表"命令，在窗口中打开文件夹列表，然后在文件夹列表中将光标指向网站，右击，在弹出的快捷菜单中选择"删除"命令，打开如图 8-4 所示的对话框，根据需要选择其中一项，然后单击"确定"按钮即可。

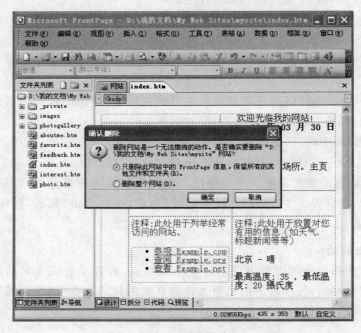

图 8-4　删除网站

8.3　制作简单网页

8.3.1　创建新网页

网页是构成 WWW 的基本组成单位，在网页中，可包含文字、声音、图形、图像、动画等信息，还可以包含超链接，使得可以从一个页面快速跳转到另一个页面。

网页是以网页文件的形式制作和保存的，网页文件的扩展名是 .htm 或 .html。

如果要新建一个网页，可有如下三种方法。

方法 1：单击工具栏上的"新建普通页面"按钮即可创建一个新的空白网页。

方法 2：执行"文件"→"新建"命令，在右侧的任务窗格中的"新建网页"下选择"其他网页模板"，打开"网页模板"对话框，FrontPage 2003 提供了 3 套（常规、框架网页和样式表）共 34 种不同的模板供用户选择，如图 8-5 所示。

方法 3：在 FrontPage 2003 的文件夹列表中，可以直接新建网页。只要在文件夹列表框的空白位置或某个文件夹上右击，选择"新建"命令，并在右侧的选项中选择"网页"，便可在根目录下或所选文件夹中创建一个新网页。

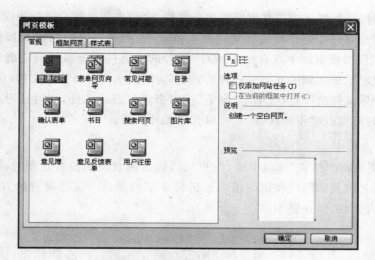

图 8-5　"网页模板"对话框

8.3.2　设置网页属性

　　建立好网页后,用户可以在"网页属性"对话框中对网页的基本信息进行设置。执行
"文件"→"属性"命令,将弹出如图 8-6 所示的"网页属性"对话框,该对话框共有 6 个选项
卡,分别是"常规"、"格式"、"高级"、"自定义"、"语言"和"工作组"。下面将介绍常用选项
的设置。

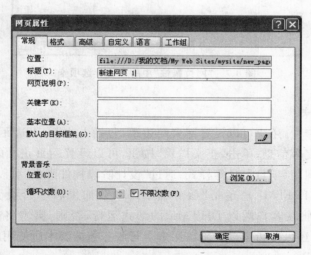

图 8-6　"网页属性"中的"常规"选项卡

1."常规"选项卡

　　"常规"选项卡中的内容是关于当前网页的基本设置,如图 8-6 所示。其中,"位置"是当
前页面的地址,该地址可以是完整的 URL 也可以是磁盘文件的路径和文件名。一般情况
下,该框中的内容是灰色的,用户无法在这里直接修改当前页面的位置,要改变当前页面的
位置,需用"文件"菜单中的"另存为"命令;"标题"为当前页面的标题,在访问者使用浏览器

打开这个页面时,该标题将出现在浏览器的标题栏上,用来帮助用户了解当前页面的大概内容;"网页说明"是对网页描述性的标题;"基本位置"选项是用来给当前页面设置一个绝对URL,这样可以使得该页面中所有使用相对 URL 的超链接都能够指向正确的位置;"默认的目标框架"指定了链接到的框架页;"背景音乐"为网页选择背景音乐文件,用户可以在"位置"栏中输入音乐文件的位置,或单击"浏览"按钮来定位音乐文件,同时还可以设定循环播放的次数,如选择后面的"不限次数"则可以无限循环播放。

2. "格式"选项卡

如图 8-7 所示,在"格式"选项卡中,用户可以设定网页使用的背景图片、设置网页的背景色、文本的颜色以及访问时和访问前后超链接文字的颜色。这些设置的方法和 Word 中对应的设置的方法相同,这里不再一一介绍。

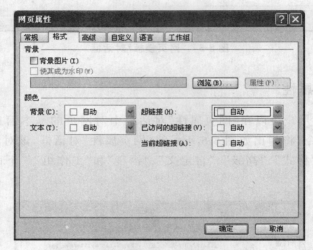

图 8-7 "网页属性"中的"格式"选项卡

3. "高级"选项卡

在"高级"选项卡中,用户可以设置网页的边距,包括上边距、下边距、左边距、右边距以及边距的高度和宽度等信息;单击"正文样式"按钮,可以设置网页正文的字体、字号、颜色、对齐方式、行距、段间距、项目符号等样式;通过"设计阶段控件脚本"可以设置当前页的平台是"客户端(IE 4.0 DHTML)"还是"服务器(ASP)",如果将平台设为"客户端(IE 4.0 DHTML)",则脚本将在客户端以 DHTML 的形式运行,否则,脚本将在服务器端以 ASP 的格式执行。另外,还可以指定设计阶段用来书写服务器端脚本所使用的语言,共有两种选择:JavaScript 和 VBScript。

4. "自定义"选项卡

在"自定义"选项卡中可以定义系统变量和用户变量,这里不做详细介绍。

8.3.3 添加网页元素

建立好一个新网页后,就可以向网页中添加网页的基本元素了。网页的基本元素包括文本、图片、水平线、表格、表单、超链接、框架和动态元素。

1. 文本

1) 文本的输入

首先打开要编辑的网页,此时,FrontPage 2003 自动切换到编辑状态,并且出现光标,等待用户输入文字,这时,用户可以通过键盘输入文字。输入一行后,按 Enter 键,便可在下一行输入,但此时在两行中间会有一个空行,如果同时按下 Shift＋Enter 键进行换行,则在行和行之间不会出现空行。

2) 文本的格式

在 FrontPage 2003 中改变文字的格式与在 Word 中的操作是一样的。选中要格式化的文字,选择"格式"→"字体"命令,打开"字体"对话框,除了字体、字形和大小外,在该对话框中还可以设置文字的特殊显示效果和字符间距等。另外,还可以通过"格式"工具栏对选中的文字进行格式化。

3) 段落的格式

设置段落格式的操作也和 Word 中的一样,选择"格式"→"段落"命令即可打开"段落"对话框,在这里可以设置对齐方式、缩进、首行缩进、段落间距、行距和单字间距等。

2. 图片

1) 图片的插入

首先将光标定位在要插入图片的位置,执行"插入"→"图片"命令,这时会出现一个级联菜单。级联菜单项列出了剪贴画、来自文件、新建图片库、Flash 影片、自选图形、艺术字等多种图像的来源。比如要从已有的图片文件中插入图像,则选择"来自文件",打开"图片"对话框,找到保存图像文件的文件夹,选择要插入的图片文件,单击"插入"按钮,就可以将对应图像插入到网页中的指定位置。

2) 图片的属性修改

右击某一图片,执行"图片格式"命令,单击"图片格式"对话框中的"大小"标签,可以设置图片的大小、缩放比例;单击"布局"标签,可以设置图片和文字的关系;单击"图片"标签,可以对图像进行设置。这些类似于 Word 中图片格式的设置。

3) 背景图片的设置

右击需添加背景的网页,选择快捷菜单上的"网页属性"命令;打开"格式"选项卡,选择"背景图片"复选框,然后单击"浏览"按钮,找到并单击包含所需背景图片的文件夹,选择图片文件;或者给背景指定一种颜色,如图 8-8 所示。

3. 水平线

在网页制作过程中,为了使网页条理清晰,通常在标题与正文之间插入一条水平线,把标题和正文分开。水平线的颜色、粗细可以自由设置,这些可以起到美化网页的作用。插入水平线的方法如下:先将光标定位到要插入水平线的位置(一般是标题和正文之间或段落和段落之间),再执行"插入"→"水平线"命令即可。双击已插入的水平线可设置水平线的属性(宽度、高度、对齐方式和颜色等)。如图 8-8 所示,在标题"计算机基础学习"下面插入了水平线。

4. 表格

使用表格可以设计网页的版面,将网页中的页面元素放在表格的不同单元格中,可以控

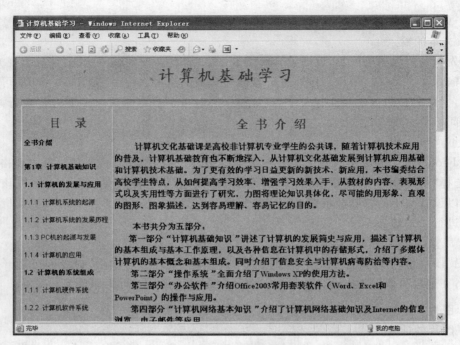

图 8-8　计算机基础学习网页

制页面元素的位置。由于表格几乎被所有的 Web 浏览器所支持,可以保证设计的网页能够在浏览器中正确显示,因此,许多网页设计者都将表格作为主要的页面布局工具。

要实现对页面的完全控制,网页设计者要充分利用表格的一切格式化工具,如单元格对齐方式、合并单元格、拆分单元格、嵌套表格(在表格的单元格中插入另一表格)、表格边框和底纹的设置等,还可以为不同的单元格设置不同的背景色等。对表格的格式化与在 Word 中对表格的格式化方式相同,这里不再赘述。图 8-8 显示了使用表格设计的"计算机基础学习"网页的布局效果。第一列显示了书的目录,第二列显示书的内容。

8.4　美　化　网　页

8.4.1　动态网页

1. 文字的动态效果

文本动画是指某个事件发生时,文本在网页上活动的现象,如当加载网页时,一段文本渐渐放大或者从网页一边一个词一个词地拉入。

在 FrontPage 2003 中使用"DHTML 效果"工具栏可以实现文本动画。如果"DHTML 效果"工具栏没有出现在工具栏上,则选择"视图"→"工具栏"→"DHTML 效果"命令即可。"DHTML 效果"工具栏如图 8-9 所示,实现文本动画的步骤如下。

图 8-9　DHTML 效果工具栏

（1）在 FrontPage 编辑窗口中选中一段文本。

（2）在"在"下拉列表框中选择一个激发动画效果的事件。FrontPage 2003 提供 4 个激发事件：单击、双击、鼠标悬停和网页加载，其中使用最多的是网页加载事件。

（3）在"应用"下拉列表框中选择想要的效果。FrontPage 2003 提供如下动画效果：逐字放入、弹起、飞入、跳跃、螺旋、波动、擦除和缩放。当选择了弹起、飞入、擦除和缩放效果时，还会激活一个"选择设置"下拉列表，在这个下拉列表框中可以选择具体的动画实施方向。选中某个已设置动态效果的网页元素，单击"DHTML 效果"工具栏上的"删除效果"按钮即可取消动态效果。

2. 使用字幕

字幕可以在网页上某个区域中循环往复地滚动，并且可以根据用户的喜好设置多种行为方式。在网页中插入字幕的操作步骤如下：

（1）在"网页"视图下，将鼠标光标移动到要创建字幕的位置。

（2）执行"插入"→"Web 组件"命令，弹出如图 8-10 所示的"插入 Web 组件"对话框。

（3）在该对话框的"组件类型"列表中，单击"动态效果"选项，在"选择一种效果"列表中，选中"字幕"选项，单击"完成"按钮，弹出"字幕属性"对话框，如图 8-11 所示。

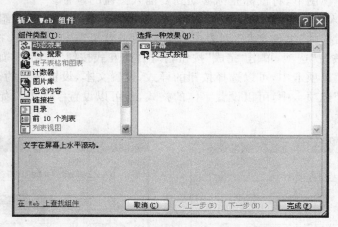

图 8-10　"插入 Web 组件"对话框

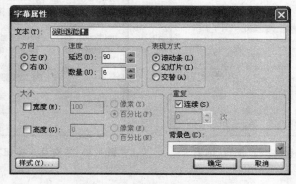

图 8-11　"字幕属性"对话框

（4）在"文本"文本框中输入字幕将要显示的文本，文本长度不限。如果要设定字幕文本的滚动方向，选中"方向"选项栏中的"左"或"右"单选项。

（5）在"速度"选项栏可以设定字幕移动的速度。设置"延迟"增量框的值，调整字幕文本框每两次移动之间的时间间隔，单位为毫秒。在"数量"增量框里的值用来设置字幕文本每次移动的大小，单位是像素。

（6）在"表现方式"选项栏里设置字幕文本的运动方式。

（7）在"方向"选项栏中可以设置字幕的移动方向。

（8）在"大小"选项栏里可以设置字幕的大小，选中"宽度"和"高度"复选框，然后向对应的文本框里输入宽度和高度。

（9）在"重复"选项栏里可以设置字幕的重复次数。

（10）在"背景色"列表里设置字幕滚动文本的背景色。

（11）设置完成后单击"确定"按钮。

3. 交互式按钮

交互式按钮在外观上与普通按钮相同，但当鼠标指针移到这类按钮上时，会出现不同的显示效果。添加交互式按钮的方法为：

（1）在"网页"视图下，将鼠标光标移动到要插入按钮的位置。

（2）执行"插入"→"Web 组件"命令，弹出图 8-10 所示的"插入 Web 组件"对话框。

（3）在该对话框的"组件类型"列表中，单击"动态效果"选项，在"选择一种效果"列表中，选中"交互式按钮"选项，单击"完成"按钮，弹出"交互式按钮"对话框，如图 8-12 所示。

（4）在"按钮"选项卡中，可以选择按钮的样式，设置文本，设置按钮的链接目标地址。

（5）在"字体"选项卡中，可以设置字体的格式，还可以设置字体的初始、悬停、按下的颜色，如图 8-13 所示。

图 8-12 "交互式按钮"中的"按钮"选项卡

图 8-13 "交互式按钮"中的"字体"选项卡

4. 站点计数器

站点计数器用于统计网站被访问的次数。添加站点计数器的方法为：

（1）在"网页"视图下，将鼠标光标移动到要插入站点计数器的位置。

（2）执行"插入"→"Web 组件"命令，弹出如图 8-10 所示的"插入 Web 组件"对话框。

（3）在该对话框的"组件类型"列表中，选中"计数器"选项，单击"完成"按钮，弹出"计数器属性"对话框，如图 8-14 所示。

（4）在"计数器属性"对话框中可以选择计数器的样式，设定数字位数等。

站点计数器必须在网站发布后才能正常显示。

5．网页过渡效果

设置网页过渡方式可以实现如随机分解、溶解等动态效果，这会对网页浏览速度造成一定的影响。

执行"格式"→"网页过渡"命令，打开"网页过渡"对话框。在"事件"列表框中选择一种事件，如"进入网页"、"离开网页"、"进入站点"和"离开站点"。在"过渡效果"列表框中选择一种效果，如"盒状展开"，最后单击"确定"按钮，如图 8-15 所示。

图 8-14　"计数器属性"对话框

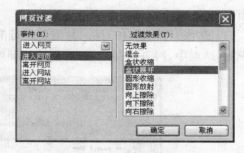

图 8-15　"网页过渡"对话框

8.4.2　创建表单

表单是实现交互式网络浏览的重要手段。浏览者在表单域中输入各种信息后，系统会自动将这些信息提交并传回服务器端相应的处理程序中，当服务器端对所输入的信息进行组织和处理后，将所有的统计信息提供给网络管理员，以便使用，或将浏览者所需的相关信息反馈给客户。在交互过程中，表单的作用就是收集浏览者输入的信息。例如在申请电子邮箱时，需要填写个人信息，如用户名、密码、提示信息等，而收集这些信息的工具就是表单。

表单不仅用于收集信息和反馈意见，它还广泛应用于资料检索、讨论组、网上购物等多种交互式操作。它的这种信息交互式的特点，使得网页不再是一个单一的信息发布载体，而是根据客户提交的信息动态甚至实时地进行信息重组。例如常用的电子银行交易、联网的票据订购系统等，这些都是利用表单并结合数据库技术来实现的。

一个表单有三个基本组成部分。

　　表单标签：用于声明表单，定义采集数据的范围。

　　表单域：包括文本框、文本区、复选框、选项按钮、下拉框、按钮、图片和标签等。

　　表单按钮：包括提交按钮、复位按钮和一般按钮；用于将数据传送到服务器或者取消输入。

　　在 FrontPage 2003 中要创建表单网页可以使用模板创建、使用向导创建和自定义表单 3 种方法。

1. 使用模板创建表单

　　FrontPage 2003 中提供了许多创建表单的模板，包括确认表单模板、意见反馈表单模板、意见簿表单模板、用户注册模板和搜索网页表单模板。使用这些模板用户可以方便地创建表单。在此，以用户注册模板为例进行讲解。

　　用户在互联网上冲浪时常常会发现，当需要使用某些网站更高级的功能时，会要求用户注册为会员，这时需要用户在注册网页中填写个人信息。该功能就使用了注册表单。使用"用户注册"模板可以创建一个包含注册表单的网页，以便进行身份确认。使用"用户注册"模板创建用户注册表单的具体操作步骤如下：

　　(1) 执行"文件"→"新建"命令，在右侧的任务窗格中的"新建网页"下选择"其他网页模板"，打开"网页模板"对话框。

　　(2) 在"网页模板"对话框中选中"用户注册"，单击后系统将自动生成如图 8-16 所示的页面。

　　(3) 在该编辑页面中，用户只需要进行简单的修改，并将修改后的结果保存到当前编辑的 Web 站点中，网页保存后，打开浏览器即可浏览表单效果，如图 8-16 所示。

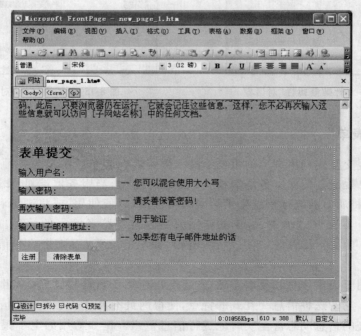

图 8-16　用户注册表单

2. 使用向导创建表单

使用向导创建表单的具体操作步骤如下：

（1）执行"文件"→"新建"→"网页"命令，从"新建网页"任务窗格中选定"网页模板"选项，在弹出的"网页模板"对话框中，打开"常规"选项卡，选中"表单网页向导"，单击"确定"按钮，弹出"表单网页向导"对话框（一），在该对话框中列出了一些简单的提示信息，用来说明该向导的相关内容。

（2）单击"下一步"按钮，弹出"表单网页向导"对话框（二），单击"添加"按钮，弹出"表单网页向导"对话框（三），在"选择此问题要收集的输入类型"列表框中选择问题要收集的类型，如选择"个人信息"选项，选择类型后将会在"说明"文本框中显示相应的选项提示；在"编辑此问题的提示"文本框中输入所选表单对问题的提示信息。

（3）单击"下一步"按钮，弹出如图 8-17 所示的"表单网页向导"对话框（四），在该对话框中对要收集的信息做进一步的选择，只需在"选择要从用户处收集的数据项"选项区中选中相应的复选框或单选按钮即可；在"请输入此组变量的基本名称"文本框中输入这组变量的名称，系统默认的名称为"Personal"。

（4）单击"下一步"按钮，进行其他的一些设置后即可完成表单网页的创建，创建后的表单网页的效果如图 8-18 所示。

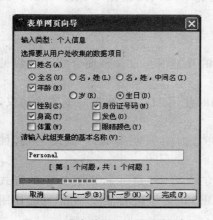

图 8-17　"表单网页向导"对话框

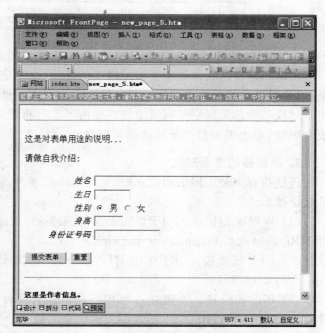

图 8-18　使用向导创建的表单网页

8.4.3　超链接

在平常的网页浏览中经常会看到如图 8-19 所示的网页，当单击"搜狐"时，会打开搜狐的主页，这就使用了超链接。简单地说，超链接就是从一个网页或文件到另一个网页或文件的链接。当浏览者单击某一个超链接时，所链接的目标内容将显示在浏览器中，并根据目标的类型打开或运行。超链接的目标可以是一幅图片、一个多媒体文件、一个程序,也可以是一个网页。

图 8-19　搜狗浏览器网址大全网页

1. 超链接的载体

所谓超链接的载体是指显示超链接的部分,也就是指包含超链接的文字、图片或其他对象,但使用最多的是文字和图片超链接。对于文本超链接,在网页浏览器中,超链接通常采用下划线和颜色来区别于网页中的其他内容。当将鼠标指针指向超链接时,鼠标指针将变成形状,单击即可打开所链接的目标文件。

2. 超链接的主要形式

超链接有多种不同的形式,分别链接到内部或外部的其他网页上。下面介绍几种常见的超链接形式。

(1) WWW 超链接。用于访问 WWW 服务器,访问时使用 HTTP 即超文本传输协议,其 URL 的格式如 http://www.ywicc.net.cn。

(2) FTP 超链接。用于访问 FTP 服务器,定义 URL 时必须使用 FTP 协议形式,如 ftp://172.16.1.11。

(3) BBS 超链接。要建立一个 BBS 超链接有两种方法:一种是以 HTTP 协议的方式建立,另一种是以 TELNET 协议的方式建立。同一个 BBS 的超链接的 URL 可以同时使用 HTTP 协议和 TELNET 协议两种形式。

(4) E-mail 超链接。当定义了 E-mail 超链接后,不需要知道对方的 E-mail 地址就可以发送电子邮件。一个 E-mail 超链接的 URL 必须使用 MAILTO 协议,如:mailto:Huangh@ywu.cn。

(5) TELNET 超链接。其超链接的 URL 使用 TELNET 协议形式,如:telnet://xx.yy.zz。

3. 超链接的实现

1) 文本超链接

创建文本超链接的具体操作步骤如下：

（1）在网页中选中需要创建超链接的文本，如图 8-19 所示可先选中"搜 狐"文本。

（2）选择"插入"→"超链接"命令，或右击，在弹出的快捷菜单中选择"超链接"命令，出现如图 8-20 所示的"插入超链接"对话框。

（3）在"地址"下拉列表框中输入链接的目标地址及文件名，或在"查找范围"下拉列表中选择所要链接的文件，选择后该文件的地址将自动添加到地址栏中。也可以直接在地址栏中输入"http：//www.sohu.com"，如图 8-20 所示。

图 8-20 "插入超链接"对话框

（4）单击"确定"按钮，即可创建一个文本超链接。

2) 图片超链接

建立图像超链接的方法有两种：使用"插入超链接"对话框建立超链接和使用"图片属性"对话框建立超链接。使用"插入超链接"对话框建立图片超链接的步骤和建立文本超链接的步骤类似，这里不再叙述。

使用"图片属性"对话框建立图片超链接的步骤如下：

（1）右击图片，在弹出的快捷菜单中选择"图片属性"命令，打开"图片属性"对话框。

（2）在"常规"选项卡中的"默认超链接"栏中的"位置"中输入目标网页的地址，或者单击"浏览"按钮，在打开的"编辑超链接"对话框中选择一个网页。

（3）单击"确定"按钮，关闭"图片属性"对话框。

4. 编辑超链

1) 修改超链接

一个超链接建立后，如果有地方设置不正确或还需要其他设置，还可以对这个超链接进行修改。修改的方法是在网页中选定要修改的超链接载体，在所选超链接载体上右击，选择快捷菜单中的"超链接属性"命令，打开"编辑超链接"对话框，该对话框与如图 8-20 所示的对话框类似，其中显示了超链接的当前设置，根据需要可以修改某些选项。

2) 删除超链接

要清除一个超链接，可以先选取要删除的超链接载体，然后在超链接载体上右击，再选择快捷菜单中的"超链接属性"命令,打开"编辑超链接"对话框。在该对话框的右下方单击"删除链接"按钮,则原来的超链接载体的超链接就被取消,而超链接载体依然保留在网页中。

8.4.4　书签

书签与超链接的本质相同,书签其实也是一种网页文档的内部超链接,它所指向的是网页本身的某个位置,其主要作用是在同一网页中定位。使用书签可以方便地在同一个网页中进行查询和定位。如果网页中的内容非常多时,浏览者需要借助滚动条来帮助浏览,这样往往会漏掉或跳过部分内容。此时就可以利用书签的链接功能,将网页中的重要标题列出来,浏览者只需单击便可迅速、准确地找到所指定的位置。

1. 创建书签

在使用书签前,首先要对书签进行定义,书签的对象可以是文本、图片或空白网页。创建书签的具体操作步骤如下:

(1) 在"网页"设计视图中,将光标置于要创建书签的位置,或选中需要作为书签的文本。在如图 8-8 所示的网页中,要为书中的标题设置标签,可以选中标题,如先选中"全书介绍"。

(2) 执行"插入"→"书签"命令,弹出如图 8-21 所示的"书签"对话框。在"书签名称"文本框中输入书签的名称。如果在网页中已选择了文本,那么文本将显示在"书签名称"文本框中。

(3) 如果定义的还有其他书签,则在"此网页中的其他书签"列表中显示所有已定义的书签,但每个书签的名称不能相同。设置完成后,单击"确定"按钮。

使用同样的方法可以在网页中创建多个书签,文本被定义为书签后,在该文本下方将会添加一个下划线。如图 8-22 所示是建立了 5 个书签时的对话框。

图 8-21　"书签"对话框

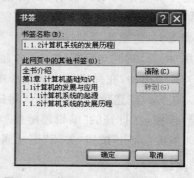

图 8-22　建立了 5 个书签时的对话框

2. 建立到书签的超链接

创建好书签后,就可以在网页中建立到书签的超链接,具体操作步骤如下:

(1) 在网页中选中要作为超链接载体的文本或图片,在如图 8-8 所示的网页中,选中目录中的"全书介绍"文本,然后选择"插入"→"超链接"命令,弹出"插入超链接"对话框。

(2) 在"链接到"列表框中单击"本文档中的位置"图标或者直接单击"书签"按钮,弹出如图 8-23 所示的"插入超链接"对话框。

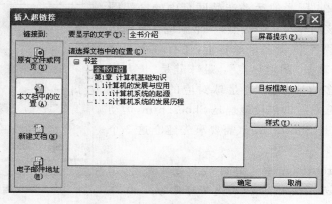

图 8-23　"插入超链接"对话框

（3）在该对话框中的"请选择文档中的位置"列表中列出了网页中所有已创建的书签，用户可以选择所要链接的书签。设置完成后，单击"确定"按钮即可返回到网页中。

3. 删除书签

当不需要某些书签时，可以将其删除，其具体操作步骤如下：

（1）选择"插入"→"书签"命令，弹出"书签"对话框。

（2）在"此网页中的其他书签"列表框中选择需要删除的书签，然后单击"清除"按钮，即可删除该书签。

（3）按同样的方法可以删除其他书签，完成后，单击"确定"按钮即可。

8.4.5　创建图像映射

图片映射就是在一张图片中创建多个不同的区域，这些区域可以是矩形、圆形或多边形，每一个区域称为一个"热点"。图片映射可以在同一个图片中创建多个超链接，每一个超链接与一个指定的热点相关联。用户可以为每一个热点创建不同的链接目标，也可以为某几个或所有的热点创建同一个链接目标。甚至还可以为整幅图片创建相同的链接目标。单击图片中的热点时，系统会自动打开链接的目标文件。创建图片热点超链接的具体操作步骤如下。

（1）在"网页"视图的设计模式下，选中需要创建热点超链接的图片，右击，在弹出的快捷菜单中选择"显示图片工具栏"命令，打开"图片"工具栏。

（2）单击"图片"工具栏中的热点按钮，包括"长方形热点"按钮□、"圆形热点"按钮○和"多边形热点"按钮△。这些热点按钮主要是根据图片的内容和设计要求而选择。

（3）将鼠标光标移到图片中需要创建热点超链接的位置，当光标变成笔形时，拖动光标在该图片上绘制热点区域，绘制方法如下。

- 绘制圆形：单击以放置圆心，然后拖动光标至所需大小。
- 绘制长方形：单击以放置一个顶点，然后拖动光标至所需大小。
- 绘制多边形：单击以放置多边形的每个顶点，然后双击完成该形状。

（4）释放鼠标即可打开"插入超链接"对话框。

（5）查找并选择与热点链接的文件，然后单击"确定"按钮。

下面以如图 8-24 所示的运动产品网页中的一幅图片为例进行说明，该图片有 4 个热点，一个围绕在足球运动员的运动裤上，两个围绕在足球鞋上，还有一个围绕在足球上。其中足球是"圆形热点"，足球鞋是"长方形热点"，运动裤是"多边形热点"。足球对应的链接地址是 Ball.htm，足球鞋对应的链接地址是 Shoes.htm，运动裤对应的链接地址是 Shorts.htm（需要事先建立这 3 个网页）。

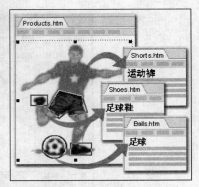

注意：当在 FrontPage 中工作时热点是可见的，但是当在浏览器中显示网页时，热点则是不可见的。

图 8-24　运动产品图片

8.5　发 布 站 点

发布 Web 网站通常是指将组成 Web 网站的全部文件复制到某个特殊目的地址，让自己的网页能被 Internet/Intranet 上的访问者浏览到。发布网站有两种方式：一种是将网站发布到自己建立的 Web 服务器上；另一种是借助知名网站的个人网页空间发布。使用后一种方法需要到一个 Internet 服务提供商（ISP）上申请一个账户，或者在 WWW 上申请免费主页空间。现在许多网站都提供了免费的主页空间。下面介绍使用 FrontPage 发布网站的方法。

8.5.1　使用 IIS 架构一个新网站

1. 安装 Internet 信息服务 IIS

Windows XP 默认安装时不安装 IIS 组件，因此需要手工添加安装。IIS 的安装方法如下：

（1）选择"开始"→"控制面板"命令，双击"添加或删除程序"按钮。

（2）在"添加或删除程序"对话框左侧的列表中，单击"添加/删除 Windows 组件"按钮，出现"Windows 组件向导"后，单击"下一步"按钮。

（3）在"Windows 组件"列表中选中"Internet 信息服务（IIS）"复选框，单击"下一步"按钮，然后根据提示进行操作（IIS 的安装包可以从网上下载）。

2. 配置 Web 服务器

（1）首先打开"控制面板"窗口，双击"管理工具"，在"管理工具"窗口中双击"Internet 服务管理"，启动 Internet 信息服务程序，如图 8-25 所示。

（2）在左边 Internet 信息服务树状列表中，单击"PC2011032116XYS（本地计算机）"前的"+"，再单击"网站"后的"+"，则显示本地服务器下的网站列表，可以使用 IIS 建立的默认网站，也可以创建一个新的 Web 网站，这里使用 IIS 建立的默认网站。

（3）选择"默认网站"，右击，选择快捷菜单中的"属性"命令，打开"默认网站属性"对话框，如图 8-26 所示。

（4）设置网站的基本信息。打开"默认网站属性"对话框的"网站"选项卡，如图 8-26 所

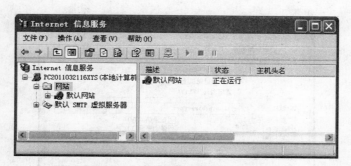

图 8-25　"Internet 信息服务"窗口

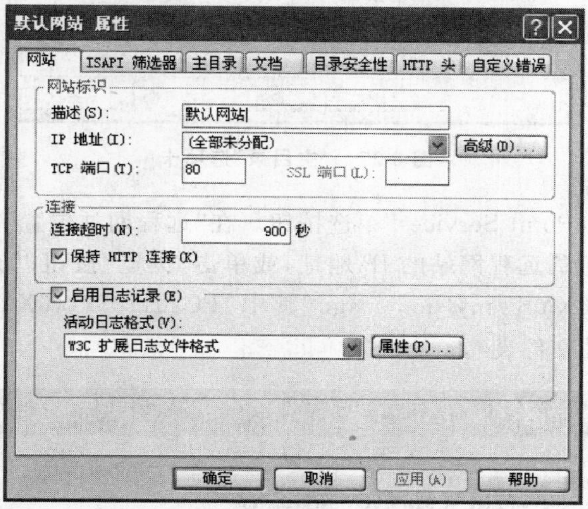

图 8-26　"默认网站属性"对话框

示,其中的"描述"选项为该网站的名称,用来标识服务器,可以随意填,比如"WWW 服务器";"IP 地址"选项为服务器的 IP 地址,系统默认为"全部未分配",从下拉列表选择本机的 IP 地址;"TCP 端口"一般为默认的 80 端口;"连接超时"用来设置一个连接等待时间;其他选项一般使用默认设置即可。

(5) 设置网站主目录。主目录是用户发布的网站内容子目录的根目录,设置主目录的方法是:打开"主目录"选项卡,如图 8-27 所示,在"本地路径"中用户可以更改主目录,IIS 安装过程中系统会自动在系统盘新建网站目录,默认目录为 C:\Inetpub\wwwroot,这里使用该默认目录。然后根据具体情况设置 Web 网站的使用权限,如读取、写入、运行脚本、浏览等,单击"确定"按钮后,Web 服务器配置完成,用户就可以将自己设计的网站传送到 Web 服务器上。

设置完成后,将网站文件夹复制到默认主目录 C:\Inetpub\wwwroot 下。

8.5.2　上传发布站点

使用 FrontPage 2003 的"发布站点"命令发布 Web 网站的步骤如下。

(1) 打开要发布的网站。

(2) 选择"文件"→"发布网站"命令,打开如图 8-28 所示的"远程网站属性"对话框,选

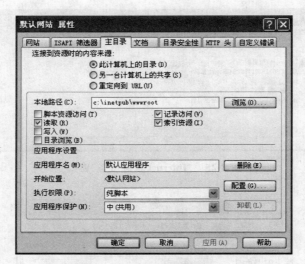

图 8-27　"主目录"选项卡

择"FrontPage 或 SharePoint Services"单选按钮。在"远程网站位置"文本框中,输入要将文件夹和文件发布到其上的远程网站的 IP 地址,或单击"浏览"按钮以查找此网站,这里输入 http：//PC2011032116XYS /my homepage(其中"PC2011032116XYS"是本地计算机名,"my homepage"是网站文件夹)。

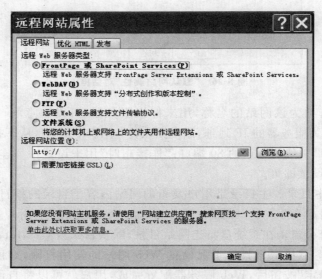

图 8-28　"远程网站属性"对话框

(3) 选择以下操作:

- 若要使用安全套接字层(SSL),请单击"需要加密链接(SSL)"复选框,若要在 Web 服务器上使用 SSL 连接,服务器必须配置由公认的认证机构所颁发的安全证书。如果服务器不支持 SSL,请清除此复选框。在这里我们清除该复选框。
- 发布网页时,若要从网页中删除特定类型的代码,请在"优化 HTML"选项卡上选择所需选项。

- 若要更改默认的发布选项,请在"发布"选项卡上选择所需选项。

(4) 单击"确定"按钮,返回 FrontPage 2003 窗口界面。

(5) 单击 FrontPage 2003 窗口中的"发布网站"按钮,站点将被发布到本地 Web 服务器上。

这时,打开 IE 浏览器,在地址栏输入"http://PC2011032116XYS"就可以浏览到网站中的主页,通过主页上或其他网页上的超链接就可以浏览网站中的其他网页。

习 题 8

一、单项选择题

1. 使用浏览器访问网站时,第一个被访问的网页称为(   )。

　A) 网页　　　　　 B) 网站　　　　　 C) HTML 语言　　　　　 D) 主页

2. 在 FrontPage 2003"网页"视图方式下,单击(   )标签可观察网页在浏览器中的情形。

　A) 普通　　　　　 B) HTML　　　　　 C) 预览　　　　　 D) 编辑

3. 在 FrontPage 2003 中,想要加入背景音乐可以在下列(   )属性中设置。

　A) 单元格属性　 B) 框架属性　　 C) 网页属性　　　　　 D) 表格属性

4. FrontPage 2003 中,下列(   )项目不是水平线的外观。

　A) 宽度与高度　 B) 对齐方式　　 C) 颜色　　　　　 D) 动态效果

5. 在 FrontPage 2003 中,文字左右交替移动的效果,是下列(   )效果。

　A) 字体　　　　　　　　　　　　 B) DHTML 效果

　C) 字幕　　　　　　　　　　　　 D) 悬停按钮

6. 在 FrontPage 2003 中,下列关于超链接的叙述错误的是(   )。

　A) 可以利用图片进行链接　　　　 B) 可以利用文字进行链接

　C) 可以链接到框架　　　　　　　 D) 可以链接到网页中被标记的位置或文字

7. FrontPage 2003 中,下述关于图片与链接的关系表述正确的是(   )。

　A) 图片不能建立链接

　B) 一张图片只能建立一个链接

　C) 图片要建立链接需经过处理

　D) 通过设置热区,一张图片可建立多个链接

8. 在 FrontPage 2003 中,要建立同一个网页内的链接点,在单选某一链接后,迅速跳转到同一网页内的另一个特定位置,这时应采用(   )链接。

　A) 单元格　　　 B) 表单　　　　 C) 书签　　　　　 D) 表格

9. 网页制作中,为了了解访问者的意见,可用(   )办法实现。

　A) 文字　　　　　 B) 表格　　　　 C) 表单　　　　　 D) 框架

10. 在网页制作中,经常用下列(   )办法进行页面布局。

　A) 文字　　　　　 B) 表格　　　　 C) 表单　　　　　 D) 图片

二、填空题

1. 网页显示的三种状态为普通、HTML 和_____。

2. 当第一次启动 FrontPage 2003 时,系统自动创建一个_____命名的网页文件。

3. 在网页中插入文本文要利用_____菜单。

4. 代表网页文件的文件扩展名为_____。

5. 在 Frontpage 2003 中,网页的编辑除在 HTML 显示方式下进行外,还可在_____方式下进行。

6. 在 FrontPage 2003 中插入的图片可以是来自文件的图片、视频图片和_____。

7. 在网页中,表单的作用主要是_____。

8. 网页中的最主要元素是_____。

三、简答题

1. 解释网站、网页的概念。

2. 什么是超链接?如何设置超链接?

3. 什么是字幕?如何设置?

4. 简述网站发布的方法与过程。

四、上机操作题

1. 使用"个人网站"模板建立一个个人网站。

2. 制作一个网站,主页为 index. htm,具体要求如下。

(1) 网页的标题为电脑乐园,网页的背景色为银白色,文本颜色为深蓝色。

(2) 在网页的上方插入一个一行四列的表格,将表格的边框粗细设置为 1,表格指定宽度为 100%,高度指定为 60 像素。四个单元格的内容分别为:新手上路、软件下载、硬件资讯和数码特区,并且居中放置。

(3) 在表格的下方插入剪贴画库中科技类别的计算机剪贴画,并将它居中。

(4) 分别为表格四个单元格中的文字设置超链接。其中:新手上路超链接到 beginner. htm,软件下载超链接到 software. htm,硬件资讯超链接到 hardware. htm,数据特区超链接到 digital. htm(这四个网页需要自己新建)。

3. 制作一个介绍大学生活的网页,内容包括:青青校园、大学时光、大四情怀、情感驿站。

4. 设计一个网页,该网页以表示对汽车的爱好为主要内容,并在网页中插入一个汽车图片,在汽车的头灯、轮胎和车门上各绘制一个热点区域,并将这些热点分别超链接到一个新建的网页上。

第 9 章

计算机信息系统安全与防护

　　随着计算机的性能得到了成百上千倍的提高,它的应用范围也在不断扩大,计算机已遍及世界各个角落,各行各业对计算机信息系统的依赖程度也越来越高,而这种高度的依赖性使得计算机系统变得十分"脆弱"。计算机病毒的破坏、黑客的窥视、木马程序的出现等人为因素更加重了人们对信息安全的忧虑。这些也更加说明了信息安全的重要性,也使得计算机系统的安全问题成为了摆在我们面前尤为严峻的问题。

　　本章主要介绍信息系统安全的基本知识、计算机病毒的防治技术、黑客与木马的攻防技术和防火墙技术。

【学习要求】

- ◆ 理解信息安全的概念,了解信息安全的几种常用技术;
- ◆ 掌握计算机病毒的特点;
- ◆ 掌握用杀毒软件进行杀毒的方法,能够对杀毒软件进行配置;
- ◆ 了解黑客的攻击步骤;
- ◆ 了解木马入侵系统的方式;
- ◆ 能够使用木马克星对计算机进行扫描;
- ◆ 掌握防火墙的作用;
- ◆ 能够对防火墙进行系统设置。

【重点难点】

- ◆ 计算机病毒的概念;
- ◆ 杀毒软件的使用方法。

9.1　信息系统安全的演变

　　计算机信息系统的安全问题始于 20 世纪 60 年代末期。在计算机信息系统的使用过程中,一些问题逐渐暴露出来,引发了一些安全问题,这些问题被西方国家政府和一些私营部门机构所重视,开始了对计算机安全问题的研究。由于当时计算机的应用范围不大,所以一些问题在得到严加控制之后,也就解决了。那时候,人们把信息安全理解为对信息的保密性、完整性和可用性的保护,这种保护被称为静态管理保护模式。

进入 20 世纪 80 年代后,计算机处理能力得到提高,计算机开始得到广泛应用,并且渗透到各个领域,尤其是个人电脑的发展非常迅猛。此时,人们开始接触网络,并在网络中真正感受到信息的价值。在信息网络中,对于用户来说网络就像一台资源丰富、地域广、传递速度快的大型计算机。因此计算机信息系统的安全就演变成"计算机信息网络"的安全。

9.1.1 信息安全的概念

信息作为一种人类社会的资源,它的价值不同于其他物质。它的价值不仅取决于信息本身的内容,还取决于可靠性、时间性、准确性和传播性。信息安全的实质就是要保护信息系统或信息网络中的信息资源免受各种类型的威胁、干扰和破坏,即保证信息的安全性。根据国际标准化组织的定义,"信息系统安全"定义为:"为数据处理系统建立和采取的技术和管理的安全保护,保护计算机硬件、软件数据不因偶然和恶意的原因而遭到破坏、更改和泄露。"此概念偏重于静态信息保护。也有人将"信息系统安全"定义为:"计算机的硬件、软件和数据受到保护,不因偶然和恶意的原因而遭到破坏、更改和泄露,使系统连续正常运行。"该定义着重于动态意义的描述。信息系统安全的内容应包括两方面:物理安全和逻辑安全。物理安全指系统设备及相关设施受到物理保护,免于破坏、丢失等。逻辑安全包括信息完整性、保密性和可用性。

9.1.2 信息安全的特性

从信息安全的定义来看,它应具有以下 5 个特性。

1. 可用性

可用性是指信息可被合法用户访问并按要求顺利使用的特性,即指当需要时可以取用所需信息。对可用性的攻击就是阻断信息的可用性,例如破坏网络和有关系统的正常运行就属于这种类型的攻击。

保证可用性最有效的方法,是通过使用多层访问控制技术来阻止对未授权资源的访问,利用完整性和保密性服务来防止可用性攻击。访问控制、完整性和保密性成为协助支持可用性安全服务的机制。

2. 完整性

完整性是指信息在存储或传输过程中保持不被修改、不被破坏、不被插入、不延迟、不乱序和不丢失的特性。对于军用信息来说,完整性被破坏可能意味着贻误战机、自相残杀或闲置战斗力等。破坏信息的完整性是对信息安全发动攻击的目的之一。

破坏信息的完整性既有人为因素,也有非人为因素。非人为因素是指通信传输中的干扰噪声、系统硬件或软件的差错等。人为因素分为有意和无意两种。前者是非法分子对计算机的入侵、合法用户越权对数据进行处理,以及隐藏的破坏性程序(如计算机病毒、时间炸弹、逻辑陷阱等)等;无意危害是由操作失误或使用不当(如管理员的疏漏)而造成的。

3. 保密性

是指保密信息只为授权者享用,以经过允许的方式使用,信息不泄露给未授权用户、实体,或供其利用的特性。保密性是在可靠性和可用性的基础之上,保障信息安全的重要手段。军用信息安全尤为注重信息的保密性(比较而言,商用则更注重信息的完整性)。

常用的保密技术如下。

(1) 防侦收:使对方侦收不到有用的信息。

(2) 防辐射:防止有用的信息以各种途径辐射出去。

(3) 信息加密:在密钥的控制下,用加密算法对信息进行加密处理。

(4) 物理保密:利用各种物理方法保护信息不被泄露。

4. 真实性(不可否认性或不可抵赖性)

"否认"指参与通信的实体拒绝承认它参加了某次通信,不可否认是保证信息行为人不能否认其信息行为。不可否认性是建立有效的责任机制,防止用户否认其行为,并提供了向第三方证明该实体确实参与了某次通信的能力。

5. 可靠性

可靠性是指保证信息系统不停地提供正常服务,是所有信息网络建设和运行的目标。增大可靠性的措施包括:提高设备质量、严格质量管理、必要的冗余和备份,采用容错、纠错和自愈,选择合理的拓扑结构和路由分配、分散配置和负荷等措施。可靠性主要表现在硬件可靠性、软件可靠性、人员可靠性、环境可靠性等方面。

6. 可控性

可控性是指授权机构可以随时控制信息的机密性,美国政府所提倡的"密钥托管"、"密钥恢复"等措施就是实现信息安全可控性的例子。

它可以保证信息和信息系统的授权认证和监控管理,确保某个实体(人或系统)身份的真实性,也可以确保执法者对社会的执法管理行为。

9.1.3　信息安全机制

保护信息安全所采用的手段称为安全机制。所有的安全机制都是针对某些安全威胁而设计的,可以按照不使用、单独或组合使用等方式划分。合理使用安全机制会在有限的投入下最大限度地降低风险。

1. 加密和隐蔽机制

密码技术是保障信息安全的核心技术。它不仅能够保证机密性信息的加密,而且能完成数字签名、身份验证、系统安全等功能。所以,使用密码技术不仅可以保证信息的机密性,而且可以保证信息的完整性和准确性,防止信息被篡改、伪造和假冒。

目前,密钥系统很多。按如何使用密钥的不同,密码体制可分为对称密钥密码体制和非对称密钥密码体制。

(1) 对称密码体制是从传统的简单换位发展而来的。其主要特点是:加解密双方在加解密过程中要使用完全相同或本质上等同(即从其中一个容易推出另一个)的密钥,即加密密钥与解密密钥是相同的。所以称为传统密码体制或常规密钥密码体制,也可称之为私钥、单钥或对称密码体制。其典型代表是美国的数据加密标准(DES),通信模型如图 9-1 所示。

(2) 非对称密钥密码体制的密钥成对出现,一个为加密密钥(即公开密钥 PK),可以公开,谁都可以使用;另一个为解密密钥(私有密钥 SK),只有解密人秘密保存;这两个密钥在数字上相关但不相同,且不可能从其中一个推导出另一个。所以,非对称密钥密码技术是指在加密过程中,密钥被分解为一对。这对密钥中的任何一把都可作为公开密钥通过非保密方式向他人公开,用于对信息的加密;而另一把则作为私有密钥进行保存,用于对加密信息的解密。所以又可以称为公开密钥密码体制(PKI)、双钥或非对称密码体制。其典型代表是 RSA 体制,通信模型如图 9-2 所示。

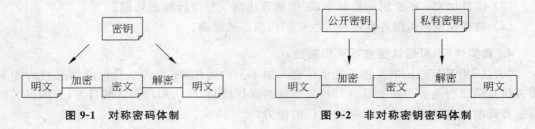

图 9-1　对称密码体制　　　　　　　　图 9-2　非对称密钥密码体制

2. 防火墙技术

防火墙是设置在被保护网络和外部网络之间的一道屏障,是不同网络或网络安全域之间信息的唯一出入口,能根据受保护的网络的安全政策控制(允许、拒绝、监测)出入网络的信息流,尽可能地对外部屏蔽网络内部的信息、结构和运行状况,以此来实现网络的安全保护,以防止发生不可预测的、潜在破坏性的侵入。

9.4 节将会详细介绍防火墙技术。

3. 入侵检测技术

利用防火墙技术,通常能够在内外网之间提供安全的网络保护,降低网络的安全风险。但是,仅仅利用防火墙还远远不够。因为入侵者可寻找防火墙背后可能敞开的后门,入侵者可能就在防火墙内。

入侵检测是用于检测任何损害或企图损害系统的保密性、完整性或可用性的一种网络安全技术。它通过监视受保护系统的状态和活动,采用误用检测(Misuse Detection)或异常检测(Anomaly Detection)的方式,发现非授权的或恶意的系统及网络行为,为防范入侵行为提供有效的手段。入侵检测系统(Intrusion Detection System,IDS)就是执行入侵检测任务的硬件或软件产品。IDS 通过实时的分析,检查特定的攻击模式、系统配置、系统漏洞、存在缺陷的程序版本以及系统或用户的行为模式,监控与安全有关的活动。

入侵检测的目的就是提供实时的检测及采取相应的防护手段,以便对进出各级局域网的常见操作进行实时检查、监控、报警和阻断,从而防止针对网络的攻击与犯罪行为,阻止黑客的入侵。

4. 访问控制技术

访问控制就是通过某种途径显式地准许或限制访问能力及范围的一种方法。比如给用户和用户组赋予一定的权限,控制用户和用户组对文件夹、子文件夹、文件和其他资源的访问,以及指定用户对这些文件、文件夹、设备能够执行的操作。根据访问权限可将用户分为以下三类:

(1) 特殊用户,即系统管理员。

(2) 一般用户,系统管理员根据用户的实际需要为他们分配操作权限。

(3) 审计用户,负责网络的安全控制与资源使用情况的审计。

访问控制作为信息安全保障机制的核心内容和评价系统安全的主要指标,被广泛应用于操作系统、文件访问、数据库管理以及物理安全等多个方面,它是实现数据保密性和完整性的主要手段。

5. 防病毒技术

计算机病毒是指编制或者在计算机程序中插入的破坏计算机功能或者毁坏数据、影响计算机使用、并能自我复制的一组计算机指令或者程序代码。

由于用户理论知识和实际操作水平的限制,以及计算机信息安全方面的法律制度不健全的影响,造成了计算机病毒的泛滥,很大程度上影响了用户的正常工作,甚至严重破坏了用户的数据。特别是近 10 年来,计算机病毒的增长速度呈几何级数趋势。

9.2 节将详细介绍计算机病毒的知识。

6. 备份技术

数据的灾难恢复是保证系统安全可靠不可或缺的基础。网络的高可靠性和高可用性是最基本的要求,存储在网络中的重要业务数据一旦丢失,后果不堪设想。因此,建立一套行之有效的灾难恢复方案就显得尤为重要。如果定期对重要数据进行备份,那么在系统出现故障后,仍然能保证重要数据的恢复。备份的内容包括:重要数据的备份、系统文件的备份、应用程序的备份、整个分区或整个硬盘的备份日志文件的备份。

除以上的技术外,还包括审计技术,安全性检测技术等。

9.2　计算机病毒

9.2.1　计算机病毒概述

20 世纪 80 年代早期出现了第一批病毒。但这些病毒大部分是试验性的,只能进行相对简单的自行复制,所以它的破坏力不强。随着计算机软硬件技术的发展,计算机内部潜在的危害也越来越大。计算机病毒只是一段可执行的程序代码,它们附着在各种类型的文件上随着文件从一个用户复制给另一个用户时,计算机病毒也就传播蔓延开来。计算机病毒的历史贯穿着计算机技术的发展,几乎每一个阶段都有一些代表性的病毒出现。而对每一个使用计算机的人来说,病毒是一个无法回避的问题,它常常给那些粗心的用户带来难以承受的损失。

1. 计算机病毒的定义

对于计算机病毒,我国 1994 年 2 月 18 日颁布实施的《中华人民共和国计算机信息系统安全保护条例》第二十八条中明确定义:计算机病毒是指编制或者在计算机程序中插入的破坏计算机功能或者毁坏数据、影响计算机使用、并能自我复制的一组计算机指令或者程序代码。

除此之外,还有很多关于计算机病毒的定义。一种定义是通过磁盘、磁带和网络等作为媒介传播扩散,能"传染"其他程序的程序。另一种是能够实现自身复制且借助一定的载体存在的具有潜伏性、传染性和破坏性的程序。还有的定义是一种人为制造的程序,它通过不同的途径潜伏或寄生在存储媒体(如磁盘、内存)或程序里。当某种条件或时机成熟时,它会自生复制并传播，使计算机的资源受到不同程序的破坏等。也就是说：

(1) 计算机病毒是一个程序。

(2) 计算机病毒具有传染性，可以传染其他程序。

(3) 病毒的传染方式是修改其他程序，是通过把自身复制嵌入到其他程序中而实现的。

2. 计算机病毒简史

事实上，计算机病毒是后天出现的，是人为设计的"杰作"。之所以称其为"杰作"，是因为没有哪一类程序可以像计算机病毒一样设计得如此完美。计算机病毒最先调用了操作系统的底层功能，最先采用了复杂的加密及反跟踪技术……各种高级和不常见的技术基本上都是首先使用在计算机病毒的编写上的。可以说，计算机病毒技术的发展为现代高级软件技术的发展奠定了基础。

那么第一个真正意义上的计算机病毒是什么时候，在什么样的背景下出现的呢？

最早的计算机病毒雏形在 20 世纪 50 年代末产生于贝尔实验室，三位年轻的程序员在他们工作之余编写了一个叫"磁芯大战"(CORE WAR)的小游戏，其基本玩法就是一方通过不断自我复制来摆脱另一方的束缚，并完全消灭另一方。可以看出，这个小游戏已经具备了经典病毒的最基本特征之一：自我复制功能。然而这个程序还不能算是一个真正的计算机病毒，它只是早期病毒的雏形，因为它不能感染其他程序，也不能感染其他计算机。

到了 20 世纪 60 年代末期出现了文件型病毒的雏形："流浪的野狗"。它可以不断寻找正常程序，然后把自己的代码附到这个正常程序代码的后面。从特点上看，它已经可以被理解为计算机病毒了。但由于那时使用的是大型机，而且没有出现真正的网络，所以没有传播开。

反病毒程序的雏形出现在 20 世纪 70 年代初期。那时候出现了调制解调器，于是一种叫"爬行者"的病毒通过调制解调器可以传播到另一台计算机上。这是计算机病毒的一大发展。为了对付这种不断传播的病毒，一些程序员编写了一个叫"清除者"的程序来专门杀灭"爬行者"。这是计算机病毒和反病毒程序的第一次正面战争。

从 20 世纪 80 年代起，随着 PC 兼容机的大范围流行，计算机病毒开始正式走上历史的舞台，各种各样的病毒和"木马"不断涌现。特洛伊木马、引导型病毒、文件型病毒、蠕虫病毒，这些在病毒历史上扮演着重要角色的代表都是在那个年代被编写出来的。特别是1983 年一些人将当时的部分病毒编写技术公布于世，之后更多各种各样功能和特点的病毒被编写出来。先后出现了感染苹果机的病毒、会自我加密的病毒、利用网络传播的病毒等。不可否认，20 世纪 80 年代是计算机病毒的辉煌时期。在同一时期，"反病毒"的概念也被广泛提出，各种早期的杀毒软件开始出现。我国公安部也在 1986 年成立了计算机病毒研究小组，并派人到欧美国家学习先进的防病毒技术。

再下一个 10 年，病毒更加猖獗地出现在世界各地的计算机上。随着病毒编写技术的不断成熟，出现了多态病毒、混合型病毒、反跟踪病毒、隐身病毒、宏病毒、脚本病毒，甚至出现了病毒制造机器。这也使得反病毒技术的发展有了很大进步。国外的赛门铁克、微软，国内的瑞星、江民、信源、金辰、金山等公司，相继公开出售了自己的反病毒产品，他们为现代反病毒技术的发展贡献了力量。值得一提的是 1998 年爆发的 CIH 病毒，它是历史上第一个破坏计算机硬件的病毒。该病毒由台湾一名大学生编写，并首先传播到美国，再通过网络传播到世界各地，无数的计算机被感染和破坏。宏病毒成了 20 世纪 90 年代计算机病毒的主角，并一直保持活力到现在。另一方面,各种各样的"木马"编写技术也不断成熟,很多功能强大的"木马"已经从单一的偷窃信息演变到综合性的远程控制,它们开始学会以各种各样的手段在网络上传播。

2000 年以后,Internet 已经在整个世界范围内快速发展,在国内也已经开始逐步大众化。计算机病毒开始朝着综合型、多样型、智能型、网络型的方向发展,数量越来越多,功能越来越复杂。很多传播能力强、危害巨大的病毒——"梅丽莎"、"红色代码"、"尼姆达"、"求职信"、"巨无霸"、"蠕虫王"、"冲击波"等都给广大计算机用户留下了很深刻的印象。反病毒技术也在经历了特征码比较、防病毒卡等落后技术后,出现启发式查毒、实时监控、防火墙等新技术。计算机病毒和反病毒的斗争日益尖锐,反病毒技术的发展已经显得日益重要了。

3. 计算机病毒的特点

要防治计算机病毒,首先需要了解计算机病毒的特征和破坏机理,为防范和清除计算机病毒提供充实可靠的依据。根据计算机病毒产生、传染和破坏行为的分析,计算机病毒的主要特性如下:

(1) 非授权可执行性。用户通常调用执行一个程序时,把系统控制交给这个程序,并分配给它相应的系统资源,如内存,从而使之能够运行完成用户的需求。因此程序执行的过程对用户是透明的。而计算机病毒是非法程序,正常用户是不会明知是病毒程序,而故意调用执行的。但由于计算机病毒具有正常程序的一切特性:可存储性、可执行性。它隐藏在合法的程序或数据中,当用户运行正常程序时,病毒伺机窃取到系统的控制权,得以抢先运行,然而此时用户还认为在执行正常程序。

(2) 隐蔽性。计算机病毒是一种具有很高编程技巧、短小精悍的可执行程序。它通常黏附在正常程序之中或磁盘引导扇区中,或者磁盘上标为坏簇的扇区中,以及一些空闲概率较大的扇区中,也有个别的以隐含文件的形式出现,这是它的非法可存储性。病毒想方设法隐藏自身,就是为了防止用户察觉。

(3) 传染性。传染性是计算机病毒最重要的特征,是判断一段程序代码是否为计算机病毒的依据。病毒程序一旦侵入计算机系统就开始搜索可以传染的程序或者磁介质,然后通过自我复制迅速传播。只要一台计算机染毒,如不及时处理,那么病毒会在这台计算机上迅速扩散,其中的大量文件(一般是可执行文件)会被感染。由于目前计算机网络日益发达,计算机病毒可以在极短的时间内通过互联网传遍全世界。

(4) 潜伏性。计算机病毒具有依附于其他媒体而寄生的能力,这种媒体被称之为计算机病毒的宿主。依靠病毒的寄生能力,病毒传染合法的程序和系统后,一般不会马上发作,而是悄悄隐藏起来,然后在用户不察觉的情况下进行传染。这样,病毒的潜伏性越好,它在系统中存在的时间也就越长,病毒传染的范围也越广,其危害性也越大。

(5) 表现性或破坏性。病毒程序一旦侵入系统都会对操作系统的运行造成不同程度的影响,即使不直接产生破坏作用也要占用系统资源(如占用内存空间,占用磁盘存储空间以及系统运行时间等)。而绝大多数病毒程序要显示一些文字或图像,影响系统的正常运行。还有一些病毒程序删除文件、加密磁盘中的数据,甚至摧毁整个系统和数据,使之无法恢复,造成不可挽回的损失。因此,病毒程序轻者降低系统工作效率,重者导致系统崩溃、数据丢失。病毒程序的表现性或破坏性体现了病毒设计者的真正意图。

(6) 可触发性。计算机病毒一般都有一个或者几个触发条件。满足其触发条件或者激活病毒的传染机制,使之进行传染,或者激活病毒的表现部分或破坏部分。触发的实质是一种条件的控制,病毒程序可以依据设计者的要求,在一定条件下实施攻击。这个条件可以是输入特定字符、使用特定文件、某个特定日期或特定时刻,或者是病毒内置的计数器达到一定次数等。

4. 计算机病毒的分类

按病毒的作用机理可将其分为引导型病毒、文件型病毒、宏病毒、蠕虫病毒等。

(1) 引导型病毒。引导型病毒就是感染磁盘引导区的病毒。它利用一切办法把自身的代码全部或部分复制到原来的引导区,覆盖或修改了正常的引导文件,导致系统不能正常引导。或者把自身代码连接到正常的引导程序中,使得任何情况下只要启动计算机,在引导过程中病毒就被执行,这样病毒就早于操作系统获得控制权。引导型病毒发作后的症状有系统找不到硬盘、系统不能引导、硬盘数据丢失、硬盘出现坏扇区等,一旦发现有如上情况,就应立即对硬盘引导区进行检查。好在引导型病毒编写比较困难,需要精通各种汇编指令和DOS知识,还需要对硬盘的结构及工作原理十分了解,只有真正的高手才能编写出来,同时引导型病毒预防和查杀都比较简单,所以现在这类病毒已经比较少了。

(2) 文件型病毒。文件型病毒感染.EXE、.COM等类型的可执行文件。由于文件型病毒把自身的代码与被感染的正常程序融合,即使是杀毒软件也不能很好地区分病毒代码和正常程序的代码,所以在清除病毒时,有可能造成病毒没清除、文件被破坏的情况。所以其危害巨大。

(3) 宏病毒。宏病毒是一种特殊的数据型病毒,专门感染 Microsoft 公司出品的办公自动化软件 Word 和 Excel。宏病毒最早出现于 1996 年的北美,并于 1996 年底传入我国,是当时最流行的一种病毒。感染了宏病毒后的表现为:

- 内存占用严重,系统资源匮乏。
- 选择"另存为"命令时,只能保存为.dot 模板格式。改变格式后的窗口变成灰色。
- 自动建立、关闭 Word 文档。
- 关闭 Word 文档时不对已经修改的 Word 文档提示保存。

(4) 蠕虫病毒。蠕虫病毒是现今网络上主流的病毒,它们以网络为传播途径,以个体计算机为感染目标,以系统漏洞、共享文件夹等为入口,在网络上疯狂肆虐。蠕虫通过"扫描系统漏洞→主动入侵系统→复制自身到系统"这样的模式来进行传播,如同一条虫子一样穿梭于网络上的计算机中。所以称这种病毒为"蠕虫"。

世界上第一个蠕虫病毒诞生于 1988 年 11 月,其作者是病毒始祖罗伯特·莫里斯("磁芯大战"的编写者之一)的儿子小莫里斯。该病毒是第一个因特网病毒,包括美国国家航空和航天局研究院在内的 6 000 多台计算机被传染,因阻塞网络带来的损失近 9 600 万美元。而且该病毒还内嵌特洛伊木马,可进行偷盗用户信息和修改权限等活动。

由于蠕虫病毒通过网络传播,每一台被感染的计算机都将成为新的病毒源,这样蠕虫病毒的感染速度将呈 2^n 增长。它和特洛伊木马、黑客程序恶意程序等相结合,一旦感染就可能留下后门,为进一步控制受害用户的计算机打下了基础,严重威胁了系统安全。蠕虫病毒、垃圾邮件和特洛伊木马无疑已经成为当今威胁网络安全的三巨头。自 2000 年后,各种蠕虫病毒在网络上泛滥成灾,几乎每次蠕虫病毒的大规模爆发都会造成全球性的蠕虫大感染,经济损失非常巨大。红色代码、冲击波、蠕虫王、熊猫烧香等都属于蠕虫病毒。

9.2.2　计算机病毒的防治

对计算机病毒的防范有很多种方法，我们要主动对磁盘或文件进行检查，或对系统运行过程进行监控，设法识别和发现病毒。病毒检测有两种方法，即观察法和使用杀毒软件。对一般用户来说，最常用也是最有效的方法是利用杀毒软件来防范和清除计算机病毒。它们可以快速地对计算机中的病毒、木马和破坏计算机正常工作的恶意程序起到隔离和清除的功能，是计算机忠实的卫士。当前，有许多不错的计算机病毒防治软件，下面着重讲解"瑞星杀毒软件"的使用。

瑞星杀毒软件 2008 设计了网页、注册表、文件、邮件发送、邮件接收、漏洞攻击、引导区、内存 8 大监控系统。它能清除各种病毒、木马、恶意程序，拦截恶意网页代码，全方位保卫用户的计算机。

1. 杀毒

使用瑞星杀毒软件进行杀毒，可分为在默认设置状态下快速查杀病毒、利用右键查杀病毒、按文件类型进行查杀病毒和定时杀毒。

（1）在默认设置状态下快速查杀病毒。先启动瑞星杀毒软件。在左边的"查杀目录"框中显示了待杀病毒的目标，默认状态下，所有硬盘驱动器、内存、引导区和邮件都为选中状态，如图 9-3 所示。再单击瑞星杀毒软件主程序界面中的"杀毒"按钮，即可开始扫描所选目标。

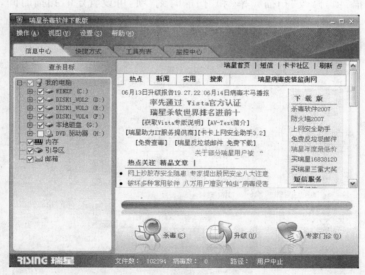

图 9-3　瑞星杀毒主界面

（2）利用右键查杀病毒。用户有时会利用外部存储设备复制文件到计算机，为避免外来病毒的入侵，可以快速启用右键查杀功能，方法是右击该文件所在的存储设备，在弹出的快捷菜单中选择"瑞星杀毒"。即可启动瑞星杀毒软件专门对此文件进行查杀病毒的操作。

（3）按文件类型进行查杀病毒。在默认设置下，瑞星杀毒软件是对所有文件进行查杀病毒的。为节约时间，可以有针对性地指定文件类型进行查杀病毒。

方法是：在瑞星杀毒软件主程序界面中，执行"设置"→"详细设置"命令，选择"瑞星设置"的"手动扫描"项,在"查杀文件类型选项"中指定文件类型,单击"确定"按钮,即可对文件指定的类型进行查杀病毒,如图 9-4 所示。

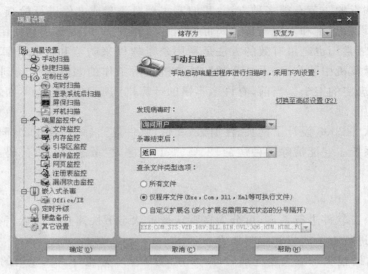

图 9-4　查杀文件类型

(4) 定时杀毒。在瑞星杀毒主程序界面中,执行"设置"→"详细设置"命令,选择"定制任务"下的"定时扫描"项,修改"扫描频率"和"扫描时刻"项,可设置定时扫描时间,如图 9-5 所示。

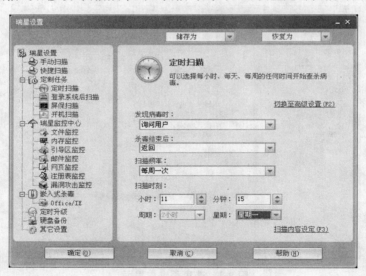

图 9-5　设置定时扫描

2. 监控中心

瑞星监控中心可以在打开陌生文件、收发电子邮件和浏览网页时查杀和截获病毒,全面保护计算机不受病毒侵害,它主要包括文件监控、内存监控、邮件监控和网页监控等。

屏幕右下方的任务栏托盘中的 是瑞星实时监控程序图标。右击此图标,选择快捷菜单中的"监控设置",打开如图 9-6 所示的"瑞星设置"窗口,选择右边窗格中选项前的复选框,可按要求设置监控项。

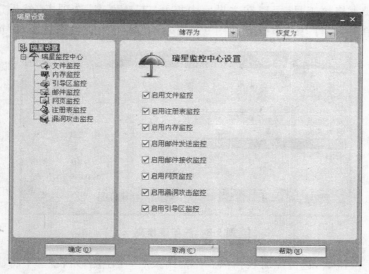

图 9-6　设置启动监控类型

3. 病毒隔离

在使用瑞星杀毒软件查杀病毒前,除了利用其监控中心对计算机进行实时监控外,还可以将病毒隔离,以确保计算机不受病毒侵害。

要启动病毒隔离,可以在主界面中打开"工具列表"选项卡,然后选中"病毒隔离系统"选项,单击"运行"按钮,打开如图 9-7 所示的"瑞星病毒隔离系统"窗口,可以查看到全部的隔离文件,还可以随时进行删除和还原,甚至对隔离文件占用的硬盘空间也能做出设置。

图 9-7　查看隔离文件

4. 修复注册表

目前,有很多网络病毒会修改注册表信息。瑞星注册表修复工具专门针对与系统运行有关的重要的注册表内容进行检测并修复,它对受病毒侵害后的系统注册表提供了快捷的修复方式。

要启动注册表修复工具,可以在主界面中打开"工具列表"选项卡,然后选中"注册表修复工具"选项,单击"运行"按钮,打开如图9-8所示的"瑞星注册表修复工具"窗口。

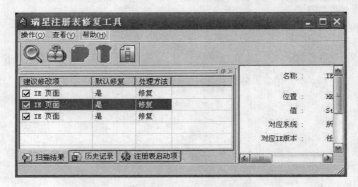

图 9-8　注册表修复

单击"扫描"按钮 🔍,进行注册表扫描。扫描结束后,在左侧"列表栏"中将显示扫描结果。

当注册表修复工具扫描并发现系统注册表存在异常后,会在窗口中显示异常项。选中某项后,单击"修复"按钮 🛠,可对注册表进行修复。

5. 系统漏洞扫描

瑞星漏洞扫描是对系统存在的"系统漏洞"和"安全设置缺陷"进行检查,并提供相应的补丁下载和安全缺陷自动修补的工具。使用瑞星修补安全漏洞工具的操作步骤如下:

(1)在主界面中打开"工具列表"选项卡,然后选中"漏洞扫描"选项,单击"运行"按钮,打开如图9-9所示的"瑞星系统安全漏洞扫描"窗口。

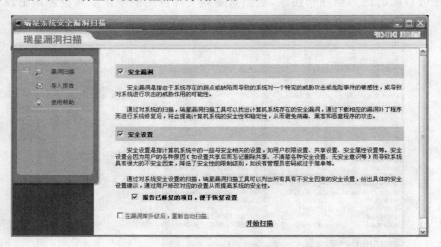

图 9-9　漏洞扫描

(2)先选中"安全漏洞"和"安全设置"选项,再单击下方的"开始扫描"按钮,即进行系统漏洞扫描,扫描结果可能如图9-10所示。

(3)单击"扫描报告"下的"安全漏洞"按钮,将显示如图9-11所示的"安全漏洞详细信息"窗口。

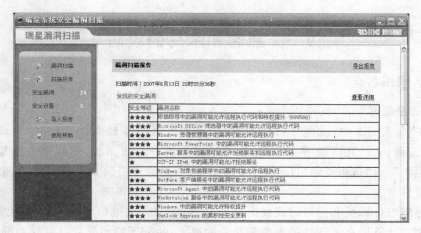

图 9-10　漏洞扫描报告

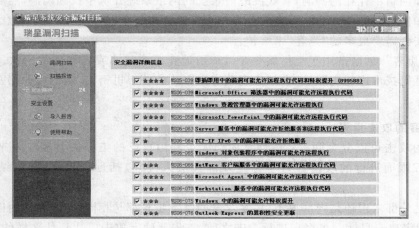

图 9-11　漏洞信息

（4）单击某条漏洞信息，将显示该漏洞的详细信息窗口，如图 9-12 所示。可单击下方的补丁地址进行补丁的下载、安装。

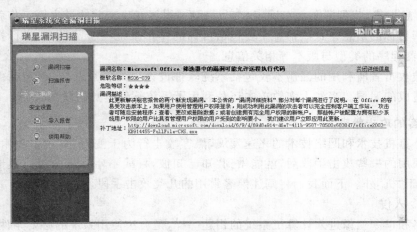

图 9-12　漏洞详细信息

9.3　黑客和木马的攻防

9.3.1　认识黑客

1.什么是黑客

"黑客"在人们眼中,就是一群聪明绝顶、精力旺盛的年轻人,一门心思地破译各种密码,以便偷偷地、未经允许地进入政府、企业或他人的计算机系统,窥视他人的隐私。实际上,关于"黑客"一词是由英语"Hacker"音译而来的,是指专门研究、发现计算机和网络漏洞的计算机爱好者。

他们伴随着计算机和网络的发展而产生、成长,因此,也推动了计算机和网络的发展与完善。黑客对计算机有着狂热的兴趣和执着的追求,他们不断地研究计算机和网络知识,发现计算机和网络中存在的漏洞,喜欢挑战高难度的网络系统并从中找到漏洞,然后向管理员提出解决和修补漏洞的方法。黑客的存在是由于计算机技术的不健全,从某种意义上来讲,计算机的安全需要更多的"黑客"来维护。

今天,黑客一词已被用于泛指那些专门利用计算机搞破坏或恶作剧的家伙。他们利用掌握的计算机技术进行犯罪活动,如偷窥政府和军队的核心机密、企业的商业秘密和个人隐私等。

2.黑客的攻击步骤

黑客的攻击可以分为两种:一种是内部人员利用自己的工作机会和权限来获取不应该获取的权限而进行的攻击。另一种是外部人员入侵,包括远程入侵、网络结点接入入侵等。

无论是外部入侵还是内部攻击,黑客攻击的基本步骤都是相同的,主要使用以下步骤:

(1)确定攻击目标。黑客在进行攻击之前,首先要确定攻击要达到什么样的目的,即给对方造成什么样的后果。常见的攻击目的有破坏型和入侵型两种。前者是破坏攻击目标,使其不能正常工作。后者是入侵攻击目标,这种攻击是要获得一定的权限来达到控制攻击目标的目的。应该说这种攻击比破坏型攻击更为普遍,威胁性也更大。

(2)信息搜集,找到漏洞。在确定攻击目标后,黑客在攻击前的最主要工作就是收集尽量多的关于目标的信息。这些信息主要包括目标的操作系统类型及版本,目标提供哪些服务,各服务器程序的类型与版本等相关信息。

能够被攻击者所利用的漏洞不仅包括系统软件设计上的安全漏洞,也包括由于管理配置不当而造成的漏洞。当然大多数攻击还是利用了系统软件本身的漏洞。

3.黑客的攻击策略

随着计算机技术和网络技术的飞速发展,黑客攻击行为千变万化,攻击技术层出不穷。了解黑客惯用的一些攻击手段后,就能做到"知己知彼,百战不殆",从而更有效地防患于未然,拒黑客于"机"外。下面我们将阐述黑客常用的几类攻击手段。

1)口令入侵

用户名和口令就像进入计算机系统的钥匙一样,是合法使用系统的必要条件,并且它决定了用户对系统的使用权限,因此,它是阻止外来入侵的第一道防线。

黑客最希望获得的是系统管理员(超级用户)的口令。他们常用以下三种方法获得用户的口令:第一种方法是通过网络监听非法得到用户口令,这类方法有一定的局限性,但危害性极大,监听者往往能够获得其所在网段的所有用户账号和口令,对局域网安全威胁巨大;第二种方法是设法获得用户的账号后(如电子邮件"@"前面的部分)利用一些专门软件强行破解用户口令,这种方法不受网段限制,但黑客要有足够的耐心和时间;尤其是对那些口令安全系数极低的用户(如某用户账号为 zhangmin,其口令就是 zhangmin123、minzhang,或者 1234567、88888888 等)只要短短的一两分钟,甚至几十秒就可以将其破解;第三种方法就是设法获得服务器上存储用户口令的文件,然后采用专门的破解程序破解口令。

2) 特洛伊木马

"特洛伊木马"技术是黑客常用的攻击手段。它通过在计算机系统中隐藏一个会在 Windows 启动时自动运行的程序来达到控制计算机系统的目的。它最典型的做法是把一个能帮助黑客完成某一特定动作的程序依附在某一合法用户的正常程序中,这时合法用户的程序代码已被改变。一旦用户触发该程序,那么依附在内的黑客指令代码同时被激活,这些代码往往能完成黑客指定的任务。由于这种入侵法需要黑客有很好的编程经验,且要更改代码、要有一定的权限,所以较难掌握。但正因为它的复杂性,一般的系统管理员很难发现。

3) 网络嗅探

这是一种很实用但风险也很大的黑客攻击方法。由于网络中传输的信息大多是明文,包括一般的电子邮件、口令等,这就给黑客以可乘之机。黑客可以在网关或网络数据往来的必经之地放置网络嗅探,截获网络中传输的所有信息。目前,网络上流传着很多网络嗅探软件,利用这些软件就可以很简单地监听到数据,甚至就包含口令文件。

4) 端口扫描

所谓端口扫描,就是利用 Socket 编程与目标主机的某些端口建立 TCP 连接、进行传输协议的验证等,从而获知目标主机的扫描端口是否处于激活状态、主机提供了哪些服务、提供的服务中是否含有某些漏洞等。常用的扫描方式有 Connect 扫描和 Fragmentation 扫描。

5) E-mail 攻击

采用电子邮件炸弹(E-mail Bomb)是黑客常用的一种攻击手段。这种方式是用伪造的 IP 地址和电子邮件地址向同一信箱发送数以千计、万计甚至无穷多次的内容相同的恶意邮件,也可称之为大容量的垃圾邮件。由于每个人的邮件信箱是有限的,当庞大的邮件垃圾到达信箱的时候,就会挤满信箱,把正常的邮件给冲掉。同时,因为它占用了大量的网络资源,常常导致网络拥塞,使用户不能正常工作,严重者可能会给电子邮件服务器操作系统带来危险,甚至使电子邮件服务器瘫痪。

6) 病毒技术

黑客经常利用病毒达到其攻击其他计算机系统的目的,如他们通常用"特洛伊木马"病毒盗取远程计算机的秘密信息、用户名和密码等。在某些情况下,他们也使用病毒作为直接破坏网络通信或计算机系统的工具。

4. 黑客的防范

网络的开放性决定了它的复杂性和多样性,随着技术的不断进步,各种各样高明的黑客在不断诞生,同时,他们使用的手段也会越来越先进。我们只有不断提高个人的安全意识,再加上必要的防护手段,才能斩断黑客的黑手。

1) 不运行来历不明的软件和盗版软件

运行来历不明的软件和盗版软件就有将黑客的服务器程序安装到目标系统中的危险。因此,不要随便从那些不可靠的 FTP 站点或非授权的软件分发点下载软件,同样地,对于来自电子邮件的附件,应先检查是否带有 BO(Back Orifice)或其他病毒,不可轻易运行。

2) 使用反黑客软件

要经常性地、尽可能使用多种最新的、能够查解黑客的杀毒软件来检查系统。应该使用经安全检测的反黑客软件来检查系统。必要时应在系统中安装具有实时检测、拦截、查解黑客攻击程序的工具。

应该注意的是,与病毒不同,黑客攻击程序不具有病毒传染的机制,因此,传统的防病毒工具未必能够防御黑客程序。

3) 做好数据备份工作

为了确保重要数据不被破坏,最好的办法是备份。应该定期备份计算机系统的重要数据,应该每天备份应用系统的重要文件。经常检查你的系统注册表,一旦发现可疑程序,应及时加以处理。

4) 保持警惕性

要时刻保持警惕性,例如,不要把你的浏览器的数据传输警告窗关闭。许多上网的用户都设置为"以后不要再问此类问题",这样你就失去了警觉,久而久之便习以为常,越来越大胆地访问、下载和在 Web 上回答问题。如果可能,把你的浏览器的"接受 Cookie"关闭,方法是:选择浏览器的"工具"→"Internet 选项"命令,打开"隐私"选项卡,通过移动滑块改变隐私级别的设置。要保持忧患意识,为网络系统遭受入侵做出一些应变计划,如学习如何识别异常现象、如何追踪入侵者,经常使用电脑网络的人要有正确的上网知识,另外要留意与一些网络专家保持联系,及时从专业媒体获得安全信息。

5) 使用防火墙

如果条件允许的话,应该尽可能地使用防火墙。利用防火墙技术,通过仔细的配置,通常能够在内部网络与外部网络之间提供安全的网络保护,提高网络安全性。

6) 隔离内部网与 Internet 的连接

为了确保重要信息不被窃取,最好的办法是重要信息应在非网络环境下工作。对于重要系统的内部网络应在物理上与 Internet 隔离。对局域网内所有计算机应定期进行检查,防止因为个别漏洞而造成整个局域网被攻击。

对于与 Internet 相联的网络发布系统,必须加强网络安全管理。可喜的是,国内已有专门针对黑客入侵而设计的、有自主版权的网络安全产品,由福建海峡信息中心推出的"网威"黑客入侵防范软件就是一套高性能的安全产品。这套产品集网络安全测试、系统安全测试、Web 安全测试、漏洞检测、漏洞修补和安全监控于一体。它能分析指出网络信息系统存在的各种安全漏洞与隐患,提出专家建议,而且提供了实时监控手段和数百兆的针对 UNIX 系统的漏洞补丁(Patch),帮助系统管理员跟踪记录黑客行踪,修补系统漏洞,提高系统的整体安全性。

必须指出的是,防止外部黑客入侵仅仅是黑客防范的一个环节。据统计,目前发生的黑客攻击事件有 60% 以上来自内部攻击和越权使用。所以,防止网内攻击已成为当前黑客防范的重要环节。如 BO(Back Orifice)黑客程序不仅仅针对 Internet 网络,在局域网上同样能够施展其攻击手段。

9.3.2　木马程序

1. 认识木马

特洛伊木马中的"特洛伊"来源于古希腊战争。据《荷马史诗》记载,公元前 12 世纪末,希腊半岛南部的阿开亚人和小亚细亚北部的特洛伊人之间发生了一场耗时 10 年的战争。战争起因是特洛伊王子帕里斯将斯巴达国王的妻子绝色美人海伦骗走了,于是希腊各部落联合攻打特洛伊城,战争一打就是 10 年。在久攻不下的时候,有人想出一条妙计,将一个内藏士兵的巨大木马在佯装撤退时丢在特洛伊城外,特洛伊人就把木马当做战利品拖回城里。天黑了,木马里的士兵出来把城门打开,和外面早有准备的希腊人来了个漂亮的里应外合,一举攻下了特洛伊城。

特洛伊木马简称木马,这是一种特殊的程序。它们不感染其他文件,不破坏系统,不自身复制和传播。在它们身上找不到病毒的特点。但它们仍然被列为计算机病毒的行列。它们的名声不如计算机病毒广,但它们的作用却远比病毒大。利用特洛伊木马,远程用户可以对你的计算机进行任意操作(当然物理的除外),可以利用它们传播病毒、盗取密码、删除文件、破坏系统等。

当木马程序或藏有木马的程序被执行后,木马首先会在系统中潜伏下来,并会使自己在每次开机时自动加载,以达到长期控制目标的目的。同时完成一些相关的操作,如修改某一类型的文件关联,使得它的存在和传播变得更容易。

2. 木马如何进入系统

(1) 执行了 E-mail 的附件。这是最常见的感染方式。木马经常与蠕虫病毒、垃圾邮件混合在一起,隐藏在 E-mail 的附件中,若用户打开了这个附件,木马就进入了你的系统之中。

(2) 浏览恶意网页。当用户在浏览了含木马的网页时,用户在毫不知情的情况下,自动下载并执行了一个木马。

(3) 下载的文件中带有木马。从网络上下载文件是很不安全的,特别是一些不知名的小网站,在下载的文件中就含有了木马程序,所以我们最好下载文件后马上查毒。

(4) 被入侵后主动感染木马。指计算机或网络被入侵后自动下载网络上的木马程序。

3. 木马的预防

正是由于木马是悄无声息地进入你的系统的,这给我们对木马的防御和检测提出了挑战。幸好现在有很多专门针对木马的软件,其中最著名的是木马克星。下面简要介绍使用木马克星软件查杀木马的方法。

(1) 木马克星的启动。双击桌面上的 图标打开如图 9-13 所示的主界面。

(2) 木马克星的设置。用户可以设置木马克星的启动方式、监测方式和扫描文件的类型。

① 单击左方的 设置按钮,打开如图 9-14 所示的设置对话框。在"公共选项"中选中"随系统启动",则木马克星将在操作系统启动的时候自动启动,否则需要手动启动。

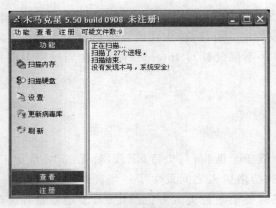

图 9-13   木马克星的主界面

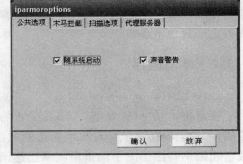

图 9-14   设置自启动

② 打开"木马拦截"选项卡可设置监测方式,如图 9-15 所示。

③ 打开"扫描选项"选项卡可设置扫描文件的类型,如图 9-16 所示。

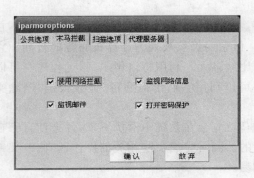

图 9-15   设置监测方式

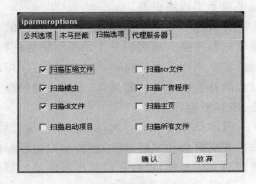

图 9-16   设置扫描文件类型

（3）扫描内存和硬盘。单击主界面中的 扫描内存 按钮可扫描内存,以确定内存中是否有木马程序。单击主界面中的" 扫描硬盘 "按钮,打开如图 9-17 所示的窗口。选择"扫描所有磁盘"复选框可对所有硬盘进行检查。选择"清除木马"复选框可清除检查到的木马程序。也可单击"打开"按钮 选择具体的磁盘,再单击"扫描"按钮对磁盘进行木马检查。

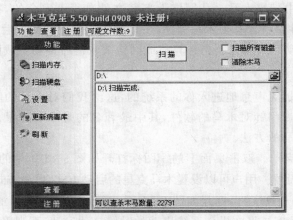

图 9-17   扫描磁盘

9.4　防火墙技术

9.4.1　防火墙技术概述

防火墙技术是现今最重要的网络安全技术。随着普通计算机用户群的日益增长,"防火墙"一词已经不再属服务器领域专有,大部分家庭用户都知道为自己的计算机安装各种"防火墙"软件了。防火墙分为硬件防火墙和软件防火墙。一般来说,企业选用硬件防火墙,而个人用户则采用软件防火墙来保护个人电脑的安全。我们本节重点学习软件防火墙。

1. 防火墙的定义

防火墙的英文名称是 Firewall,是位于被保护网络和外部网络之间执行访问控制策略的一个或一组系统。它在内外网之间构成一道屏障,以防止发生对被保护网络的不可预测的、潜在破坏性的侵扰。

对于防火墙,它是如何工作的,又起着什么作用呢?

网络中的数据流,必须首先通过防火墙才能进入电脑。个人电脑上的数据也必须最后通过防火墙才能进入网络。因此只有符合防火墙中预先设定的规则的数据才能传入、传出。防火墙可以被认为是这样一对机制:其一是拦阻数据流通行,其二是允许数据流通行。防火墙起到了监测、限制、更改跨越防火墙的数据流的作用,尽可能地对外部屏蔽网络内部的信息结构和运行状况,以保障用户电脑的安全。对于普通用户来说,所谓"防火墙",指的是一种被放置在自己的计算机与外界网络之间的防御系统,从网络发往计算机的所有数据都要经过它的判断处理后,才会决定能不能把这些数据交给计算机,一旦发现有害数据,防火墙就会拦截下来,实现了对计算机的保护功能。

2. 防火墙的基本功能

防火墙的主要功能表现在以下几个方面。

(1) 防火墙限制信息从一个特别的控制点进入,这样防火墙就像一个重要单位的"门卫"一样,可以过滤掉不安全的服务和非法用户,禁止敏感信息离开网络,防止各种 IP 盗用和恶意攻击。

(2) 防火墙可以控制进出网络的信息流向。

(3) 控制对特殊站点的访问。

3. 防火墙的功能缺点

防火墙也有自身功能上的缺陷,其主要缺陷如下。

(1) 防火墙不能防范绕过防火墙的攻击。防火墙能够有效地防止通过它进行信息传输而带来的危害,然而不能防止不通过它传输信息带来的危害。

(2) 防火墙无法防止来自内部网络的安全威胁。也就是说防火墙不能真正防范网络内部的知情者所造成的安全泄密或恶意破坏。

(3) 防火墙不能防止病毒感染的程序或文件的传输。由于网络上传输二进制文件的编码方式各种各样,并且有多种不同的结构和病毒,因此,要求防火墙扫描所有的程序和文件来确定是否有病毒,不仅是不可能的,也是不实用的。

9.4.2 防火墙的使用

目前,常用的软件防火墙很多,如天网防火墙、瑞星防火墙、金山防火墙等。这些防火墙尽管由不同的厂家生产,界面稍有不同,但它们的根本目的和使用方法却是类似的。下面将以天网防火墙个人版为例介绍防火墙的使用方法。

天网防火墙个人版是个人电脑使用的网络安全程序,根据管理者设定的安全规则把守网络,提供强大的访问控制、信息过滤等功能,帮助用户抵挡网络入侵和攻击,防止信息泄露。天网防火墙把网络分为本地网和互联网,可针对来自不同网络的信息来设置不同的安全方案,适合于以任何方式上网的用户。

1. 系统设置

防火墙最重要的操作是对其进行设置,这样防火墙才能按用户的设置更好地保护用户的电脑。当然,一般用户也可使用它的默认设置。

在安装过程中,对天网防火墙进行了基本设置,用户还可以根据需要,在安装完成后对其进行系统设置、IP 规则设置、安全级别设置和应用程序规则设置。

系统设置包括启动选项、应用程序权限、局域网地址设定、报警、自动保存日志和防火墙自定义规则重置等多项设置。并且,所有的设置都在"系统设置"对话框中进行。

(1) 设置启动选项。启动选项设置的操作步骤如下。

① 在"天网防火墙控制面板"中单击"系统设置"图标 ⚙。展开防火墙系统设置面板。如图 9-18 所示。

② 在"系统设置"的"基本设置"选项卡中,选中"开机后自动启动防火墙"复选框,天网防火墙个人版将在操作系统启动的时候自动启动,否则需要手工启动天网防火墙。

(2) 设置报警声。在其他设置项中选择"报警声音"复选框,再在后面的输入框中输入声音文件的路径和文件名,或单击"浏览"按钮选择声音文件,可设置出现网络安全隐患时的报警声音。

(3) 设置管理员密码。在"管理员权限设置"选项卡中,单击"设置密码"按钮,输入密码并确认后则设置了管理员密码,若单击"清除密码"按钮,可清除设置的管理员密码。如图 9-19 所示。

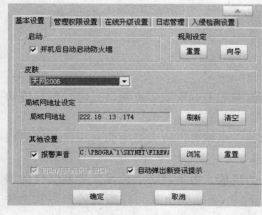

图 9-18 系统设置面板

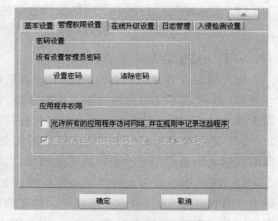

图 9-19 管理员密码设置

（4）设置日志保存。日志文件记录网络的访问信息，一旦出现访问网络情况异常时，可以从日志文件中查看相应的信息。

选中"自动保存日志"复选框，天网防火墙将会自动保存日志记录，默认保存位置为 C：\Program Files\SkyNet\FireWall\log，可以单击"浏览"按钮设置日志的保存路径。还可以通过拉动"日志大小"里的滑块在 1~100 M 之间选择保存日志空间的大小。如图 9-20 所示。

（5）设置入侵检测。选中"启动入侵检测功能"复选框，在防火墙启动时入侵检测开始工作，不选则关闭入侵检测功能。当开启入侵检测时，检测到可疑的数据包时防火墙会弹出入侵检测提示窗口。如图 9-21 所示。

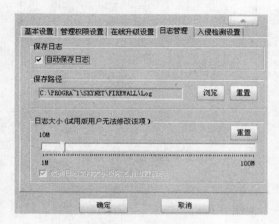
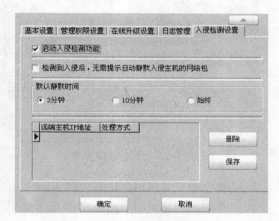

图 9-20　日志保存　　　　　　　　　图 9-21　入侵检测

2. IP 规则设置

IP 规则是针对整个系统的网络层数据包监控而设置的。利用自定义 IP 规则，用户可针对个人不同的网络状态，设置自己的 IP 安全规则，使防御手段更周到、更实用。否则只能采用天网防火墙给用户提供的默认设置。

（1）自定义 IP 规则。用户可按如下步骤定义自己的 IP 规则。

① 在"天网防火墙个人版"窗口中，单击"IP 规则管理"图标，展开自定义 IP 规则界面。如图 9-22 所示。

② 单击图 9-22 中上方"工具栏"上的"增加规则"按钮。打开"增加 IP 规则"对话框，如图 9-23 所示。

③ 输入规则的"名称"和"说明"。

④ 单击"数据包方向"右侧的下拉按钮，设置数据包的传输方向，选择该规则是对接收的数据包、发送的数据包还是接收和发送的数据包有效。

⑤ 单击"对方 IP 地址"右侧的下拉按钮，用于确定选择数据包从哪里来或是去哪里，共有 4 项可供选择，其含义如下。

- 任何地址：指数据包从任何地方来，都适合本规则。
- 局域网的网络地址：是指数据包来自和发向局域网。

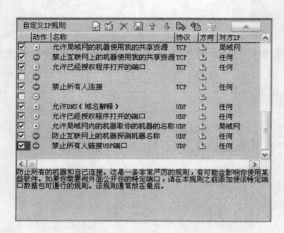

图 9-22　自定义 IP 规则

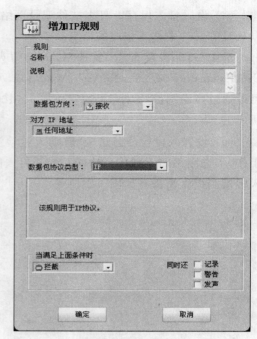

图 9-23　增加 IP 规则

- 指定地址：用户可以自己输入一个地址。
- 指定的网络地址：用户可以自己输入一个网络和掩码。

⑥ 单击"数据包协议类型"右侧的下拉按钮，选择本规则所对应的协议，一般选择"TCP"协议。

⑦ 当一个数据包满足上面的条件时，用户就可以对该数据包采取如下行动：

- "通行"，指让该数据包畅通无阻地进入或出去。
- "拦截"，指让该数据包进行阻拦，使其不能进入用户电脑。
- "继续下一规则"，指不对该数据包作任何处理，由该规则的下一条协议规则来决定对该包的处理。

（2）如何导出、导入 IP 规则。导出 IP 规则是指将用户的 IP 规则设置进行保存，以便下次调用这个规则或在其他电脑上使用。导入 IP 规则是指将已有的 IP 规则进行调用。

① 导出规则的操作步骤如下：先在图 9-22 上方的工具栏中单击"导出"按钮 。再在"导出 IP 规则"对话框中选中需要导出的规则，单击"浏览"按钮，选择保存规则的文件路径并输入文件名，防火墙便会自动把规则保存到用户所选的文件中，单击"确定"按钮完成设置，如图 9-24 所示。

② 导入规则的操作步骤如下：先在图 9-22 上方的工具栏中单击"导入"按钮 。再在"打开"对话框中选中需要导入规则的文件名，单击"确定"按钮即可。

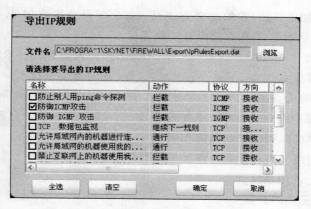

图 9-24　导出 IP 规则

一、单项选择题

1. 关于计算机信息系统安全的说法,下面说法正确的是(　　)。

　A) 对于计算机信息系统安全的保护,重要的是对信息的保密

　B) 对于计算机的安全来说,如果你没有敌人,系统就是安全的

　C) 只要保证计算机的软硬件不遭到攻击破坏,计算机系统就是安全的

　D) 为了保证你的计算机信息的安全性,最好的办法是不要上网

2. 防火墙能实现网络的安全感保护,防火墙是建立在一个网络的(　　)。

　A) 部分内网和外网的结合点　　　　　B) 内网和外网的交叉点

　C) 内网之间传送信息的过程中　　　　D) 每个子网的内部

3. 计算机病毒可以对计算机系统造成破坏,危害极大,而计算机病毒实际上是(　　)。

　A) 一个文本文件　　　　　　　　　　B) 一种生物病毒

　C) 一段特制的程序　　　　　　　　　D) 一条计算机指令

4. 关于黑客的说法下面不正确的是(　　)。

　A) 黑客有高超的计算机技术

　B) 现在,黑客泛指那些专门利用计算机搞破坏或恶作剧的家伙

　C) 无论是现在还是将来,黑客永远是一群纵横驰骋于网络上的大侠

　D) 从某种意义上讲,黑客的存在是由于计算机技术的不健全

5. 个人微机之间病毒传染的途径不可能是(　　)。

　A) 硬盘　　　　　　B) 键盘输入　　　　　C) 软盘　　　　　　D) 网络

6. 为了防止计算机病毒的传染,我们应该注意(　　)。

　A) 不要复制来历不明的软盘上的程序

　B) 干净的软盘不要与有毒的盘片放在一起

　C) 长时间不用的 U 盘要经常格式化

　D) 对移动硬盘上的文件要经常重新复制

7. 假设有一种加密算法,它的加密方法是:每个字母按顺序加 8,每个数字直接加 58 即可,这个算法的密钥就是 8,那么这个算法属于(　　)。

　　A) 公钥加密　　　　　　　　　　　　B) 单向函数置换技术算法
　　C) 对称加密技术　　　　　　　　　　D) 非对称加密技术

8. 个人防火墙的优点是(　　)。
　　A) 增加了保护级别从而保护系统安全
　　B) 只能对单机起到保护和隔离作用
　　C) 对公共网络只有一个对外连接的端口
　　D) 运行时会占用系统资源

9. 下列说法中正确的是(　　)。
　　A) 一张软盘经反病毒软件检测和清除病毒后,该软盘就永远不会感染病毒了
　　B) 若发现软盘带有病毒,则应立即将软盘上的所有文件复制到一张干净软盘上,然后将原来有病毒的软盘进行格式化
　　C) 若软盘上存放有文件和数据且没有病毒,则只要将该软盘写保护就不会感染上病毒
　　D) 如果一张软盘上没有可执行文件,则不会传染上病毒

10. 下列是单钥密码体制算法的是(　　)。
　　A) DES　　　　　B) DAS　　　　　C) RSA　　　　　D) IDS

二、填空题

1. 从计算机信息安全的角度来看,应具备＿＿＿＿、＿＿＿＿、＿＿＿＿、＿＿＿＿、＿＿＿＿和＿＿＿＿六个特性。

2. 除了口令入侵、E-mail 攻击和病毒技术外,黑客常用的攻击手段还有＿＿＿＿、＿＿＿＿和＿＿＿＿。

3. 计算机病毒的特点有＿＿＿＿、＿＿＿＿、＿＿＿＿、＿＿＿＿、＿＿＿＿和可触发性。

4. 信息安全体制中,访问控制技术根据访问权限可将用户分为 3 类,分别是＿＿＿＿、＿＿＿＿和＿＿＿＿。

5. 计算机病毒检测的方法有＿＿＿＿和＿＿＿＿两种。

三、操作题

1. 利用瑞星杀毒软件,查杀 D 盘上的所有病毒。
2. 按照下列要求设置瑞星杀毒软件的"定时扫描":
(1) 发现病毒时直接杀毒;
(2) 杀毒结束后返回;
(3) 扫描频率为每周一次,扫描时间为每周一的 12 点;
(4) 扫描内容为引导区、内存和全部硬盘。
3. 制作一个当前瑞星杀毒软件的安装软件安装包。

习题参考答案

习　题　1

一、单项选择题

1. A)　　2. B)　　3. A)　　4. C)　　5. D)　　6. C)　　7. A)　　8. A)
9. A)　　10. D)

二、填空题

1. 1946、ENIAC
2. 电子管　晶体管　中小规模集成电路　大规模或超大规模集成电路
3. 运算器　控制器　存储器　输入设备　输出设备
4. GB 2312—80
5. 软件　硬件
6. 111001001　711　1C9
7. 中央处理器　运算器　控制器
8. 只读存储器　随机存储器

习　题　2

一、单项选择题

1. B)　　2. A)　　3. A)　　4. B)　　5. B)　　6. D)　　7. A)　　8. B)

二、填空题

1. 功能键区　状态指示区　主键盘区　编辑键区　辅助键区
2. A、S、D、F、J、K、L
3. 形码　音码
4. 横　竖　撇　捺　折　横　捺　竖
5. 取大优先　能散不连　能连不交　兼顾直观
6. 先按单体拆分原则将其拆分成基本字根,然后依次取各字根代码(共4码),不够4码再取末笔字形交叉识别码,还不够4码则补空格

习　题　3

一、单项选择题

1. A)　　2. D)　　3. D)　　4. A)　　5. C)　　6. D)　　7. B)　　8. B)　　9. C)
10. D)

二、填空题

1. 处理器管理　存储器管理　设备管理　文件管理　用户接口
2. 右击任务栏空白区域,选择"属性"
3. 层叠　横向平铺　纵向平铺
4. 标记文件夹中还有子文件夹
5. Shift

习　题　4

一、单项选择题

1. C)　　2. B)　　3. B)　　4. D)　　5. C)　　6. A)　　7. D)　　8. A)　　9. C)
10. C)　　11. B)　　12. D)　　13. C)　　14. C)　　15. C)

二、填空题

1. 嵌入式　浮动式
2. 24
3. 工具栏
4. Ctrl＋Shift
5. Insert
6. Home
7. Ctrl
8. Ctrl＋X　Ctrl＋C　Ctrl＋V
9. Ctrl＋Z　Ctrl＋Y
10. .DOC　.DOT
11. 普通视图
12. 视图
13. 字体
14. Ctrl＋S　Ctrl＋A
15. 文本
16. 缩放

17. 动态

18. 居中 右对齐

19. 格式刷

20. 表格

习 题 5

一、单项选择题

1. A) 2. B) 3. B) 4. D) 5. A) 6. A) 7. A) 8. C) 9. D)
10. D)

二、填空题

1. 工作簿

2. 3 个 65 535 256

3. 复制 移动

4. 垂直 水平

5. 取消 确认 插入函数

6. 算术运算符 比较运算符 文本运算符 引用运算符

7. 引用运算符 算术运算符 文本运算符 比较运算符

8. 自动填充 菜单填充 自定义序列

9. 相对地址引用 绝对地址引用 混合地址引用 三维地址引用

10. 工作表图表

习 题 6

一、单项选择题

1. C) 2. A) 3. B) 4. D) 5. B) 6. D) 7. A) 8. D) 9. A)
10. C)

二、填空题

1. .ppt

2. 演讲者放映 观众自行浏览 在展台浏览

3. 幻灯片视图

4. 幻灯片切换

5. 幻灯片母版

习   题   7

一、单项选择题

1. D)   2. A)   3. C)   4. C)   5. D)   6. B)   7. B)   8. C)   9. D)
10. B)   11. C)   12. D)   13. A)   14. D)   15. B)

二、填空题

1. 数据通信功能   资源共享
2. 广播通信信道   点对点通信信道
3. 语法   语义   时序
4. 源地址   目的地址
5. 识别 IP 地址网络号
6. 本地域名服务器   根域名服务器   授权域名服务器
7. 为用户提供接入因特网的服务   为用户提供各种信息服务
8. 调制解调器(或 MODEM)

习   题   8

一、单项选择题

1. D)   2. C)   3. C)   4. D)   5. C)   6. C)   7. D)   8. C)   9. C)
10. B)

二、填空题

1. 预览
2. New_page_1. htm
3. 插入
4. htm
5. 普通
6. 剪贴画
7. 收集浏览者输入的信息
8. 文字

习   题   9

一、单项选择题

1. A)　·2. B)   3. C)   4. B)   5. B)   6. A)   7. C)   8. B)   9. C)

10. A)

二、填空题

1. 可用性 完整性 保密性 真实性 可靠性 可控性
2. 特洛伊木马 网络嗅探 端口扫描
3. 非授权可执行性 隐蔽性 传染性 潜伏性 表现性(破坏性)
4. 特殊用户 一般用户 审计用户
5. 观察法 使用抗病毒软件

参 考 文 献

[1] 冯泽森,王崇国.计算机与信息技术基础.第3版.北京:电子工业出版社,2007

[2] 张剑妹等.计算机应用基础教程.北京:中国铁道出版社,2006

[3] 黄保和.计算机应用基础.厦门:厦门大学出版社,2010

[4] 徐明成,王福新.计算机应用基础教程.第2版.北京:电子工业出版社,2009

[5] 相万让.计算机基础.第2版.北京:人民邮电出版社,2007

[6] 董峰等.大学计算机基础.北京:冶金工业出版社,2009

[7] 缪亮,薛丽芳.计算机常用工具软件.北京:清华大学出版社,2009

[8] 段富等.大学计算机基础实践教程.北京:高等教育出版社,2010

[9] 文学义等.大学计算机基础.北京:冶金工业出版社,2009

[10] 柳青等.计算机应用基础.北京:高等教育出版社,2005

[11] 于平.FrontPage 2003中文使用教程.北京:清华大学出版社,2004

[12] 东方人华.FrontPage 2003中文版入门与提高.北京:清华大学出版社,2005

[13] 李畅等.计算机应用基础.北京:高等教育出版社,2005

[14] 宋金珂.计算机应用基础.北京:中国铁道出版社,2005

[15] 孙良军.FrontPage 2003实用基础教程.北京:科学出版社,2004

[16] 汉龙.Excel 2003基础应用与提高.上海:上海科学普及出版社,2006

[17] 杨梦龙.计算机文化基础.北京:中国铁道出版社,2005

[18] 蒋加伏等.大学计算机应用基础.北京:北京邮电大学出版社,2007

[19] 杨梦龙,秦晓明,高美真等.计算机应用基础.北京:中国铁道出版社,2010